“十四五”时期国家重点出版物出版专项规划项目
碳中和负碳技术·二氧化碳地质利用与封存丛书
总主编 庞忠和 李小春

# 二氧化碳地质利用与封存工程腐蚀表征、监测与控制

# Corrosion Characterization, Monitoring and Mitigation in $CO_2$ Geological Utilization and Storage (CGUS)

主　编　张力为
副主编　向　勇　梅开元

華東理工大學出版社
EAST CHINA UNIVERSITY OF SCIENCE AND TECHNOLOGY PRESS
·上海·

图书在版编目(CIP)数据
二氧化碳地质利用与封存工程腐蚀表征、监测与控制 / 张力为主编；向勇，梅开元副主编. -- 上海 ：华东理工大学出版社，2024. 10. -- ISBN 978-7-5628-7429-4
Ⅰ. P618.130.2
中国国家版本馆 CIP 数据核字第 2024GS9453 号

## 内 容 提 要

本书深入探讨了二氧化碳地质利用与封存工程中可能涉及的各类腐蚀问题，系统分析了腐蚀产生的机理、影响腐蚀速率的因素和腐蚀对工程安全的影响，介绍了高压高浓度二氧化碳腐蚀表征的常用方法、腐蚀速率高灵敏度监测技术和腐蚀破坏高效防护技术。本书还讨论分析了腐蚀监测与防护技术在二氧化碳地质利用与封存工程中的应用实例。

本书可以作为从事 CCUS 研发创新工作的机构和科研人员的参考用书。

项目统筹 / 马夫娇
责任编辑 / 赵子艳
责任校对 / 陈婉毓
装帧设计 / 徐　蓉
出版发行 / 华东理工大学出版社有限公司
地址：上海市梅陇路 130 号，200237
电话：021－64250306
网址：www.ecustpress.cn
邮箱：zongbianban@ecustpress.cn
印　　刷 / 上海中华商务联合印刷有限公司
开　　本 / 710 mm×1000 mm　1/16
印　　张 / 14
字　　数 / 217 千字
版　　次 / 2024 年 10 月第 1 版
印　　次 / 2024 年 10 月第 1 次
定　　价 / 178.00 元

# 二氧化碳地质利用与封存工程腐蚀表征、监测与控制
# 编 委 会

# 前言 | Foreword

随着全球气候变化问题的日益严峻，二氧化碳的减排和处置已成为科学研究的重要领域。其中，二氧化碳地质利用与封存技术以其巨大的潜力和独特的优势，逐渐成为全球气候治理的重要手段。本书旨在系统地介绍二氧化碳地质利用与封存工程中涉及的腐蚀表征、监测与控制方面的理论和实践，为相关领域的研究和应用提供参考和借鉴。

本书首先对二氧化碳地质利用与封存技术的发展背景和现状进行概述，阐述其重要的战略意义和实际应用价值。接着，针对二氧化碳地质利用与封存工程中的腐蚀问题，从材料腐蚀、化学腐蚀、电化学腐蚀等多个角度进行深入分析和研究，探讨各种腐蚀现象的机理、影响因素及相应的控制措施。在腐蚀表征方面，本书详细介绍了各种现代测试技术，如扫描电子显微镜（SEM）、透射电子显微镜（TEM）、X 射线衍射（XRD）、X 射线光电子能谱（XPS）等，以及相应的分析方法和技术，如电化学测试、化学分析、表面分析等。上述技术可为描述和预测材料的腐蚀行为提供强有力的支持。在腐蚀监测方面，本书着重介绍了实时在线监测技术和远程监控技术。其中，实时在线监测技术包括电化学监测、光学监测、声学监测等，可对腐蚀过程进行实时跟踪和数据采集；远程监控技术则借助现代传感器、物联网、云计算等技术手段，实现对腐蚀过程的远程监控和管理。这些技术的应用将有助于提高二氧化碳地质利用与封存工程的安全性和可靠性。在腐蚀控制方面，本书详细介绍了防腐蚀材料的选择和应用、表面处理技术、缓蚀剂添加技术等。针对二氧化碳地质利用与封存工程中的不同环节和需求，提出了相应的防腐蚀控制措施和方法，为减缓材料腐蚀、延长设备使用寿命提供有效途径。

此外，本书还对二氧化碳地质利用与封存工程中的典型案例进行了分析和介绍，这些案例涵盖了各种类型的腐蚀问题及其相应的解决方案。这些案例不仅具有很强的实用性，而且有助于读者更好地理解和掌握二氧化碳地质利用与封存工程中腐蚀表征、监测与控制方面的知识和技能。

本书的撰写力求科学性、系统性、实用性和前瞻性相统一，旨在为从事二氧化碳地质利用与封存工程研究的学者、工程师和技术人员提供一本实用的参考书籍。希望通过本书的出版，能够促进二氧化碳地质利用与封存技术的进一步发展和应用，为全球气候治理和环境保护做出贡献。

本书编写人员分工如下：第 1 章：张力为、付晓娟、尹悦、王燕；第 2 章：陆诗建、王翰文；第 3 章：向勇、辜涛、闫伟、刘思楠；第 4 章：向勇、薛泉；第 5 章：辜涛、梅开元、程小伟、付晓娟、尹悦、张力为；第 6 章：甘满光、张力为。

本书在撰写的过程中，得到了许多专家学者和同行的热情支持和帮助。在此，作者表示衷心的感谢。同时，也要感谢出版社的编辑们给予的大力支持和耐心指导。

由于编者水平有限，书中难免存在不足之处，敬请广大读者批评指正。

编　者

2024 年 2 月

于中国科学院

武汉岩土力学研究所

# 目录 Contents

## 第 6 章　腐蚀监测与控制技术在 $CO_2$ 地质利用与封存工程中的应用　190

# 第 1 章

# 绪　论

## 1.1　温室效应和 $CO_2$ 地质利用与封存技术简述

自工业革命以来，随着人类社会经济发展水平的快速提升，人类社会对能源的需求也快速增长。过去几百年来，人类社会的能源主要来自化石能源的燃烧，从而导致 $CO_2$ 等温室气体的排放量急剧增加，引发了全球气候变化的严重问题。科学界普遍认为，温室效应是导致全球气候变化的直接原因[1-6]。温室效应指的是地球表面接收到来自太阳的短波辐射后，部分被反射回太空，其余被地球表面吸收并重新辐射为长波辐射。温室气体可以吸收并重新发射长波辐射，使其在大气层内循环，从而使地球表面的平均温度增加。温室效应的示意图如图 1-1 所示。

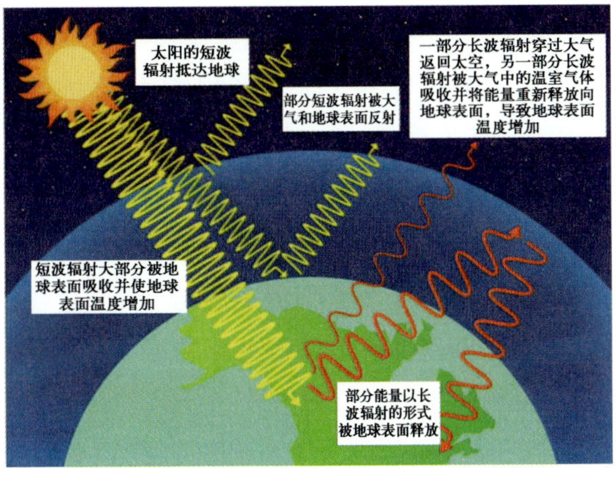


图 1-1　温室效应的示意图[7]

温室效应的提出可以追溯到19世纪初期。1824年，法国数学家约瑟夫·傅里叶(Joseph Fourier)首次提出了温室效应的概念。他认为，地球表面的温度受到大气层对太阳辐射的吸收和再辐射的影响，发生了类似于温室中的效应。随着科技的不断发展，人们对温室效应的研究也越来越深入。19世纪末，瑞典化学家斯万特·阿伦尼乌斯(Svante Arrhenius)首次建立了温室效应和大气中的温室气体之间的关系。阿伦尼乌斯指出，自远古时代以来，地球上冰川周期性的消长与大气中水蒸气和二氧化碳含量的变化(引起地球温度的变化)有密切联系。他进一步提出地球大气中二氧化碳浓度的变化与地球表面平均温度的变化之间存在着定量关系[8]。

进入20世纪，全球温室效应越发显著，引起了全球气候变化的严重问题。20世纪60年代以来，全球气候变化的严重性逐渐得到公众关注，这与两位气候变化领域的知名科学家的工作是分不开的。美国哥伦比亚大学教授、美国国家科学院院士华莱士·布勒克(Wallace Broecker)在气候变化领域的研究工作对人类理解地球气候系统的运作和气候变化的影响贡献重大。布勒克教授是气候变化和全球变暖的早期研究者之一，他的研究强调了人类活动导致的二氧化碳排放对地球气候的影响。他警告人们气候变化可能会带来风险，促使人们采取切实行动来减少温室气体排放。他提出了“大洋输送带”的概念，用于描述大气和海洋之间的能量和热量交换。他的研究揭示了大洋循环对全球气候的重要性，特别是北大西洋暖流在北大西洋地区的影响。他采用碳同位素示踪法系统地研究了全球碳循环过程，尤其是碳同位素在海洋和大气中的分布，在人类量化并了解化石燃料燃烧引发的二氧化碳排放对大气中二氧化碳浓度的影响程度的过程中发挥了重要作用。他深入研究了地球古气候变化的历程，使用海底沉积物、冰芯和其他古代气候记录来重建过去气候变化的历史。他的工作揭示了地球气候系统的长期变化趋势，如冰期和间冰期的周期性。布勒克教授的研究工作对推动气候科学的发展和气候变化研究产生了重要的作用。他的贡献不仅在科学界有所体现，而且在引领社会意识到气候变化问题的紧迫性方面也具有重要价值。他于2019年去世，但他的科研工作和影响力将继续影响气候科学领域的未来研究和行动。

曾在美国国家航空航天局(NASA)担任研究员的詹姆斯·汉森(James Hansen)是另一位在气候变化领域声望卓著的美国气候科学家。汉森研究员是最早提出温室效应与全球气温上升之间存在紧密关联的科学家之一。他与团队共同开发了一系列气候模型,用于模拟气候系统的复杂性,预测气温变化、极端天气事件和海平面上升等,并基于气候模型预测全球变暖的趋势。他指出二氧化碳等温室气体的排放对大气温度的上升有显著影响。1988 年,作为 NASA 的代表,汉森研究员在美国国会听证会上向美国的政策制定者发出了全球变暖的警告。他将气候变化问题置于公众视野和政策制定者的议程之上,促使美国政府采取一系列行动来减少温室气体的排放,引起了广泛的关注。除了科学研究,汉森研究员也致力于将气候变化的科学原理和应对气候变化的途径传达给公众。他写了多本畅销书,并通过媒体和演讲教育公众和政策制定者,同时强调采取行动减缓气候变化的紧迫性。汉森研究员一直是严格的气候政策的倡导者,他呼吁采取更加积极的政策行动,包括减少化石燃料的使用、增加可再生能源的利用,以及制定全球气候协议。汉森研究员的工作对我们更好地理解气候系统、应对气候变化的挑战以及推动国际气候政策的制定都产生了深远的影响。他的贡献使得气候变化成为全球议程中的重要议题。

尽管科学家们对温室效应和气候变化问题开展了深入研究并发出了气候变化可能对人类造成灾难性影响的警告,但温室效应至今仍没有被有效控制。根据世界气象组织(WMO)、联合国环境规划署(UNEP)和其他科学机构共同发布的数据,从 1850 年至 2020 年,地球表面温度上升了 1～2℃(图 1-2)。近几十年来,每个十年的平均温度都比前一个十年的要高。上述数据来自全球气温记录和观测数据[9],其中包括陆地、海洋和极地等多个区域的数据,具有准确性和可靠性。为了应对全球气候变化,国际社会开始探讨并制定相关政策和行动计划,以减少温室气体的排放和减缓气候变化的速度。

温室效应对气候变化有着至关重要的影响,而 $CO_2$ 是最主要的温室气体,对温室效应贡献最大。$CO_2$ 捕集、利用与封存($CO_2$ capture, utilization and storage, CCUS)技术可显著减少 $CO_2$ 向大气中的排放,是一种应对全球气候变化的可行方案。CCUS 技术是指将 $CO_2$ 从工业过程、能源利用或大气中分离出来,直接加以利用或注入地层以实现 $CO_2$ 永久减排的过程。CCUS 在原有的 $CO_2$ 捕集与封存($CO_2$ capture and storage, CCS)的基础上增加了“利用 (utilization)”,这一理念的形成是随着 CCS 技术的发展和对 CCS 技术

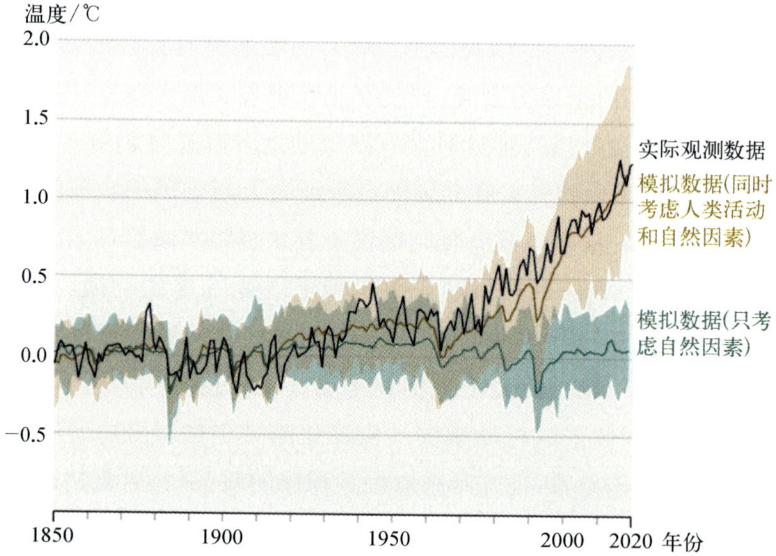


**图 1-2 1850—2020 年地球表面温度变化趋势[10]（黑色线表示实际观测数据，棕色线表示考虑人类活动和自然因素的气候模型预测的结果，绿色线表示只考虑自然因素的气候模型预测的结果）**

认识的不断深化，充分平衡 $CO_2$ 减排的环境效益和经济效益的必然结果。目前，这一理念已经获得国际的普遍认同[11]。

在现有的 CCUS 技术中，$CO_2$ 地质利用与封存（$CO_2$ geological utilization and storage，CGUS）技术的发展水平最为成熟，也是唯一能够消纳规模化 $CO_2$ 捕集得到的巨量 $CO_2$ 的途径（到 2030 年，中国年捕集 $CO_2$ 量将达到近 1 亿吨[12]）。$CO_2$ 地质利用与封存技术利用了地下储层中的空间，将大气中的 $CO_2$ 捕获并压缩成超临界状态，然后将其注入地下岩层中进行封存或利用（包括强化石油开采、强化页岩气开采、强化地热开采等途径）。其流程示意图如图 1-3 所示。

目前最为常见的 $CO_2$ 地质利用方式是将 $CO_2$ 注入石油储层，基于 $CO_2$ 与原油分子的相互作用，促使圈闭在微小孔隙中的残余油释放并向采出井运移，以提高石油采收率。该方法被称为 $CO_2$ 强化驱油（$CO_2$ enhanced oil recovery，$CO_2$-EOR）。国际上具有代表性的 $CO_2$-EOR 项目有美国 Eagle Ford 油田 $CO_2$-EOR 项目、加拿大 Weyburn 油田 $CO_2$-EOR 项目等。美国 Eagle Ford 油田 $CO_2$-EOR 项目是美国运行时间较长、较有代表性的 $CO_2$-

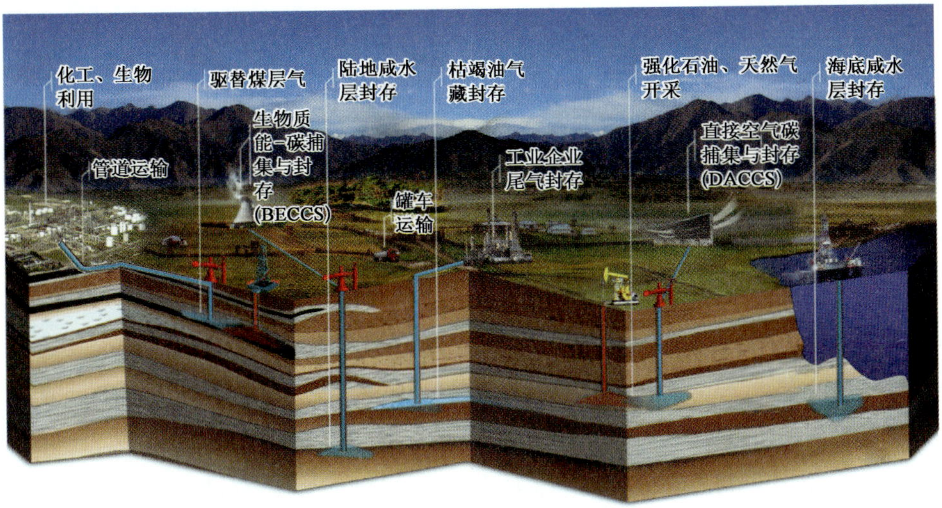


**图1-3 $CO_2$ 地质利用与封存技术流程示意图**[11]

EOR项目之一，主要通过将伴生气 $CO_2$ 捕集并回注到油田中，以提高原油采收率。该项目由EOG Resources公司于2012年年底在Eagle Ford油田开展，截至2020年8月 $CO_2$ 注入的运营商已增加到6家，$CO_2$ 注入井总数已增加到266口。Eagle Ford油田 $CO_2$-EOR项目也是科研机构参与度较高的 $CO_2$-EOR项目之一。十余家科研机构获得了Eagle Ford油田 $CO_2$ 注入层和露头的岩心样品，开展了 $CO_2$ 驱油机理、$CO_2$ 驱油效率改善、岩心矿物组成对 $CO_2$ 驱油过程的影响等方面的研究[13]。加拿大Weyburn油田 $CO_2$-EOR项目是全球最成功的 $CO_2$-EOR项目之一，通过将 $CO_2$ 注入油田中，提高了原油采收率并延长了油田寿命。该项目由加拿大石油公司、壳牌(Shell)和加拿大政府合作实施。这些工程项目都展示了 $CO_2$ 强化驱油技术的广泛应用前景。

国内有代表性的 $CO_2$ 强化驱油项目包括齐鲁石化-胜利油田百万吨级 $CO_2$-EOR项目、宁夏300万吨/年的CCUS示范项目、吉林油田 $CO_2$ 强化驱油项目、延长石油陕北 $CO_2$-EOR项目等。齐鲁石化-胜利油田百万吨级 $CO_2$-EOR项目是我国首个正式投运的百万吨级CCUS项目。该项目攻克了 $CO_2$ 驱油与封存关键技术难题，积极探索 $CO_2$ 高压混相驱的开发模式，有效解决了特低渗透油藏“注水注不进，油井采不出”的难题，为 $CO_2$-EOR技术的快速发展和规模化应用奠定了坚实基础。宁夏 300 万吨/年的 CCUS 示范项目由国家能源集团宁夏煤业有限责任公司和中国石油长庆油田分公司共同负责，分为三期建设，总投资约 102 亿元。一期项目于 2023 年 5 月开工，主要建设 50 万吨/年的 $CO_2$ 捕集液化工程、40 万吨/年的 $CO_2$ 驱油封存工程和 10 万吨/年的 $CO_2$ 煤矿井下综合利用工程，预计 2024 年建成投运。该项目每年可减排 300 万吨 $CO_2$，30 年运营期内可累计注入 7 450 万吨 $CO_2$，累计增油 1 700 万吨以上。这个项目不仅为现代煤化工产业找到了一把破解"高碳"之困的"金钥匙"，也为原油开采寻到了绿色增产的关键技术，是落实我国能源安全新战略的重要举措，对保障国家能源绿色、低碳、安全、高效转型具有重要示范意义。

目前最常见的 $CO_2$ 地质封存方式是 $CO_2$ 咸水层封存，即将 $CO_2$ 气体注入深部地下的咸水层中进行长期储存。挪威国家石油公司于 1996 年在北海区域的 Sleipner 气田开展了全球第一个 $CO_2$ 咸水层封存项目，目前已累计在咸水层中注入 2 000 多万吨 $CO_2$。美国于 2011 年在伊利诺伊州启动了 Illinois Basin - Decatur $CO_2$ 咸水层封存项目，由伊利诺伊州地质调查局、ADM 公司、斯伦贝谢公司等政府机构和企业共同实施。该项目累计向伊利诺伊州 Mt. Simon 深部咸水层中注入近 100 万吨 $CO_2$[14]。该项目建立了完备的地下和地表监测、信号二次确认和分析系统，制定了周期性取样和信号采集方案(包括水样采集、钻孔取芯、钻孔测井、地球物理监测信号收集等)。Illinois Basin - Decatur $CO_2$ 咸水层封存项目通过把样品分析及信号采集结果与先进的三维微震监测及地质信息成图技术相结合，获得了全面的支撑大尺度数值模拟的储层地质数据。位于澳大利亚西部海域、距西澳大利亚州首府珀斯数百公里的巴罗岛(Barrow Island)上的 Gorgon $CO_2$ 咸水层封存项目目前已开始试运行，完全建成投运后将成为全球规模最大(每年封存 340～400 万吨 $CO_2$)的 $CO_2$ 地质利用与封存示范项目。该项目封存的 $CO_2$ 来源于天然气开采的伴生气，由雪佛龙(Chevron)、埃克森美孚(ExxonMobil)、壳牌(Shell)等国际能源公司联合开发，充分利用了各公司在 CCUS 技术领域的专业知识和经验。中国神华能源股份有限公司(现隶属于国家能源投资集团有限责任公司)于 2010 年在我国内蒙古鄂尔多斯盆地实施了我国首个全流程 $CO_2$ 捕集- $CO_2$ 输运- $CO_2$ 咸水层封存示范项目。该项目旨在将煤直接液化厂捕获的 30 万吨二氧化碳注入深度超过 1 600 m、渗透率极低(<50 mD①)的咸水层中,$CO_2$ 注入井在距离鄂尔多斯市东南约 40 km 的陈家村。$CO_2$ 注入操作于 2011 年 1 月开始,2011 年 5 月全面投运。截至 2015 年 4 月,该项目 $CO_2$ 注入结束时,已成功在地下咸水层中封存 30.2 万吨 $CO_2$[15]。上述国内外 $CO_2$ 咸水层封存示范项目的实施为学界和工程界提供了宝贵的实践经验,为 $CO_2$ 咸水层封存的大规模推广奠定了基础。通过这些项目,人们可以更深入地了解不同国家和地区地下咸水层的地质特征、$CO_2$ 封存容量、安全性和环境影响等方面的问题。这些知识的积累将有助于制定更好的政策和规范,确保 $CO_2$ 地质利用与封存技术的安全性和可持续性。

## 1.2 $CO_2$ 减排和推广 $CO_2$ 地质利用与封存技术的紧迫性

$CO_2$ 地质利用与封存技术是应对全球气候变化的一项重要解决方案。随着全球温室气体排放量的不断增加,气候变化的影响已经开始显现,包括海平面上升、极端气候事件增多、生态系统受损等[16]。为了避免气候变化对人类生存和发展造成更严重的影响,大规模推广包括 $CO_2$ 地质利用与封存技术在内的温室气体减排技术已经变得非常紧迫。

第一,$CO_2$ 地质利用与封存技术可以有效减缓气候变化的影响。目前,温室气体的排放量已经达到历史最高水平,而且还在不断增加。这些排放的温室气体会导致地球表面温度升高,进而引发海平面上升、极端气候事件增多、生态系统受损等。而 $CO_2$ 地质利用与封存技术可以将二氧化碳从大气中捕获,并将其封存在地下岩层中,从而减少大气中二氧化碳的浓度,减缓气候变化的影响。

第二,推广 $CO_2$ 地质利用与封存技术也可以促进经济发展和创新。$CO_2$ 地质利用技术可以将 $CO_2$ 用于提高地下能源和资源的采收率,例如 $CO_2$ 强化开采石油、$CO_2$ 强化开采天然气、$CO_2$ 强化开采地热等。石油、天然气等资源

① $1\ mD=0.987\times10^{-3}\ \mu m^2$。

可以广泛应用于工业、农业、交通等领域，为社会创造更多的价值和就业机会。同时，$CO_2$ 地质封存技术也需要不断研发和创新，以提高 $CO_2$ 封存效率和安全性，从而推动科技进步和产业升级。

第三，推广 $CO_2$ 地质利用与封存技术还可以促进国际合作和环境保护。气候变化是全球性的问题，需要国际社会共同应对。推广 $CO_2$ 地质利用与封存技术可以促进不同国家和地区之间的合作与交流，共同应对气候变化的挑战。此外，$CO_2$ 地质封存技术可以减少 $CO_2$ 在大气中的排放，从而保护地球的生态环境和生物多样性。

最后，推广 $CO_2$ 地质利用与封存技术还可以促进可持续发展和能源转型。现今社会面临能源和环境的双重挑战，推广 $CO_2$ 地质利用与封存技术可以促进能源转型和可持续发展。$CO_2$ 地质封存技术可以解决一些传统碳基能源的环境危害问题，例如煤炭、石油和天然气的开采和利用会产生大量的 $CO_2$ 和其他有害物质，而 $CO_2$ 地质封存技术可以将这些废气安全地储存起来，从而减少对环境的影响。

尽管 $CO_2$ 地质利用与封存技术具有很多的优势和潜力，但是推广这项技术还面临着很多挑战。首先，技术成本和安全风险是 $CO_2$ 地质封存技术的两个主要问题。$CO_2$ 地质封存技术需要大量的资金和技术支持，同时也需要建立完善的监测和管理机制，以确保其安全性和可持续性。其次，$CO_2$ 地质利用技术还需要进一步研发和创新，以提高其效率和降低成本。此外，政策和法律法规的支持也是成功推广 $CO_2$ 地质利用与封存技术的关键因素。

对于中国而言，大力推广 $CO_2$ 地质利用与封存技术符合中国国情。近年来，中国 CCUS 各环节技术取得显著进展，具备了 $CO_2$ 大规模捕集、管道输送、利用与封存系统设计能力和近期实现规模化应用的基础。但是，CCUS 各环节技术发展并不均衡，与规模化商业应用仍存在不同程度的差距。目前中国已提出到 2030 年实现碳达峰的目标，并希望到 2030 年通过 $CO_2$ 地质利用与封存技术消纳的 $CO_2$ 最低需达到 5 800 万吨/年，而目前我国已在运行的 $CO_2$ 地质利用与封存项目消纳的 $CO_2$ 远远低于这一数字。因此，我国目前 $CO_2$ 地质利用与封存技术的发展水平与欧美等国家的发展水平，以及实现碳中和目标的减排需求相比仍有很大差距。同时，中国 $CO_2$ 地质利用与封存技术的发展还面临市场机制缺失和政策激励不足等挑战，未来仍需加强研发、降低成本、刺激需求，促进技术、市场、政策三大要素的深度融合[12]。

总的来说，$CO_2$ 地质利用与封存技术是一项应对全球气候变化的重要解决方案，具有重大的经济、环境和社会意义。推广这项技术需要国际社会共同努力，加强国际合作和交流，加大政策和投资支持力度，推动技术进步和产业升级，从而实现可持续发展和气候变化的双赢。

## 1.3 $CO_2$ 地质利用与封存面临的腐蚀问题概述

$CO_2$ 地质利用与封存工程涉及 $CO_2$ 通过管路或罐车进行运输、$CO_2$ 井口注入、$CO_2$ 地下运移等多个环节，上述环节中 $CO_2$ 均会与金属管路、阀门、压缩机、井筒油套管、固井水泥等发生接触。$CO_2$ 在高温、高压条件下具有一定的腐蚀性，尤其是在含水环境中更为明显。$CO_2$ 可以与水发生反应，生成碳酸，从而形成酸性环境。不论是 $CO_2$ 溶解于大量水中，还是少量水蒸气与大量 $CO_2$ 混合，这种酸性环境都会形成。高浓度的碳酸对钢铁等金属材料，以及固井水泥等水泥基材料都具有强腐蚀性，可能会导致材料的破坏和失效。对于 $CO_2$ 输送管路，$CO_2$ 腐蚀会使得管道壁逐渐变薄，最终可能导致穿孔，造成大量的 $CO_2$ 泄漏，严重威胁工程安全。$CO_2$ 腐蚀会在管道内壁形成腐蚀产物，这些产物会降低管道内壁的光滑度，增加 $CO_2$ 输送阻力，降低 $CO_2$ 输送效率。对于 $CO_2$ 注入井，$CO_2$ 腐蚀会造成井筒的油管、套管、固井水泥发生破坏，进而损害井筒完整性，导致 $CO_2$ 通过井筒时发生井喷或沿井筒泄漏，对生态环境造成污染。$CO_2$ 地质利用与封存面临的腐蚀问题可分为金属腐蚀和非金属腐蚀两大类。金属腐蚀主要是对金属管路、压缩机、阀门、油套管等部件的腐蚀，而非金属腐蚀主要是 $CO_2$ 对固井水泥的腐蚀，此外还包括对橡胶等密封部件的腐蚀。本节将概述 $CO_2$ 对金属的腐蚀和 $CO_2$ 对水泥的腐蚀，相关腐蚀问题的详细介绍参见第 3 章。

### 1.3.1 $CO_2$ 对金属的腐蚀

$CO_2$ 在有水存在的条件下容易对金属材料产生腐蚀，这可能会对输送 $CO_2$ 的管道系统、设备、井筒油套管等造成损坏，增加 $CO_2$ 地质利用与封存项目的维护成本和风险。对于管道系统，$CO_2$ 可以在管道内形成碳酸，导致管道的内壁腐蚀，并导致金属表面产生点蚀空洞（图 1－4）。这种腐蚀可能导致管道破裂或泄漏，从而危及人员安全并造成环境破坏。对于设备，$CO_2$ 气体可能会导致 CCUS 系统中的设备腐蚀，包括捕集、输送和存储设备。对于井筒油套管，$CO_2$ 腐蚀可能造成井筒油套管穿透，对井筒的完整性造成威胁。在 $CO_2$ 地质封存环境下，$CO_2$ 腐蚀金属的机理主要有包括电化学反应在内的化学反应和微生物作用。其中，包括电化学反应在内的化学反应是最常见的腐蚀机理。相关机理将在第 2 章和第 3 章详细介绍。

**图 1－4　金属表面形成的点蚀空洞**[17]

$CO_2$ 腐蚀金属的研究方法主要包括实验模拟、数值模拟和电化学测试。实验模拟是在实验室中模拟 $CO_2$ 地质利用与封存环境，以研究金属在该环境下的腐蚀行为。在实验模拟过程中，需要根据实际的 $CO_2$ 地质利用与封存环境，选择相应的温度、压力、pH、$CO_2$ 浓度等环境条件；同时需选择具有代表性的金属材料，如碳钢、不锈钢等，以研究其在 $CO_2$ 地质利用与封存环境下的腐蚀行为。在腐蚀实验结束后，需要对金属样品的腐蚀数据进行分析，如质量变化、表面形貌、成分等，以评估金属的耐 $CO_2$ 腐蚀性能。数值模拟是通过计算机模拟金属在 $CO_2$ 地质利用与封存环境下的腐蚀过程，需要建立传热-传质-化学反应多参量耦合数值模型，模拟金属在 $CO_2$ 地质利用与封存环境下的腐蚀行为。数值模拟的主要优点是可以节省实验时间和成本，同时可以对一些难以进行实验的环境条件和实验室难以实现的超长腐蚀时间（几年到上百年）进行模拟。电化学测试是一种直接测量金属在溶液中的腐蚀电流和电极电位的方法。在 $CO_2$ 地质利用与封存环境下，电化学测试通常采用恒电位或恒电流方法，以评估金属的耐腐蚀性能。电化学测试的主要优点是可以直接测量金属的腐蚀速率和观察电极反应过程，同时可以为实验模拟和数值模拟提供参考数据。上述三种方法各有优缺点，应根据具体研究需求选择合适的方法。

在 $CO_2$ 强化驱油条件下，当将 $CO_2$ 注入油藏后，会形成 $CO_2$ -油-水三相流体体系；而在 $CO_2$ 咸水层封存条件下，当将 $CO_2$ 注入深部咸水层后，会形成 $CO_2$ -水两相流体体系。地下井筒的金属油管、套管在上述条件下同时与多种相态的流体接触，而不同相态的流体对金属的腐蚀作用不同，会导致金属的不同区域在发生腐蚀后产生形貌和物理化学性质的显著差异，如图 1-5 所示。相关内容将在第 4 章详细介绍。

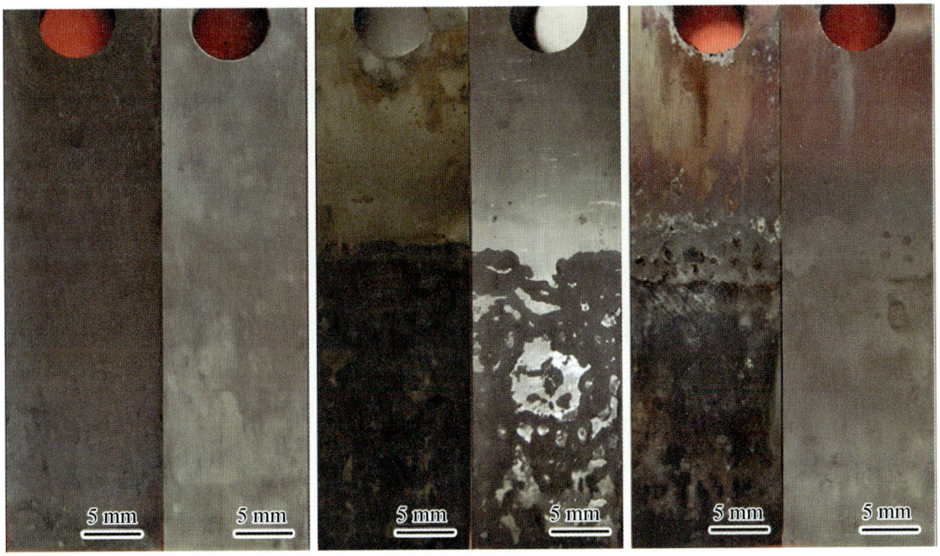


**图 1-5 溶有 $CO_2$ 的油水界面处 X65 钢材的腐蚀形貌差异**[16]

影响金属腐蚀的主要因素包括环境因素（如温度、压力、pH、$CO_2$ 浓度等）、金属材料因素（如金属种类、合金成分、表面状态等）和防腐措施（如使用防腐涂层、缓蚀剂等）。为了减缓金属腐蚀的速度，研究人员开发了多种防护措施，如使用防腐涂层、使用缓蚀剂、电化学保护等。为了解决 $CO_2$ 地质利用与封存过程中的腐蚀问题，需要采取一系列预防措施，包括材料选择、涂层保护、水质控制、气体处理等技术手段。此外，需要对整套 $CO_2$ 运输和注入系统进行定期检查和维护，并实施有效的监测和修复措施，以确保 $CO_2$ 运输和注入系统的安全性和可持续性。相关内容将在第 3、4、5 章详细介绍。

### 1.3.2 $CO_2$ 对水泥的腐蚀

在 CGUS 工程实践中，井筒固井水泥的整体质量至关重要。密封性优良、与套管和围岩胶结紧密的固井水泥可以防止从井筒注入的流体沿井筒发生窜流泄漏，并确保井筒的完整性。然而，$CO_2$ 腐蚀问题对井筒固井水泥的质量造成很大威胁。$CO_2$ 腐蚀固井水泥会导致井眼的损害，从而可能引发泄漏、环境污染以及生产中断等问题。本节将简要介绍 $CO_2$ 腐蚀固井水泥的机理、危害、影响因素和控制措施。

$CO_2$ 腐蚀固井水泥的机理主要涉及以下几个方面：(1) 酸性环境。$CO_2$ 与水反应生成碳酸，导致井眼周围环境的酸性增强。这种酸性环境对水泥的碱性成分产生腐蚀作用，破坏水泥的结构。具体而言，$CO_2$ 腐蚀会导致水泥中的碱性成分（如氢氧化钙）溶解，从而减少水泥的碱性，进而降低水泥的抗腐蚀性能。(2) 过度碳化。$CO_2$ 腐蚀过程中，水泥中的含钙组分会与碳酸反应，形成碳酸钙等腐蚀产物。当碳酸钙的产生量适中时，碳酸钙会填充水泥中的微孔隙，使水泥变得致密，增强水泥的耐腐蚀性。然而，当 $CO_2$ 侵入使水泥发生过度碳化时，大量碳酸钙沉淀会对水泥产生挤压效应，破坏水泥的物理结构并导致水泥内部产生微裂隙，不利于水泥完整性的保持。

$CO_2$ 腐蚀固井水泥的危害是多方面的，包括但不限于：(1) 井眼的完整性被破坏。水泥的腐蚀会导致井眼的完整性受损，可能引发井眼崩塌、产生裂缝、渗漏等问题，威胁井下设备和井口的安全。(2) $CO_2$ 注入中断。$CO_2$ 腐蚀导致固井水泥的性能下降，可能会使 $CO_2$ 注入中断，增加运营成本。(3) 环境污染。固井水泥的腐蚀可能导致油气或有害物质泄漏，污染地下水和土壤，对环境造成危害。(4) 维护成本增加。为了应对 $CO_2$ 腐蚀问题，运营商需要加大维护和修复工作的投入，导致维护成本显著增加。$CO_2$ 腐蚀固井水泥的程度受多种因素影响，包括 $CO_2$ 分压和浓度、地层温度和压力、固井水泥成分、地层水化学组成、操作和维护措施等。为了减轻 $CO_2$ 对固井水泥的腐蚀，可以考虑采取以下措施：(1) 选择适当的水泥类型。选用抗腐蚀性能较好的水泥(如磷铝酸盐水泥)，以减少腐蚀的发生。(2) 添加腐蚀抑制剂。在水泥中添加腐蚀抑制剂(如纳米 $SiO_2$、玄武岩纤维等)，以降低 $CO_2$ 腐蚀的速度。(3) 定期检测和维护。定期检测固井水泥的胶结性和结构完整性，进行必要的维护和修复工作，以确保井筒完整性不受破坏。

综上所述，$CO_2$ 腐蚀固井水泥是 CGUS 工程实践中面临的严峻挑战，它可能导致井筒完整性受损、生产中断和环境污染等问题。了解 $CO_2$ 腐蚀固井水泥的机理、危害、影响因素和控制措施对于确保井筒的安全性和生产的可持续性非常重要。通过选择合适的水泥类型、添加腐蚀抑制剂、定期检测和维护等控制措施，可以有效降低 $CO_2$ 腐蚀的风险，保障井眼的可靠性和安全性。相关内容将在第 3 章和第 5 章详细介绍。

## 1.4 本章小结

$CO_2$ 地质利用与封存(CGUS)技术在减少 $CO_2$ 排放中起着关键作用，但金属和水泥腐蚀问题仍然是需要解决的挑战。当前的研究集中在材料创新、腐蚀机理研究以及监测技术的改进上。未来的研究趋势将更加注重材料性能的提升、腐蚀预测与控制策略的发展，以及更智能的监测和维修技术的应用，以确保 $CO_2$ 地质利用与封存的持续可行性和安全性。这些研究将有助于推动 CCS 技术的发展，以更好地应对气候变化的挑战。$CO_2$ 地质利用与封存技术是一项重要的技术，旨在减少大气中 $CO_2$ 的排放，从而有效应对气候变化问题。然而，相关技术的应用面临着一系列挑战，包括与金属和水泥腐蚀相关的问题。本书将总结目前 CGUS 的研究现状，探讨未来的研究趋势，以解决 $CO_2$ 地质利用与封存工程中的腐蚀问题。

### 参考文献

[1] Hansen J, Sato M, Ruedy R, et al. Global warming in the twenty-first century: An alternative scenario[J]. Proceedings of the National Academy of Sciences of the

United States of America, 2000, 97(18): 9875 - 9880.
[2] Solomon S, Qin D, Manning M, et al. Climate change 2007: The physical science basis [M]. Cambridge: Cambridge University Press, 2007.
[3] 中国气象局. 中国气象灾害年鉴(2013)[M]. 北京: 气象出版社,2013.
[4] Pachauri R K, Meyer L A . Climate change 2014: Synthesis report[R]. IPCC, 2014.
[5] Blunden J, Arndt D S. State of the climate in 2018[R]. Bulletin of the American Meteorological Society, 2019.
[6] Schimel D, Stephens B B, Fisher J B. Effect of increasing $CO_2$ on the terrestrial carbon cycle[J]. Proceedings of the National Academy of Sciences of the United States of America, 2015, 112(2), 436 - 441.
[7] University of California Regents. Greenhouse effect[EB/OL]. [2024 - 07 - 05]. https://ugc. berkeley. edu/background-content/greenhouse-effect/.
[8] Arrhenius S. On the influence of carbonic acid in the air upon the temperature of the ground[J]. Philosophical Magazine and Journal of Science, 1896, 41(251): 237 - 276.
[9] Masson-Delmotte V, Zhai P M, Pörtner H O, et al. Global warming of 1. 5 ℃: An IPCC special report on the impacts of global warming of 1. 5 ℃ above pre-industrial levels and related global greenhouse gas emission pathways, in the context of strengthening the global response to the threat of climate change, sustainable development, and efforts to eradicate poverty [R]. Cambridge: Cambridge University Press, 2018.
[10] IPCC. Summary for policymakers [M]//Masson-Delmotte V, Zhai P, Pirani A, et al. Climate change 2021: The physical science basis. Cambridge: Cambridge University Press, 2021.
[11] 蔡博峰,李琦,张贤,等. 中国二氧化碳捕集利用与封存 (CCUS) 年度报告(2021)——中国 CCUS 路径研究[R]. 生态环境部环境规划院,中国科学院武汉岩土力学研究所,中国 21 世纪议程管理中心,2021.
[12] 张贤,杨晓亮,鲁玺,等. 中国二氧化碳捕集利用与封存 (CCUS) 年度报告(2023)[R]. 中国 21 世纪议程管理中心,全球碳捕集与封存研究院,清华大学,2023.
[13] Sambo C, Liu N, Shaibu R, et al. A Technical Review of $CO_2$ for Enhanced Oil Recovery in Unconventional Oil Reservoirs[J]. Geoenergy Science and Engineering, 2023, 221: 1 - 19.
[14] Albany O, Anchorage A, Houston T, et al. Illinois Basin-Decatur Project[R]. Pittsburgh: National Energy Technology Laboratory, 2017.
[15] 张力为,李琦,等. 二氧化碳地质利用与封存的风险管理[M]. 北京: 科学出版社,2020.
[16] 贾巧燕,王贝,王赟,等. X65 管线钢在油水两相界面处的 $CO_2$ 腐蚀行为研究[J]. 中国腐蚀与防护学报,2020,40(3): 230 - 236.
[17] Steel Fabrication Services. Your Guide Against Pitting Corrosion[EB/OL]. (2021 - 11 - 01)[2024 - 02 - 22]. https: //steelfabservices. com. au/pitting-corrosion/.

# 第2章

# 腐蚀研究基本理论与表征方法

腐蚀是材料和环境相互作用引发的材料劣化现象，不仅仅包括材料因化学反应导致的化学劣化，也包括材料因物理作用导致的表面性状或机械特性的劣化[1]。从广义上来说，任何结构材料（包括金属材料和非金属材料）都有可能遭受腐蚀。例如，混凝土的腐蚀、砖石的风化、塑料和橡胶等的老化，以及木材的腐烂等，这些现象均可列入腐蚀的范畴。而在工程项目中，金属腐蚀与水泥腐蚀是较为常见的两种腐蚀现象，学者们对于两者的研究也较多。在 $CO_2$ 地质利用与封存工程实践中，金属腐蚀与水泥腐蚀同样是最为普遍、造成最大危害的腐蚀现象。本章将就金属腐蚀与水泥腐蚀的基本理论与表征方法进行阐述。

## 2.1 腐蚀研究基本理论

### 2.1.1 金属腐蚀理论

金属材料在服役过程中，通常会与它所处环境的介质之间发生化学、电化学和物理作用，从而引起变质和破坏，这一过程称为金属腐蚀。从 18 世纪开始，科学家们就对金属腐蚀问题开展了相应的研究工作，经历了近 200 年的发展，金属腐蚀研究已经取得了极为丰硕的成果。

2.1.1.1 热力学角度的金属腐蚀理论

从热力学角度来说，除了个别的贵重金属如 Au、Pt 之外，在自然环境和多数腐蚀介质中，绝大多数金属都具有热力学不稳定性。在一定条件下，这些金属都将发生由原子状态向离子状态转变的过程，即腐蚀过程。根据热力学原理，可用吉布斯自由能判据来判断腐蚀反应发生的方向和限度，即在恒温恒压条件下，

$$\Delta G_{T,\ p} < 0 \quad 自发过程 \tag{2-1}$$

$$\Delta G_{T,\ p} = 0 \quad 平衡状态 \tag{2-2}$$

$$\Delta G_{T,\ p} > 0 \quad 非自发过程 \tag{2-3}$$

式中，$G$ 为吉布斯自由能。在恒温恒压条件下，腐蚀反应的吉布斯自由能变化可由参与反应的反应物和产物的化学位计算得到，如腐蚀反应：

$$\mathrm{M_{(s)}} + \mathrm{O} \longrightarrow \mathrm{M^{n+}_{(aq)}} + \mathrm{R} \tag{2-4}$$

该反应的吉布斯自由能变化为

$$\Delta G_{T,\ p} = \sum \nu_i \mu_i = \nu_{\mathrm{M}}^{n+} \mu_{\mathrm{M}}^{n+} + \nu_{\mathrm{R}} \mu_{\mathrm{R}} - \nu_{\mathrm{M}} \mu_{\mathrm{M}} - \nu_{\mathrm{O}} \mu_{\mathrm{O}} \tag{2-5}$$

式中，$\nu_i$ 为腐蚀反应式中第 $i$ 种物质的化学计量数；$\mu_i$ 为化学位，是在恒温恒压、除第 $i$ 种物质外其他物质量不变的条件下，第 $i$ 种物质的偏摩尔自由能。

$$\mu_i = \Delta \overline{G}_{T,\ p,\ n_j \neq n_i} = \left(\frac{\partial G}{\partial n_i}\right)_{T,\ p,\ n_j \neq n_i} \tag{2-6}$$

从电化学机理出发，金属发生腐蚀的倾向可以根据腐蚀过程中主要反应的腐蚀电池电动势来判别。在恒温恒压条件下，反应电动势或电位与自由能之间可以相互转换，转换公式如下。

$$\Delta G_{T,\ p} = -nFE \tag{2-7}$$

式中，$n$ 为参加反应的电子数或化合价；$F$ 为法拉第常数(96 500 C/mol)；$E$ 为电动势或电位(V)。电动势或电位 $E$ 的大小由阳极溶解电位($E_{\mathrm{A}}$)和阴极还原电位($E_{\mathrm{C}}$)决定，即

$$E = |E_{\mathrm{C}}| - |E_{\mathrm{A}}| \tag{2-8}$$

反应的 $E$ 越大，则该反应的自发性倾向越大。根据式(2-1)和式(2-8)，可以推断出金属腐蚀的电化学判据：

$$|E_A| < |E_C| \quad \text{电位为 } E_A \text{ 的金属自发发生腐蚀} \tag{2-9}$$

$$|E_A| = |E_C| \quad \text{平衡状态} \tag{2-10}$$

$$|E_A| > |E_C| \quad \text{电位为 } E_A \text{ 的金属不会自发发生腐蚀} \tag{2-11}$$

需要注意的是，运用电化学判据时，金属在水溶液中的腐蚀倾向与水溶液中的介质的活度（稀溶液中介质的活度约等于介质浓度）等有密切的关系。腐蚀反应的电动势等于阳极反应（金属腐蚀反应）电位和阴极反应电位的代数和。以锌在酸溶液中可能发生的腐蚀反应为例。

阳极反应：
$$Zn \longrightarrow Zn^{2+} + 2e^- \tag{2-12}$$

阴极反应：
$$2H^+ + 2e^- \longrightarrow H_2 \tag{2-13}$$

$$E_{Zn^{2+}/Zn} = E^{\ominus}_{Zn^{2+}/Zn} + \frac{RT}{2F}\ln\frac{a_{Zn^{2+}}}{a_{Zn}} \tag{2-14}$$

$$E_{H^+/H_2} = E^{\ominus}_{H^+/H_2} + \frac{RT}{2F}\ln\frac{a_{H_2}}{a^2_{H^+}} \tag{2-15}$$

腐蚀体系的总反应为

$$Zn + 2H^+ \longrightarrow Zn^{2+} + H_2\uparrow \tag{2-16}$$

腐蚀反应的电动势为

$$E = E_{Zn^{2+}/Zn} + E_{H^+/H_2} = (E^{\ominus}_{Zn^{2+}/Zn} + E^{\ominus}_{H^+/H_2}) + \frac{RT}{2F}\ln\frac{a_{Zn^{2+}}a_{H_2}}{a_{Zn}a^2_{H^+}} \tag{2-17}$$

类推可知，若腐蚀反应的形式为

$$lL + mM + \cdots \longrightarrow pP + qQ + \cdots \tag{2-18}$$

根据热力学原理，可以推导出腐蚀反应的电动势表达式为

$$E = E^{\ominus} + \frac{RT}{2F}\ln\frac{a^p_P \cdot a^q_Q\cdots}{a^l_L \cdot a^m_M\cdots} \tag{2-19}$$

式（2-19）即为能斯特（Nernst）方程，其反映了腐蚀反应的电动势与反应

物和产物的活度的关系。显然，腐蚀反应自发进行的条件是腐蚀反应的电动势 $E$ 大于零，而反应物和产物活度的变化可以改变电动势 $E$ 的值的大小，换句话说，反应物和产物活度的变化，有可能导致腐蚀倾向的改变。

值得注意的是，任何热力学上不能够自发进行的腐蚀反应是不可能发生的；而对于那些 $\Delta G_{T,p}<0$ 或 $E>0$ 的腐蚀反应，尽管在热力学上其具有自发进行的倾向，但这并不表示这些腐蚀反应一定能够发生或者具有较高的反应速率，因为后者属于动力学范畴的问题，应当与热力学问题区分开来。

#### 2.1.1.2 动力学角度的金属腐蚀理论

1. 极化

对于一个 $\Delta G_{T,p}<0$ 的腐蚀体系，当开始发生腐蚀时，界面上就会有电荷交换，即有静电流流入或流出电极表面，此时电极将不再处于平衡状态，电极的实测电位将发生变化。电位变化总是朝着阻止平衡破坏或推进新平衡形成的方向进行，即阻碍电流的流动。对于腐蚀原电池而言，有电流流动时，其阴极电位向负方向变化，阳极电位向正方向变化，使得原电池的电位差减小，腐蚀电流急剧降低，这种现象称为电池的极化作用[2]。当电极上有静电流通过时，电极电位偏离平衡电位的现象称为电极的极化[2]。

电极之所以发生极化，是因为电极反应的每个步骤都存在阻力，如传质、电子转移等。当其中一个步骤受到的阻力最大时，其反应速度就要比其他步骤慢得多，整个电极反应表现出的动力学特征与这个最慢步骤的动力学特征相同，该步骤就称为电极反应过程的控制步骤[3]。根据与控制步骤的联系，极化可以分为浓差极化、电化学极化和电阻极化三类。

(1) 浓差极化：当电流流过电极时，金属溶解产生的离子无法及时向本体溶液中扩散，该离子在电极附近的浓度大于本体溶液的浓度，就好比将电极浸入一个浓度较大的溶液中，而平衡电极电位通常是指相对于本体溶液的浓度而言的电极电位，此电极电位显然高于其平衡电位，这种现象称为浓差极化。

(2) 电化学极化：阳极过程是金属离子从金属基体转移到溶液中，并且形成水合离子的过程。这一反应过程需要一定的活化能，使得阳极溶解的速度比电子转移的速度更慢，金属离子进入溶液的反应速度小于电子从阳极通过导体向阴极转移的速度，从而使阳极上积累过多的正电荷，导致电极电位向正方向移动。这种由于电化学反应本身的迟缓性引起的极化称为电化学极化。

（3）电阻极化：在电极反应过程中，金属表面生成氧化膜或腐蚀产物膜时，金属离子或阳极反应生成的水合离子通过这层膜时会有很大的电阻，阳极电流在该膜中产生很大的电压降，从而使电位显著变正，由此引起的极化称为电阻极化。

总之，极化会使电极电位变得更正或更负，阻碍金属腐蚀的进行，降低金属腐蚀的速率，对于防止金属腐蚀是有利的。如果想要电极的极化减小，必须向电解质溶液中添加容易在电极上发生反应的物质，使电极上的极化限制在一定程度内，这种作用称为去极化作用，降低极化的物质称为去极化剂。

2. 腐蚀的阴极过程

金属发生电化学腐蚀的根本原因是溶液中含有能使金属氧化的物质，即去极化剂，其与金属构成了不稳定的腐蚀原电池体系。金属的阳极溶解过程始终伴随着阴极过程，如果没有相应的阴极反应发生，金属便不会发生腐蚀，在许多情况下，阴极过程对腐蚀速率有决定性作用。理论上，只要是能够吸收金属中电子的还原反应，都能够成为金属电化学腐蚀的阴极过程[4]。在所有反应中，氢离子还原反应（析氢腐蚀）和氧分子还原反应（吸氧腐蚀）是最常见的两种阴极去极化过程。

析氢腐蚀的反应机理已经研究得比较充分，在酸性溶液中，金属电极表面上进行析氢反应的步骤如下。

（1）氢离子 $H^+$ 从本体溶液向电极附近扩散并转移到电极上。

（2）氢离子 $H^+$ 在电极上放电。

a. $H^+$ 在金属电极表面放电后变成吸附在金属电极表面上的氢原子 $H_{ad}$（Volmer 反应）。

$$H^+ + e^- \longrightarrow H_{ad} \tag{2-20}$$

b. $H^+$ 与吸附在金属电极表面上的氢原子发生脱附反应生成氢分子（Heyrovsky 反应）。

$$H^+ + H_{ad} + e^- \longrightarrow H_2 \tag{2-21}$$

（3）吸附在金属电极表面的氢原子化合为氢分子（Tafel 反应）。

$$2H_{ad} \longrightarrow H_2 \tag{2-22}$$

（4）氢分子从金属电极上扩散到溶液中或形成气泡从金属电极表面逸出。

在碱性溶液中，在金属电极表面上还原的是水分子。金属电极表面上的析氢反应按以下步骤进行。

（1）水分子到达电极，发生电离。

（2）氢氧根离子离开电极，氢离子还原生成吸附在金属电极表面的氢原子。

$$H_2O \longrightarrow H^+ + OH^- \tag{2-23}$$

$$H^+ + e^- \longrightarrow H_{ad} \tag{2-24}$$

（3）吸附在金属电极表面的氢原子发生复合脱附或电化学脱附反应。

$$H_{ad} + H_{ad} \longrightarrow H_2 \tag{2-25}$$

$$H^+ + H_{ad} + e^- \longrightarrow H_2 \tag{2-26}$$

（4）氢分子形成气泡从金属电极表面逸出。

在某些金属电极上，部分吸附的氢原子可能会向金属的内部扩散，从而导致金属在腐蚀过程中发生氢脆。

与氢离子还原相比，氧分子的还原可以在更正的电极电位下发生，因此吸氧腐蚀比析氢腐蚀更加普遍。吸氧腐蚀大致可分为氧的传输和氧的离子化两个过程。

（1）氧的传输过程

a. 氧气从空气中进入溶液，向金属表面溶液扩散层转移。

b. 氧气通过金属表面溶液扩散层，到达金属表面形成吸附氧。

（2）氧的离子化过程

吸氧腐蚀的步骤与 pH 条件有关。在中性或碱性溶液中，反应的中间产物为 $HO_2^-$，反应步骤如下。

a. 生成 $O_2^-$

$$O_2 + e^- \longrightarrow O_2^- \tag{2-27}$$

b. 生成 $HO_2^-$

$$O_2^- + H_2O + e^- \longrightarrow HO_2^- + OH^- \tag{2-28}$$

c. 生成 $OH^-$

$$HO_2^- + H_2O + 2e^- \longrightarrow 3OH^- \tag{2-29}$$

在酸性溶液中，反应的中间产物为 $HO_2^-$ 和 $H_2O_2$，反应步骤如下。

a. 生成 $O_2^-$

$$O_2 + e^- \longrightarrow O_2^- \tag{2-30}$$

b. 生成 $HO_2$

$$O_2^- + H^+ \longrightarrow HO_2 \tag{2-31}$$

c. 生成 $HO_2^-$

$$HO_2 + e^- \longrightarrow HO_2^- \tag{2-32}$$

d. 生成 $H_2O_2$

$$HO_2^- + H^+ \longrightarrow H_2O_2 \tag{2-33}$$

e. 生成 $H_2O$

$$H_2O_2 + 2H^+ + 2e^- \longrightarrow 2H_2O \tag{2-34}$$

对于大多数金属而言，其表面上的氧分子还原反应是按照以上步骤进行的。但在某些金属氧化物上氧分子的还原反应并不生成 $H_2O_2$ 或 $HO_2^-$ 等中间产物，而是以吸附氧或表面氧化物作为反应的中间产物。由于相关的反应机理研究得还不够充分，某些细节依然存在争议，故本章不再赘述。

3. 腐蚀的阳极过程

在腐蚀过程中，金属的阳极溶解反应可以简单地表示为

$$X \longrightarrow X_{sol}^{n+} + ne^- \tag{2-35}$$

但实际上，金属发生阳极溶解是一个十分复杂的过程，其反应一方面与金属的表面状态、结构、性能等有关，另一方面还会受到腐蚀介质、流动状态等因素的影响[5]。对于金属材料，一般来说，除了晶粒、晶界外，在金属的表面还存在各种缺陷，如位错等，当金属受到外界应力作用或变形时，这些缺陷便为金

属原子离开晶格，发生离子化提供了条件。如果腐蚀介质中存在可以发生吸附的组分，那么吸附也将影响金属的离子化过程。当金属离子不形成沉淀时，介质是流动的，形成的金属离子将离开金属表面附近的溶液进入本体溶液中。此时若阳极溶解速度很快，在金属表面附近的溶液中金属离子浓度将快速增大，从而可能形成一层沉淀膜或一层特殊的黏性层。当金属离子形成沉淀时，沉淀将会覆盖在金属表面，使金属表面形成非均匀条件，同时在沉淀上发生的阴极反应也将发生改变，从而导致腐蚀过程变得更为复杂。

4. 钝化

金属或合金在受到一些因素影响时，其化学稳定性明显增强的现象，称为金属的钝化。金属钝化的方式有两种，一种是化学钝化，另一种是电化学钝化。化学钝化是指金属与某些钝化剂（氧化剂）如浓 $HNO_3$、浓 $H_2SO_4$、$KMnO_4$、$O_2$ 等发生化学反应造成的钝化现象，也称为自钝化。电化学钝化是指利用外加阳极电流使金属的电位升高到一定值（即阳极极化），从而使金属活化状态变为钝化状态的现象。实际上，化学钝化和电化学钝化并没有本质上的区别，只是采取不同措施使金属电极电位发生极化，钝化后的金属都具有以下共同的特征。

（1）金属处于钝化状态时其腐蚀速率非常低，可以防止金属受到腐蚀。金属从活化状态转变为钝化状态时，其表面会形成一层能抑制金属溶解并且具有半导体性质的薄膜，这种薄膜被称为钝化膜。尽管钝化膜非常薄，厚度一般在 1～10 nm 之间，但其在介质中的抗腐蚀性能良好，能够使金属的阳极溶解速率保持在较低值。

（2）金属钝化后耐蚀性的增强是由于金属表面状态发生了改变，是金属的一种界面现象。钝化发生时金属的热力学性质并没有发生改变，而是金属表面的阳极反应过程受到了极大的阻碍，因此金属的钝化是一种动力学行为，而非热力学行为。

### 2.1.2 水泥腐蚀理论

水泥初步硬化后，在正常的使用条件下，仍然可以继续逐渐硬化并不断增加强度。但在一些腐蚀介质中，水泥的结构会遭到破坏，导致其强度和耐久性降低，甚至完全丧失，这种现象被称为水泥腐蚀。水泥腐蚀一般分为 4 种类型：软水腐蚀、盐类腐蚀、酸类腐蚀以及强碱腐蚀。

#### 2.1.2.1　软水腐蚀

软水是指不含或仅含少量重碳酸盐的水，如雨水、蒸馏水、冷凝水及部分江水、湖水等。水泥长期与软水接触，会使水泥中的 $Ca(OH)_2$ 不断被溶出并流失，从而引起水泥孔隙率增加，当水泥中游离的 $Ca(OH)_2$ 浓度减少到一定程度时，水泥中的其他含钙矿物也可能分解和溶出，从而导致水泥的结构强度降低。这种现象称为水泥的软水腐蚀。

在各种水化产物中，$Ca(OH)_2$ 的溶解度最大，因此首先溶出，这样不仅增加了水泥的孔隙率，使水更容易渗入，而且 $Ca(OH)_2$ 的浓度降低还会使水化产物依次发生分解，如高碱性的水化硅酸钙(C－S－H)、水化铝酸钙等分解为低碱性的水化产物，并最终变成硅酸凝胶、氢氧化铝等无胶凝能力的物质。在静水及无压力水的情况下，由于周围的软水中溶出的氢氧化钙易达到饱和，使溶出作用停止，所以对水泥的影响不大。但在流水及压力水的作用下，水化产物的溶出将会不断地进行下去，从而导致水泥结构的破坏由表及里地持续发生。

#### 2.1.2.2　盐类腐蚀

硫酸盐先与水泥中的 $Ca(OH)_2$ 反应生成石膏，这种生成物再与水泥中的水化铝酸钙反应生成钙矾石，其体积约为原来的水化铝酸钙体积的 2.5 倍，从而使硬化水泥中的固相体积增加很多，产生相当大的结晶压力，造成水泥开裂甚至毁坏。

$$\begin{aligned}&4CaO\cdot Al_2O_3\cdot 12H_2O+3CaSO_4+20H_2O\\&\longrightarrow 3CaO\cdot Al_2O_3\cdot 3CaSO_4\cdot 31H_2O+Ca(OH)_2\end{aligned} \tag{2-36}$$

镁盐一般以 $MgCl_2$、$MgSO_4$ 的形态存在，这些镁盐与水泥中的 $Ca(OH)_2$ 反应生成松软无胶凝能力的 $Mg(OH)_2$。

$$MgCl_2+Ca(OH)_2\longrightarrow Mg(OH)_2+CaCl_2 \tag{2-37}$$

$$MgSO_4+Ca(OH)_2+2H_2O\longrightarrow Mg(OH)_2+CaSO_4\cdot 2H_2O \tag{2-38}$$

#### 2.1.2.3　酸类腐蚀

对于一般酸而言，酸解离出的 $H^+$ 和酸根离子($M^-$)会与水泥中的

$Ca(OH)_2$ 反应分别生成 $H_2O$ 和钙盐。

$$Ca(OH)_2 + 2H^+ + 2M^- \longrightarrow 2H_2O + CaM_2 \qquad (2-39)$$

而对于碳酸而言，碳酸先与水泥中的 $Ca(OH)_2$ 反应，中和后使水泥碳化，生成 $CaCO_3$，$CaCO_3$ 再与碳酸反应生成易溶于水的 $Ca(HCO_3)_2$，$Ca(HCO_3)_2$ 随水流失，从而破坏水泥的结构。

$$Ca(OH)_2 + H_2CO_3 \longrightarrow 2H_2O + CaCO_3 \qquad (2-40)$$

$$CaCO_3 + H_2CO_3 \rightleftharpoons Ca(HCO_3)_2 \qquad (2-41)$$

2.1.2.4 强碱腐蚀

碱类溶液如浓度较低，一般对水泥无害。但铝酸盐含量较高的硅酸盐水泥遇到强碱(如 NaOH)作用后也会被破坏。NaOH 与水泥熟料中未水化的铝酸盐作用，会生成易溶的铝酸钠。

$$3CaO \cdot Al_2O_3 + 6NaOH \longrightarrow 3Na_2O \cdot Al_2O_3 + 3Ca(OH)_2 \qquad (2-42)$$

水泥被 NaOH 浸透后又在空气中干燥，此时水泥中的 NaOH 会与空气中的 $CO_2$ 作用而生成碳酸钠。

$$6NaOH + 3CO_2 \longrightarrow 3Na_2CO_3 + 3H_2O \qquad (2-43)$$

碳酸钠在水泥的毛细孔中结晶沉积，而使水泥胀裂。

$$2NaOH + CO_2 + 9H_2O \longrightarrow Na_2CO_3 \cdot 10H_2O \qquad (2-44)$$

## 2.2 腐蚀速率的影响因素

在 $CO_2$ 地质利用与封存过程中，地层条件一般比较复杂，尤其当 $CO_2$ 注入后，地层环境将会呈现出高 $CO_2$ 浓度、低 pH 的特点，具有一定的腐蚀性。同时，地层下的高温高压条件、杂质、流体等因素相互作用，将会影响甚至改变金属和水泥的腐蚀过程。

### 2.2.1 $CO_2$ 分压的影响

$CO_2$ 分压对金属和水泥的腐蚀具有非常显著的影响。随着井下压力不断发生变化，$CO_2$ 的压力也随之改变，在不同的压力下，金属和水泥的腐蚀情况也有所不同。对于金属而言，在一定的 $CO_2$ 分压范围内，环境中的 $CO_2$ 分压越大，金属腐蚀速率越快，腐蚀程度越严重。从微观角度来解释，当压力增大时，$CO_2$ 在水中的溶解度增大，造成水溶液中 $H_2CO_3$、$HCO_3^-$、$CO_3^{2-}$ 等腐蚀性介质的浓度增大，这些水溶液与金属表面相接触，使相应的阴极反应速率加快，最终加快腐蚀速率。值得注意的是，金属在腐蚀发生的同时会在表面形成 $FeCO_3$ 等腐蚀产物，这些腐蚀产物在一定程度上对金属基体具有保护作用，从而抑制金属的进一步腐蚀。因此，当金属表面形成的腐蚀产物足够完整、致密时，其对金属的保护作用足以抵消因 $CO_2$ 分压增大而带来的负面影响，最终使金属在高 $CO_2$ 分压的环境下，腐蚀速率反而有所降低。对于水泥而言，压力的大小会影响 $CO_2$ 在水中的溶解度、扩散速率以及离子的电离程度。随着 $CO_2$ 分压的增大，水泥内部孔隙中溶液离子的浓度与腐蚀溶液中离子浓度的梯度随之增大，同时由于扩散效应，高浓度向低浓度迁移，$CO_2$ 溶解在水中形成的产物向水泥内部的扩散加快，各水化产物与其发生碳化反应的速率也随之加快，最终加快水泥的腐蚀速率，促进腐蚀进程(图 2 - 1)。

**图 2 - 1　$CO_2$ 分压为 20 MPa 时遭腐蚀后的水泥样品**[6]

## 2.2.2　温度的影响

当环境温度处于较低区间时，随着温度的升高，金属在 $CO_2$ 水溶液中的腐蚀速率会加快，原因在于温度影响了腐蚀产物膜的结构。通常情况下，当温度较低时，金属腐蚀产物的晶粒较为粗大，结构较为疏松，保护性较差，从而加快了金属的腐蚀速率。而在 $CO_2$ 地质利用与封存过程中，井下管柱的埋藏深度通常超过 800 m，温度随着埋藏深度的增大可从常温升高至 100℃左右，在这一温度范围内，金属腐蚀形成的产物膜更加致密，并且与金属基体之间结合较为紧密，因此保护作用较好。总体而言，当环境温度处于中等区间时，金属的腐蚀速率随着温度升高而下降。

不同温度条件对水泥腐蚀速率的影响较为复杂，主要可以从以下两个角度进行解释。一方面，温度升高会促进化学反应的进行，通过为反应体系提供更多的能量，使水泥反应体系中的粒子加速运动和结合，从而影响水泥的腐蚀速率。另一方面，温度升高使 $CO_2$ 和 $Ca(OH)_2$ 在环境体系中的溶解度降低，从而降低参与水泥腐蚀反应的离子浓度，进而减缓相关化学反应的进程。与此同时，温度的变化影响了 $Ca(OH)_2$ 和水化硅酸钙的转化，这两种物质的含量变化同样会影响水泥的腐蚀速率。

### 2.2.3 流体的影响

流体的冲刷会改变金属表面腐蚀产物膜的结构性能(如致密程度、对金属基体的保护作用等)，所以流体的流动过程会对腐蚀产生一定影响(图 2-2)。具体表现为流体的冲刷过程加速了环境中腐蚀性物质与金属表面之间的传质过程，同时对金属表面施加了一定的剪切应力，破坏了金属表面腐蚀产物膜的完整性，使金属的腐蚀速率加快。除此之外，流体的冲刷还能够抑制金属表面腐蚀产物膜的生成，使金属基体始终暴露在腐蚀环境中，腐蚀程度加剧。当流体与水泥发生接触时，水泥中的孔隙液与流体之间存在 $Ca^{2+}$ 的浓度差，造成孔隙液中的 $Ca^{2+}$ 向外发生迁移，即 $Ca^{2+}$ 由高浓度区域向低浓度区域移动，这也被称为淋滤脱钙作用。而 Ca 是水泥物相组成中的主要元素，Ca 的减少会严重影响水泥的抗腐蚀能力。具体而言，在淋滤脱钙作用发生过程中，$Ca(OH)_2$ 和 C-S-H 持续溶解[式(2-45)、式(2-46)]，使得水泥整体的含钙量降低，水泥结构的致密性降低，孔隙率增大，水泥内部的化学反应面积也随之增大，从而推进反应进程，加快反应速率。

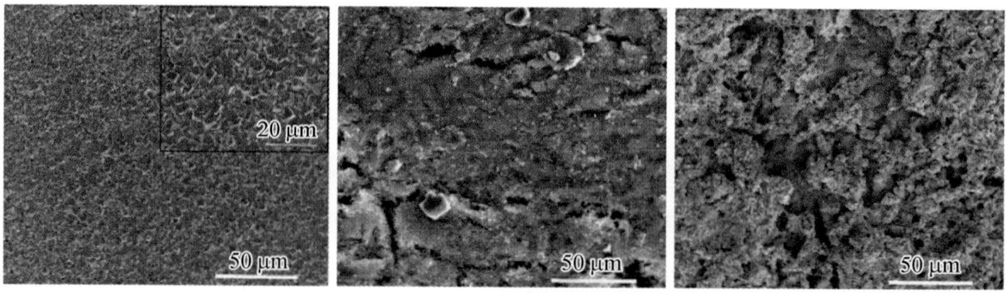


0 m/s　　1 m/s　　2 m/s

图 2-2　不同流速对金属腐蚀形貌的影响[7]

$$Ca(OH)_2 \longrightarrow Ca^{2+} + 2OH^- \tag{2-45}$$

$$C-S-H \rightleftharpoons Ca^{2+} + OH^- + H_4SiO_4 + H_2O \tag{2-46}$$

### 2.2.4　杂质的影响

在 $CO_2$ 地质利用与封存过程中，想要实现纯粹、单一的 $CO_2$ 环境几乎是不可能的，环境体系中通常会掺入一定量的水和腐蚀性杂质（如 $O_2$、$SO_2$、$H_2S$、$NO_2$），这些杂质与 $H_2O$、$CO_2$ 共同作用，往往会对金属和水泥造成十分严重的腐蚀。$O_2$ 作为一种强氧化剂，会使金属发生氧腐蚀，此时金属表面的腐蚀产物膜以氧化物为主，其对基体的保护作用较弱。在其他条件相同时，$SO_2$ 对金属腐蚀的影响比 $O_2$ 更大，原因是 $SO_2$ 溶于水后形成 $H_2SO_3$，降低了溶液的 pH。如果同时有 $O_2$ 存在，$H_2SO_3$ 会进一步转化为 $H_2SO_4$，使金属的腐蚀问题更加严重。当环境体系中同时存在 $O_2$、$H_2S$、$SO_2$、$NO_2$ 这些腐蚀性杂质时，其相互之间会发生反应，从而形成新的腐蚀性物质（如 $H_2SO_4$、$HNO_3$ 等），使得金属的腐蚀变得更为复杂。

对于水泥而言，其一般与酸性杂质反应。以 $H_2S$ 为例，$H_2S$ 溶于水后形成酸性溶液，溶液从水泥孔隙进入水泥的内部，在氧化剂的作用下，与 $Ca(OH)_2$ 反应生成 $CaSO_4 \cdot 2H_2O$[式(2-47)]，从而使水泥体积膨胀，产生裂缝，为 $H_2S$ 向水泥内部的扩散提供通道，加快反应进程，直到水泥完全开裂(图 2-3)。除此之外，$H_2S$ 溶于水后，在氧化剂的作用下会生成 $SO_4^{2-}$ 等含高价硫的离子，其能够与水泥中的铝酸三钙和铁铝酸四钙反应，生成钙矾石，而钙矾石带有大量的结晶水，会使水泥体积发生膨胀，从而导致水泥的内部结构发生破坏。

**图 2-3　与 $H_2S$ 反应后的水泥**

$$Ca(OH)_2 + H_2S + H_2O + 氧化剂 \longrightarrow CaSO_4 \cdot 2H_2O \tag{2-47}$$

# 2.3 腐蚀表征技术

## 2.3.1 金属腐蚀表征技术

### 2.3.1.1 重量法

重量法是研究金属耐蚀能力的最基本、最有效、最可信的定量评价方法。重量法分为增重法和失重法两种，都以试样腐蚀前后的质量差来表征腐蚀速率，从而判断腐蚀程度的大小。增重法是在腐蚀试验后连同全部腐蚀产物一起对试样进行称重[式(2-48)]，失重法则是清除全部腐蚀产物后对试样进行称重[式(2-49)]。采用重量法时，应当考虑腐蚀产物的厚度、致密性以及是否容易脱落等因素，再决定是选择增重法还是选择失重法对金属腐蚀进行表征。对于腐蚀产物疏松、容易脱落且易于清除的金属，通常可以采用失重法；而对于腐蚀产物致密、附着力好且难以清除的金属，则可以采用增重法。

$$v_{\text{增重法}}=\frac{W_2-W_0}{S_0 t} \tag{2-48}$$

$$v_{\text{失重法}}=\frac{W_0-W_1}{S_0 t} \tag{2-49}$$

式中，$W_0$、$W_1$ 和 $W_2$ 分别为试样原始质量、清除腐蚀产物后试样的质量和未清除腐蚀产物时试样的质量(g)；$S_0$ 为试样的表面积($m^2$)；$t$ 为腐蚀时间(h)。

### 2.3.1.2 宏观观察

在金属腐蚀前后及去除腐蚀产物前后，可先通过肉眼对其进行观察和分析，注意腐蚀产物的形态、分布、厚度、颜色、致密性和附着性等。除了腐蚀产物之外，还应该注意腐蚀介质的变化，包括溶液的颜色、溶液的体积以及溶液中是否有沉淀等。尽管通过肉眼观察得到的结果十分粗糙，但这对于后续精细的观察分析十分重要。

### 2.3.1.3 微观观察

微观观察就是对被腐蚀的金属进行金相检查或断口分析，或者对腐蚀产物的微观组织结构和相成分进行观察分析，进而研究金属微观的腐蚀特征和腐蚀动力学。常见的金属腐蚀微观观察手段包括扫描电子显微镜、透射电子显微镜、X 射线能谱(energy dispersive X - ray spectroscopy，EDS)分析、X 射线衍射(X - ray diffraction，XRD)物相分析等。

扫描电子显微镜主要利用聚焦电子束在线圈驱动下对试样表面进行逐点栅网式扫描成像，成像信号为二次电子、背散射电子或吸收电子。图 2 - 4 是扫描电子显微镜的结构原理：二次电子信号被检测器收集转换成电信号，经处理后得到反应试样表面形貌的二次电子像。背散射电子成像反映样品的元素分布，及不同相成分区域的轮廓。此外，由于电子的德布罗意波波长较短，扫描电子显微镜的分辨率比光学显微镜的高很多，可以达到 0.1～0.2 nm，放大倍数从几万到百万倍。图 2 - 5 所示为 $CO_2$ 饱和水溶液环境下 N80 钢在

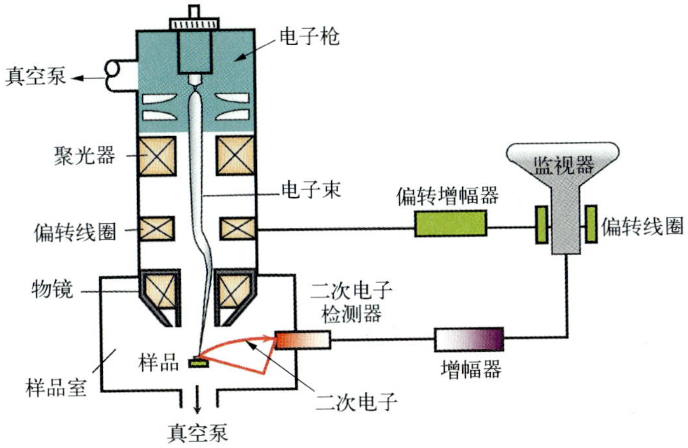


**图 2 - 4　扫描电子显微镜的结构原理示意图**

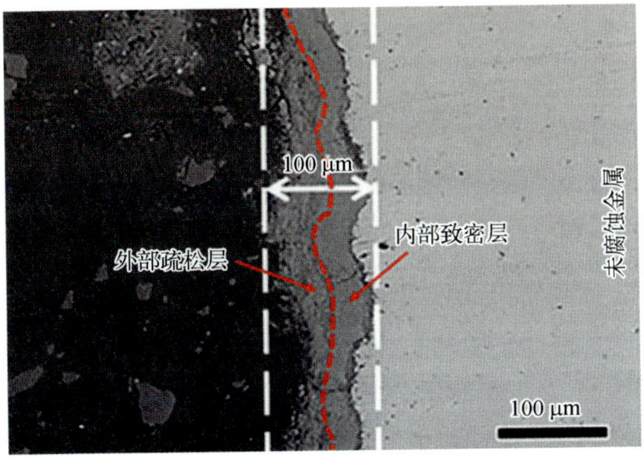


**图 2 - 5　$CO_2$ 饱和水溶液环境下 N80 钢在 120℃ 下腐蚀 120 h 后的横截面形貌**

120℃下腐蚀 120 h 后的横截面形貌，可以观察到腐蚀产物膜由非常薄的内部致密层和具有缺陷的外部疏松层组成[8]。

透射电子显微镜产生的电子束经聚光器会聚后均匀照射到试样上的待观察区域，入射电子与试样物质相互作用，由于试样很薄，绝大部分电子会穿透试样，其强度分布与所观察试样区的形貌、组织、结构一一对应。穿透试样的电子经三级磁透镜放大投射在观察图形的荧光屏上，荧光屏将电子强度分布转化为人眼可见的光强分布，于是在荧光屏上显出与试样形貌、组织、结构相对应的图像。

X 射线能谱分析利用不同元素具有不同的 X 射线光子能量原理对材料进行成分分析。其通常与扫描电子显微镜和透射电子显微镜配合使用。当 X 射线光子进入检测器后，在 Si(Li)晶体内激发出一定数目的电子空穴对。加在晶体两端的偏压用于收集电子-空穴对，电子-空穴对经过前置放大器转换成电流脉冲。电流脉冲经过主放大器转换成电压脉冲，进入多道脉冲高度分析器。脉冲高度分析器按高度把脉冲分类进行计数，这样就可以描出一张 X 射线按能量大小分布的图谱。这就是 EDS 分析的原理。图 2-6 所示为 $CO_2$ 和 $H_2S$ 环境下 X65 钢腐蚀产物的 EDS 分析，从中可以得知腐蚀产物的成分和元素含量[9]。

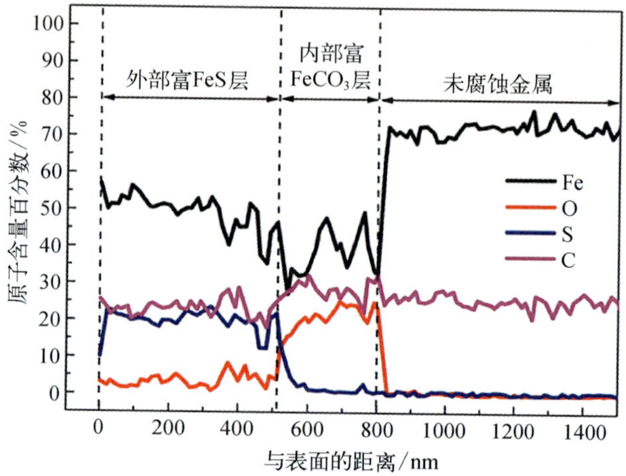


**图 2-6 $CO_2$ 和 $H_2S$ 环境下 X65 钢腐蚀产物的 EDS 分析**

X 射线衍射物相分析是通过对材料进行 X 射线衍射，分析其衍射图谱，获得材料的成分、材料内部原子或分子的结构或形态等信息的研究手段。

图2-7为XRD物相分析原理示意图。X射线与物质作用时，其能量转换一般分为三部分，一部分被散射，一部分被吸收，还有一部分通过物质继续沿原来的方向传播。散射的X射线与入射的X射线的波长相同时，会对晶体产生衍射现象，即由晶面间距产生的光程差等于波长的整数倍。将每种晶体物质特有的衍射花样与标准衍射花样进行对比，利用三强峰原则，即可鉴定出样品中存在的物相。XRD物相分析可以进行定性分析和定量分析，其中定性分析是根据X射线衍射谱的特点，判断物相是否存在；定量分析是根据衍射线的强度分布情况，判断各个物相的相对含量。图2-8为某油管钢腐蚀产物的XRD物相分析，通过XRD谱图可以确定腐蚀产物的主要物相为FeS、$FeCO_3$和$\gamma-Fe_2O_3$[10]。

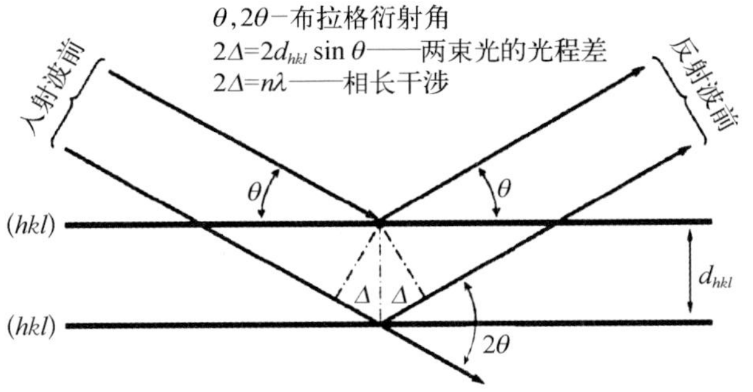


**图2-7　XRD物相分析原理示意图**

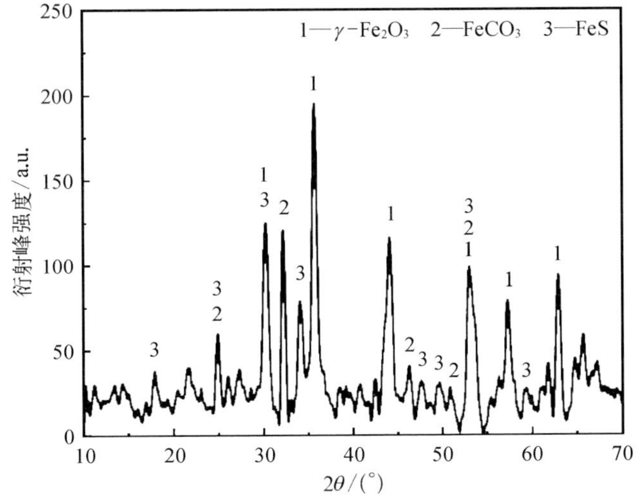


**图2-8　某油管钢腐蚀产物的XRD物相分析**

### 2.3.2 水泥腐蚀表征技术

水泥腐蚀表征技术与金属腐蚀表征技术类似，也可以对其进行宏观观察和微观观察，除了上文中提到的 SEM、EDS 分析、XRD 物相分析等表征技术之外，水泥还可以通过采用光谱分析、热分析以及 CT 扫描等技术进行表征。

光谱分析是利用光与待测物质的原子和分子发生相互作用，引起物质内分子运动状态发生变化，并产生特征能级之间的跃迁原理来进行分析的。当光与物质分子发生相互作用时，可以产生吸收、发射、散射等现象，因此，可以把光谱分为吸收光谱、发射光谱和散射光谱。光谱分析中常见的红外光谱分析和拉曼光谱分析所使用的光谱分别属于吸收光谱和散射光谱。红外光谱是将一束不同波长的红外射线照射到物质的分子上，某些特定波长的红外射线被吸收，形成这一分子的红外吸收光谱。红外光谱分析可用于研究分子的结构和化学键，也可以用于表征和鉴别化学物种。当用波长比试样粒径小得多的单色光照射气体、液体或透明试样时，大部分的光会按原来的方向透射，而小部分的光则按不同的角度散射开来，产生散射光。散射是光子与分子发生碰撞的结果，拉曼光谱就是研究分子和光相互作用所产生的散射光的频率。与红外光谱分析类似，拉曼光谱分析同样可以应用于物质的鉴定和分子结构的分析。图 2-9 是水泥碳化前(C1)和碳化后(C11)的傅里叶红外光谱[11]，图 2-10 是硅酸盐水泥的拉曼光谱[12]。

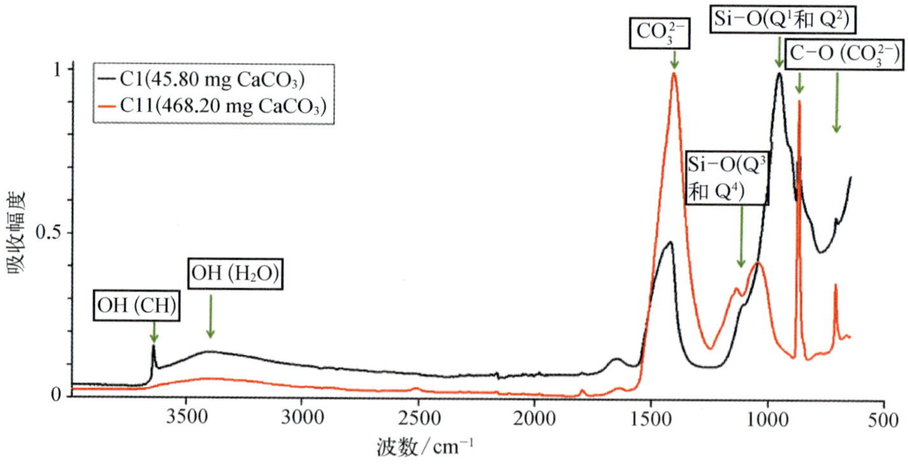


**图 2-9 水泥碳化前(C1)和碳化后(C11)的傅里叶红外光谱**

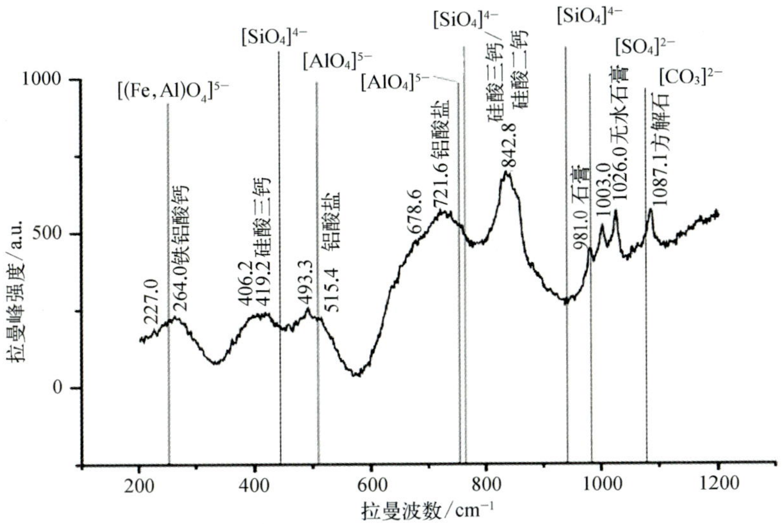


**图 2-10　硅酸盐水泥的拉曼光谱**

热分析是一种用于分析物质的参数随温度变化的技术。利用热分析可以测定材料和体系的性质、成分、结构、相变和化学反应。在所有的热分析方法中，应用比较多的有差示扫描量热法(DSC)、热重分析(TGA)、热机械分析(TMA)和动态力学热分析(DMTA)，其中 DSC 测量的是能量的变化，TGA 测量的是质量的变化，TMA 测量的是尺寸的变化，DMTA 测量的是力学性质的变化。图 2-11 是干燥水泥和水化水泥的 TGA 图[13]。

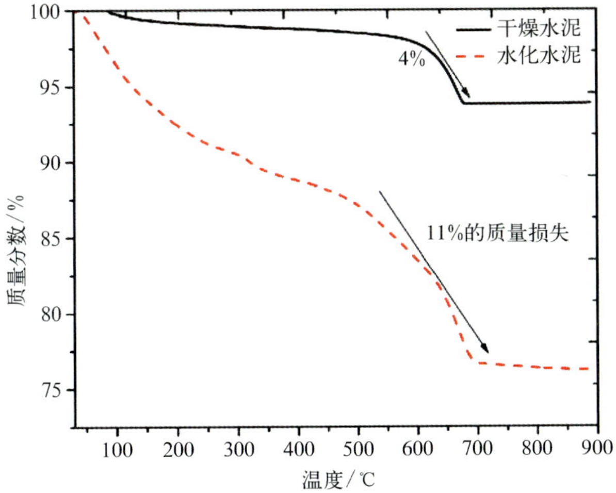


**图 2-11　干燥水泥和水化水泥的 TGA 图**

CT 扫描是通过对物体进行不同角度的 X 射线投影测量，获取物体 X 射线衰减系数空间分布信息，从而形成表现材料结构差异的三维成像。CT 扫描通常采用锥形 X 线束和面阵探测器，通过旋转样品实现不同视角的投影成像，其工作原理为：由微焦 X 射线管发出的锥形单色 X 线束照射到测试样品上，X 射线透过材料后其透射强度发生变化，样品后方的面阵探测器接收透射的 X 射线，将其转换为投影图像信号，再由图像采集系统将投影数据存储到计算机上；扫描过程中，样品在工作台上绕轴心按一定步距旋转 360°，从而获得不同视角下的投影信号，360°扫描结束后，采用各类图像重构算法重构出断层序列图像。图 2-12 是 CT 扫描系统的原理示意图[14]，图 2-13 是 $CO_2$ 腐蚀前后水泥的三维视图[15]。

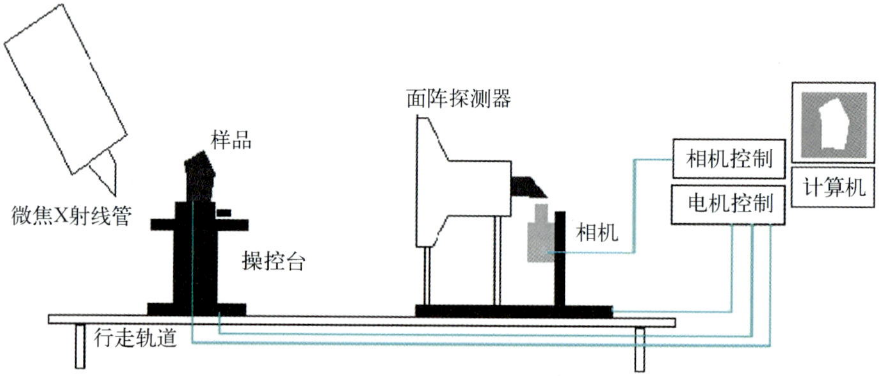


**图 2-12　CT 扫描系统的原理示意图**

CT 扫描作为一种非侵入性表征方法，是提供关于非金属多孔介质在 $CO_2$ 腐蚀作用下孔隙演变信息的有力工具。CT 扫描通常通过三个步骤来确定多孔介质的孔隙率[16]。第一，样品经过去离子水清洗并置于烘箱中除湿，将干燥的样品放置在 CT 扫描仪的载物台上，对样品的不同部分进行扫描，根据式(2-50)计算干燥样品每个像素的 $CT$ 数($CT_{r,d}$)。第二，将样品放置在装满水的样品容器中，并将装有水饱和样品的样品容器固定在载物台上，需要确保扫描参数和扫描位置与先前扫描干燥样品时的相同，得到水饱和样品每个像素的 $CT$ 数($CT_{r,w}$)。第三，确定扫描条件下水的 $CT$ 数($CT_w$)和空气的 $CT$ 数($CT_a$)，根据式(2-51)计算出样品每个像素的孔隙率($\phi$)[17]，整个样品的孔隙率是 CT 扫描图像中所有像素孔隙率的平均值。

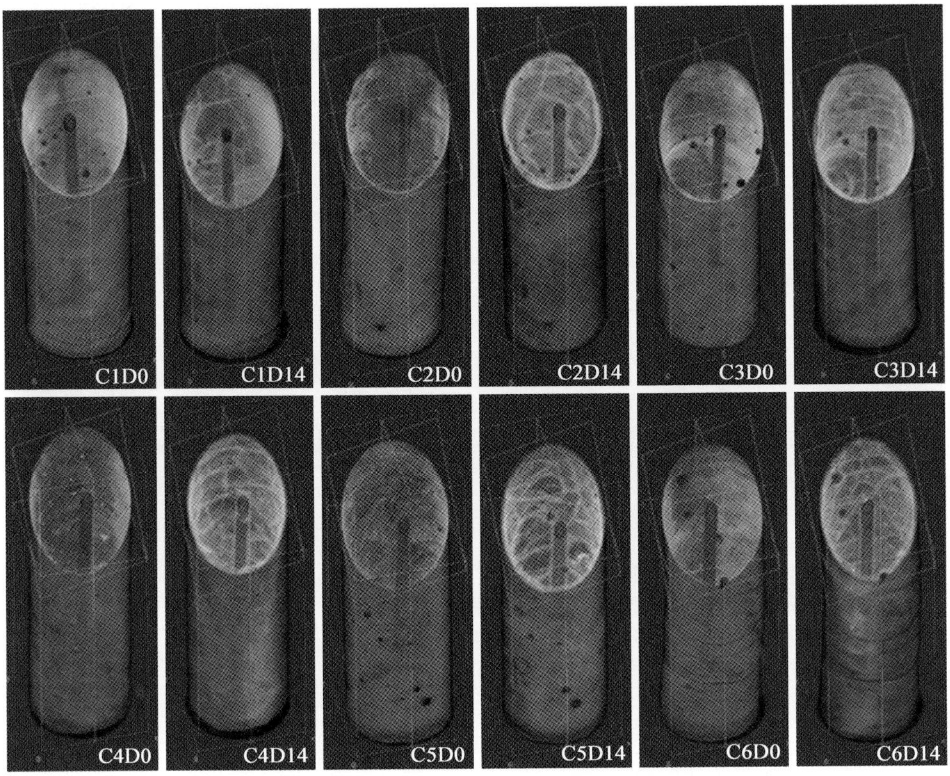


**图 2－13　$CO_2$ 腐蚀前后水泥的三维视图(C1～C6 是样品编号,"D0"代表被 $CO_2$ 腐蚀前的样品,"D14"代表被 $CO_2$ 腐蚀 14 d 后的样品)**

$$CT = 1\,000\,\frac{\mu - \mu_w}{\mu_w} \tag{2-50}$$

$$\phi = \frac{CT_{r,\,w} - CT_{r,\,d}}{CT_w - CT_a} \tag{2-51}$$

研究人员已经采用 CT 扫描技术来研究腐蚀产物的形成和扩展过程。例如,Fang 等[18]应用 X 射线计算机显微成像技术追踪水泥材料(如混凝土)中钢筋的腐蚀特征。由于钢筋的衰减系数与钢筋腐蚀产物的衰减系数之间存在很大差异,可以清晰地观察到钢筋腐蚀产物的形成和扩展情况(图 2－14)。因此,X 射线计算机显微成像技术可以用于追踪腐蚀产物的时间依赖发展以及腐蚀诱导裂缝的发生和扩展。Xue 等[19]研究了在 $CO_2$ 作用下混凝土样品的腐蚀过程,$CO_2$ 分压分别为 100 kPa、500 kPa 和 1 000 kPa。研究发现,当 $CO_2$

分压为 100 kPa 时，碳化后的混凝土中半径为 600～1 000 μm(大孔)的孔隙数量由于 $CaCO_3$ 沉淀而减少，半径小于 100 μm 的孔隙数量没有改变。总体而言，较大孔的数量减少，混凝土的抗压强度得以保持。然而，当 $CO_2$ 分压升至 1 000 kPa 且存在水时，$CO_2$ 碳化使得孔隙中的 $CaCO_3$ 过度积聚，最终导致孔隙膨胀和开裂，而孔隙的膨胀和开裂会导致混凝土的抗压强度降低[19]。

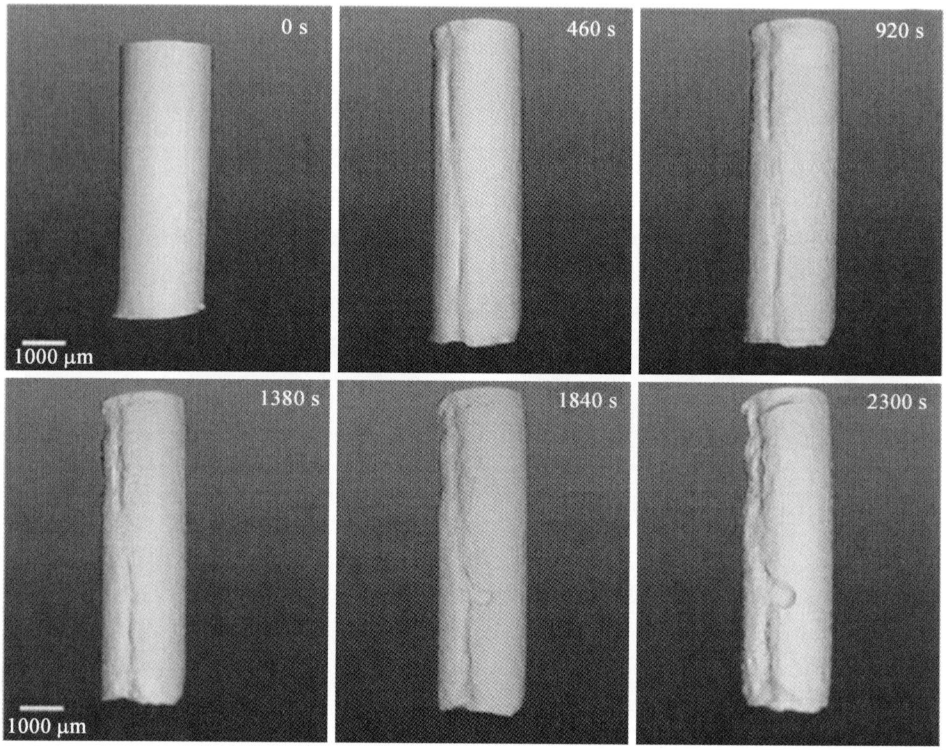


**图 2-14　不同腐蚀时间下预埋钢筋表面的三维显微 CT 扫描图像**

## 2.4　本章小结

本章主要介绍了 $CO_2$ 腐蚀金属和水泥的腐蚀基本理论，以及腐蚀过程的表征分析方法。腐蚀是一个复杂的化学反应过程，对于金属而言，腐蚀反应主要通过电化学过程进行，反应分为阳极反应和阴极反应。阳极反应是金属因失去电子而溶解，产生带正电荷的金属离子；阴极反应是氧化剂吸收金属中的电子，发生还原反应。氢离子还原反应（析氢腐蚀）和氧分子还原反应（吸氧腐蚀）是最常见的两种阴极反应。对于水泥而言，腐蚀主要是环境中的酸性介质与水泥中的碱性水化产物发生反应，造成水泥水化产物溶解，使得水泥结构逐渐被破坏。

腐蚀过程的表征方法主要有重量法（多用于金属腐蚀表征）、宏观观察、微观观察、矿物组成分析等。具有代表性的微观观察手段有扫描电子显微镜、透射电子显微镜、CT扫描等。通过这些方法可以观察到腐蚀后的金属或水泥表面的微观形貌改变，从而可以了解腐蚀程度和腐蚀产物的分布。具有代表性的矿物组成分析方法有XRD物相分析、EDS分析、热分析、红外光谱分析、拉曼光谱分析等。这些方法可以用于确定腐蚀产物的成分和结构，进一步了解腐蚀机理。

## 参考文献


[1] Evans U R. The corrosion of metals[M]. London: E. Arnold & Co., 1926.

[2] Aikens D A. Electrochemical methods, fundamentals and applications[J]. Journal of Chemical Education, 1983, 60(1): A25.

[3] Christensen P A, Hamnett A. Techniques and mechanisms in electrochemistry[M]. London: Blackie Academic & Professional, 1994.

[4] Bard A J, Faulkner L R, White H S. Electrochemical methods: Fundamentals and applications[M]. 3th ed. New York: Wiley, 2022.

[5] Oldham K B, Myland J C. Fundamentals of electrochemical science[M]. Amsterdam: Elsevier, 1993.

[6] 刘子玉. $CO_2$ 对油井水泥石腐蚀规律及控制机制研究[D]. 大庆：东北石油大学，2020.

[7] 李岩岩，刘丹，朱光宇，等. 超临界 $CO_2$ 环境中温度和流速对N80碳钢腐蚀行为的影响[J]. 表面技术，2020，49(3)：35－41.

[8] Lin X Q, Luo X K, Liu W, et al. The corrosion behavior of N80 steel in multiple thermal fluid environment containing $O_2$ and $CO_2$[J]. Frontiers in Materials, 2021, 8: 400.

[9] Li K Y, Zeng Y M, Luo J L. Influence of $H_2S$ on the general corrosion and sulfide stress cracking of pipelines steels for supercritical $CO_2$ transportation[J]. Corrosion Science, 2021, 190: 109639.

[10] Wang Q Y, Wu W, Li Q, et al. Under-deposit corrosion of tubing served for injection and production wells of $CO_2$ flooding[J]. Engineering Failure Analysis, 2021, 127: 105540.

[11] dos Santos V H J M, Pontin D, Ponzi G G D, et al. Application of Fourier Transform infrared spectroscopy (FTIR) coupled with multivariate regression for calcium carbonate ($CaCO_3$) quantification in cement[J]. Construction and Building Materials, 2021, 313: 125413.
[12] Garg N, Wang K J, Martin S W. A Raman spectroscopic study of the evolution of sulfates and hydroxides in cement-fly ash pastes[J]. Cement and Concrete Research, 2013, 53: 91 - 103.
[13] Choudhary H K, Anupama A V, Kumar R, et al. Observation of phase transformations in cement during hydration[J]. Construction and Building Materials, 2015, 101: 122 - 129.
[14] Bronnikov A V, Killian D. Cone-beam tomography system used for non-destructive evaluation of critical components in power generation[J]. Nuclear Instruments and Methods in Physics Research Section A: Accelerators, Spectrometers, Detectors and Associated Equipment, 1999, 422(1/2/3): 909 - 913.
[15] Miao X X, Zhang L W, Wang Y, et al. Characterisation of wellbore cement microstructure alteration under geologic carbon storage using X - ray computed micro-tomography: A framework for fast CT image registration and carbonate shell morphology quantification[J]. Cement and Concrete Composites, 2020, 108: 103524.
[16] Gan M G, Zhang L W, Miao X X, et al. Application of computed tomography (CT) in geologic $CO_2$ utilization and storage research: A critical review[J]. Journal of Natural Gas Science and Engineering, 2020, 83: 103591.
[17] Akin S, Kovscek A R. Computed tomography in petroleum engineering research[J]. Geological Society, London, Special Publications, 2003, 215(1): 23 - 38.
[18] Fang G H, Dong B Q, Han N X, et al. Investigation of a novel 3D non-destructive evaluation for corrosion process in reinforced concrete[C]//Proceedings of the 5th International Conference on the Durability of Concrete Structures. Purdue University Press, 2016.
[19] Xue Q, Zhang L W, Mei K Y, et al. Evolution of structural and mechanical properties of concrete exposed to high concentration $CO_2$ [J]. Construction and Building Materials, 2022, 343: 128077.

# 第 3 章

# $CO_2$ 地质利用与封存涉及的腐蚀问题及其危害

CCUS 技术具备能够实现化石能源低碳化利用的优势，能够有效推进“双碳”目标的实现，但经济成本与安全保障始终是限制其推广的阻碍。因此在确保减排减碳效果的同时降本增效，并控制长周期运行下的安全风险问题是当前的研究重点。其中，捕集、输送、利用与封存等相关设备材料的腐蚀失效问题影响着 CCUS 技术在建设、运行以及封存过程中的经济性与安全性。CCUS 系统的腐蚀问题涉及全技术流程中多种设备，且腐蚀环境复杂多变，导致传统的腐蚀防护概念与手段存在局限性。在分析其腐蚀行为和采取防护措施时需要考虑特有的工况、腐蚀环境，以及相关工艺流程的影响。

基于 CCUS 系统总体上可分为捕集系统、输送系统、利用与封存系统的特征，以及其腐蚀失效问题的重要性与特殊性，本章对捕集系统、输送系统、利用与封存系统的腐蚀失效问题进行了详细的探讨，并对各系统的基本运行情况、腐蚀风险，以及主要影响因素展开了系统的说明。在上述内容的基础上，本章对 CCUS 技术流程中可行的腐蚀防护技术及其研究方向进行了初步的讨论。

## 3.1 地上管路与设备腐蚀

### 3.1.1 地上管路腐蚀及其危害

#### 3.1.1.1 概述

碳捕集是一种旨在从大气或工业排放源中捕集 $CO_2$ 的技术，能有效减少温室气体的排放以应对气候变化，防止 $CO_2$ 进入大气层，从而减缓全球气温上升。二氧化碳的捕集方式主要有三种：燃烧前捕集（pre-combustion capture)、富氧燃烧（oxy-fuel combustion）和燃烧后捕集（post-combustion capture)。我国的燃煤电厂主要采用燃烧后捕集技术来捕集二氧化碳，相关技术包括溶液吸收、固体吸附和膜分离等。碳捕集按照吸收方式分类主要有化学吸收、物理吸附、膜分离等[1]。捕集技术的选择需要综合考虑应用的特定需求，如处理废气的类型、吸附或分离的效率以及系统的成本和可持续性考虑等。表 3-1 为不同的 $CO_2$ 捕集技术的优缺点比较[1]。

**表 3-1 不同的 $CO_2$ 捕集技术的优缺点比较[1]**

| 捕集技术 | 优 点 | 缺 点 | 应用领域 | 捕集成本 |
|---|---|---|---|---|
| 化学吸收 | 工艺成熟、改造工艺简单 | 能耗高、腐蚀严重、吸收剂损失大、运行成本高 | 适用于处理 $CO_2$ 分压低的气体，如火电厂烟气 | 醇胺法 150～400 元/吨 |
| 物理吸附 | 吸附能力强、能耗低、不腐蚀设备 | $CO_2$ 去除程度不高 | 适用于处理 $CO_2$ 分压高的气体 | 低温甲醇洗 100 元/吨 |
| 吸附分离 | 工艺简单、能耗低、产品纯度高 | 吸附脱附频繁，自动化程度高，需要的吸附剂量大 | 适用于处理浓度为 20%～80%的工业气，如合成氨变换气 | 200～400 元/吨 |
| 膜分离 | 能耗低、设备尺寸小、操作维护简单 | 膜材料易被污染、不容易清洗，对耐高温和耐腐蚀性要求高 | 多用于天然气的处理 | 500 元/吨［华润电力（海丰）有限公司］ |
| 低温蒸馏 | 能产生高纯度的液态 $CO_2$ | 设备庞大、能耗高、分离效果差 | 适合高浓度 $CO_2$ 的回收，如油田现场 | 284 元/吨 |
| 燃烧前捕集 | 污染物脱除率高、含水量少 | 运行成本高、建设周期长、运行经验少、系统可靠性低 | 适用于整体煤气化联合循环（IGCC）发电系统 | 239 元/吨 |
| 富氧燃烧 | 排烟损失少、锅炉效率高、可改造存量机组 | 制氧和 $CO_2$ 压缩耗能大，影响电站效率 | 现处于工艺验证阶段 | 780～900 元/吨 |

续 表

| 捕集技术 | 优 点 | 缺 点 | 应用领域 | 捕集成本 |
| --- | --- | --- | --- | --- |
| 化学链燃烧 | 燃料转化效率高、产物中氮氧化合物含量低 | 工艺仍在研究中,大规模运行管理经验不足 | 现处于化学链燃烧反应器系统中试阶段 | — |
| 水合物分离 | 装置简单、操作方便、设备投资较少 | 工艺仍在研究中,大规模运行管理经验不足 | 在低浓度瓦斯分离、天然气脱碳方面具有广阔前景 | — |

不同的 $CO_2$ 捕集方式和气源会带来不同的气体杂质。由于气源组分和捕集方式不同,导致杂质组分及含量也不同。杂质主要包括 $N_2$、$CH_4$、$NO_x$、$O_2$、$H_2S$、$H_2$、$SO_x$、CO、Ar、$H_2O$ 等。虽然烟气等杂质进入捕集装置后会在一定程度上降低杂质浓度,但若要得到高纯度的 $CO_2$ 流,成本也会极大增加。表 3-2 为不同 $CO_2$ 捕集技术获得的 $CO_2$ 中所含杂质的种类和含量[2]。

**表 3-2 不同 $CO_2$ 捕集技术获得的 $CO_2$ 中所含杂质的种类与含量[2]**

| 杂 质 | 燃烧前捕集 | 燃烧后捕集 | 富氧燃烧 |
| --- | --- | --- | --- |
| $SO_x$ | 0 | <0.001% | <2.5% |
| $NO_x$ | 0 | <0.005% | <0.25% |
| $H_2S$ | <3.4% | 微量 | 0 |
| CO | <0.4% | <0.001% | 微量 |
| $CH_4$ | <0.035% | <0.01% | 0 |
| $H_2$ | <3% | 微量 | 微量 |
| $N_2/Ar/O_2$ | <0.6% | <0.01% | <3.7% |
| $H_2O$ | <0.14% | <0.14% | <0.14% |

目前,用于捕集烟气中 $CO_2$ 的常用方法是化学吸收法,这也是当前在捕集低浓度 $CO_2$ 气源中能够大规模工业化应用的技术。1930 年,Bottoms 最早提出用于脱除酸性气体的化学吸收法。化学吸收剂的研究主要集中在有机胺

溶液、氨水、离子液体等。其中有机醇胺类化合物是用化学吸收法捕集 $CO_2$ 时常用的吸收剂，如单乙醇胺（MEA）、二乙醇胺（DEA）、甲基二乙醇胺（MDEA）等。

利用化学吸收法捕集 $CO_2$ 主要包含两个过程：吸收过程和解吸过程。该技术工艺成熟、对现有系统的改造较少，最早应用于天然气净化领域，现已在大部分运营或正在建设的CCUS项目中使用，应用前景较好。图3-1是有机胺 $CO_2$ 捕集系统[3]。吸收塔和解吸塔是与 $CO_2$ 接触最多、最易腐蚀的设备。两塔均为填料塔，其基本特点是结构简单、压力降小、传质效率高，设备内部的主要构件有填料支撑装置、液体分布装置、液体收集再分布装置、填料压紧装置、填料限位装置等。

虽然有机胺吸收法具有溶剂稳定、能耗低等优点，但醇胺溶液吸收 $CO_2$ 时会对金属带来一定的腐蚀影响。在 $CO_2$ 捕集装置中，醇胺法吸收设备的腐蚀主要表现为碱性腐蚀。由于电厂烟气成分复杂，导致醇胺吸收液中可能含有 $Cl^-$ 和硫化物，在 $Cl^-$ 和硫化物的作用下，碳钢表面的惰性保护膜易被破坏而发生腐蚀。此外，MEA的降解产物对系统也具有腐蚀性，发生的腐蚀类型有均匀腐蚀、局部腐蚀、应力腐蚀开裂（SCC）和氢致开裂等[4]。

3.1.1.2 腐蚀机理

不锈钢与碳钢相比含有较多的铬镍金属，在醇胺溶液中的抗腐蚀性要远远高于碳钢，但由于在实际捕集系统中，不仅需要考虑金属的腐蚀，还需要考虑实际运行系统和成本。与不锈钢相比，碳钢的成本低，含碳量高，硬度和强度也更好，所以大多数的 $CO_2$ 捕集装置是由碳钢构成的。碳钢的腐蚀是一个电化学过程，溶液中存在的 $HCO_3^-$、$H_3O^+$ 和质子化胺是溶液具有腐蚀性的根本原因[6]。

（1）$CO_2$ 腐蚀

$CO_2$ 与水反应生成碳酸，碳酸通过电解生成 $HCO_3^-$ 和 $H^+$[6]：

$$H_2O + CO_2 \rightleftharpoons H_2CO_3 \tag{3-1}$$

$$H_2CO_3 \rightleftharpoons HCO_3^- + H^+ \tag{3-2}$$

$$HCO_3^- \rightleftharpoons CO_3^{2-} + H^+ \tag{3-3}$$

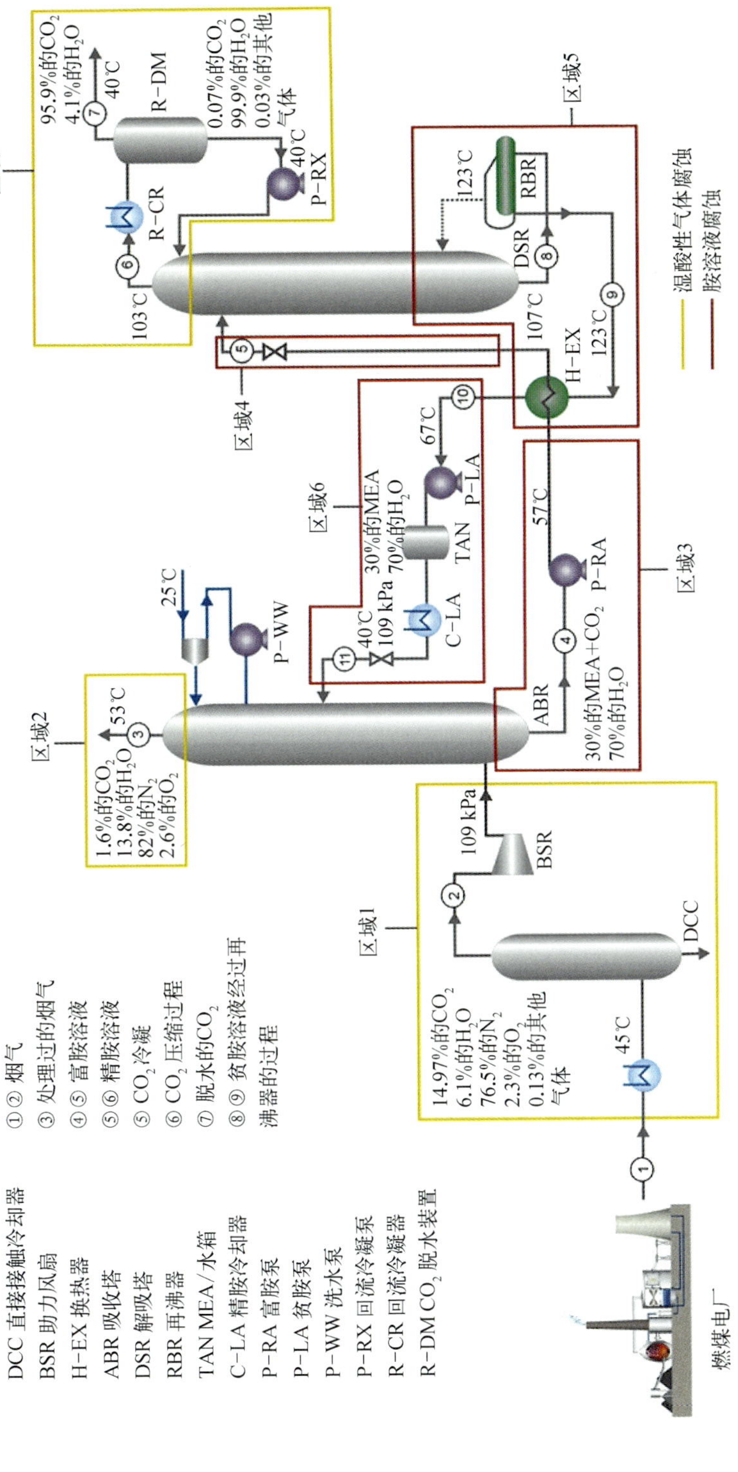


**图 3-1　有机胺 $CO_2$ 捕集系统**[3]

$H^+$和金属铁反应使得铁被氧化成$Fe^{2+}$[6]：

$$2H^+ + Fe \longrightarrow Fe^{2+} + H_2 \tag{3-4}$$

（2）$CO_2$-胺体系腐蚀

在$CO_2$-胺体系中，$CO_2$与Fe反应，生成$Fe_3O_4$[6]：

$$3Fe + 2CO_2 + 6H_2O \longrightarrow Fe_3O_4 + 5H_2 + 2HCO_3^- \tag{3-5}$$

许多研究表明，在胺-$CO_2$-$H_2O$系统中，质子会从胺溶液中游离出来，使得碳钢被腐蚀，此处以伯胺和仲胺的反应过程为例[6]：

伯胺

$$CO_2 + 2RNH_2 \rightleftharpoons RNH_3^+ + RNHCOO^- \tag{3-6}$$

$$RNH_3^+ \rightleftharpoons RNH_2 + H^+ \tag{3-7}$$

仲胺

$$CO_2 + 2R_2NH \rightleftharpoons R_2NH_2^+ + R_2COO^- \tag{3-8}$$

$$R_2NH_2^+ \rightleftharpoons R_2NH + H^+ \tag{3-9}$$

#### 3.1.1.3　腐蚀影响因素分析

醇胺溶液本身对碳钢腐蚀的影响并不大，但醇胺溶液在吸收$CO_2$的过程中会发生降解，经过一系列化学反应后，溶液会对金属产生一定的腐蚀性[6]。对于所有的胺系统，碳钢的腐蚀对胺的类型、浓度、溶液温度、$CO_2$负载量，以及氧气、硫化氢和其他杂质的变化都表现出很高的敏感性。通过了解杂质和工艺参数等对腐蚀的影响，可以在胺装置中减少或控制腐蚀。因此，在进行任何防腐或保护措施之前，有必要深入了解这些因素。此节将介绍有机胺体系中的工艺参数及有机胺溶液对碳捕集系统腐蚀的影响。

1. 溶液温度的影响

在碳捕集系统中，一般来说，在一定温度范围内，碳钢的腐蚀速率随着温度的升高而增大[7,8]。Nainar等[8]在研究中提到，腐蚀速率随着溶液温度的升高而增大。这是由于反应动力学对温度的依赖性。温度的升高增大了金属溶解和氧化剂还原的速率，从而加速了腐蚀过程。Veawab等[9]利用电化学技术研究了空间位阻胺2-氨基-2-甲基-1-丙醇(AMP)在$CO_2$吸收过程中的腐蚀行为。实验结果表明[9]，温度、$CO_2$ 负载量、AMP 的浓度对腐蚀有显著影响；每个参数的增加均会加剧系统的腐蚀性；在高温下，AMP 系统的腐蚀速率比 MEA 系统的小。Soosaiprakasam 等[7]研究了浸泡在单乙醇胺(MEA)水溶液中的碳钢的腐蚀速率和极化行为水平，实验在 40℃和 80℃下进行，分别代表 $CO_2$ 吸收过程中的低温和高温。研究发现，在 MEA－$H_2O$－$CO_2$ 系统中，溶液温度对腐蚀有显著影响，碳钢试样在 40℃下的腐蚀速率比在 80℃下的小。

2. 浓度的影响

有研究表明，在有机胺捕集系统中，胺液的总浓度越高，金属的腐蚀速率就越大。Nainar 等[8]使用混合单乙醇胺(MEA)和哌嗪(PZ)的水溶液研究了碳钢在 $CO_2$ 捕集装置中的腐蚀，研究发现，腐蚀速率随总胺浓度的增加而增大。腐蚀速率的增大是由于存在大量的氧化剂，包括溶解的 $CO_2$($HCO_3^-$)和胺的质子化离子，从而导致更大的铁溶解速率。

3. $CO_2$ 负载量的影响

随着胺溶液吸收 $CO_2$ 的进行，溶液中的 $CO_2$ 负载量逐渐增加。较高的 $CO_2$ 负载量会导致溶液中碳酸氢根离子和氢离子浓度升高，这两种离子都会加速碳钢的腐蚀过程[6]。因此，控制 $CO_2$ 负载量对于减缓碳钢在这样的环境中的腐蚀是至关重要的。Nainar 等[8]使用混合单乙醇胺(MEA)和哌嗪(PZ)的水溶液研究了碳钢在 $CO_2$ 捕集装置中的腐蚀，研究发现，腐蚀速率随着 $CO_2$ 负载量的增加而增大。在较高的胺浓度下，$CO_2$ 负载量的效应更加明显。腐蚀速率的增大是由于溶解的 $CO_2$($HCO_3^-$)的增加，导致更多的铁溶解。

4. 胺的类型的影响

胺的种类不同，结构不同，腐蚀效果也不相同。胺的吸收效率的顺序为 MEA>DEA>MDEA，腐蚀程度也为 MEA>DEA>MDEA。张磊等[10]研究了 40℃下单乙醇胺(MEA)、二乙醇胺(DEA)和羟乙基乙二胺(AEEA)在水溶液和乙醇溶液中捕集 $CO_2$ 的过程中对碳钢的腐蚀行为。实验结果[10]揭示了不同胺溶液的腐蚀性差异：AEEA 溶液显示出最强的腐蚀性，DEA 溶液几乎没有腐蚀性，醇胺水溶液的腐蚀性大幅超过醇胺乙醇溶液的腐蚀性，醇胺水溶液在吸收 $CO_2$ 后的腐蚀性显著增强，而醇胺乙醇溶液在吸收 $CO_2$ 后的腐蚀性基本不变。MEA、DEA、AEEA 对碳钢的腐蚀性的趋势一样，与 $CO_2$ 负载量的变化无关[10]，其中 AEEA 的腐蚀性最强，其次是 MEA，DEA 的腐蚀性最弱。

Veawab 等[11]在 1～5 kmol/$m^3$ 的胺、30～80℃、0～0.4 mol/mol 的 $CO_2$ 负载量和 0～10%的 $O_2$ 的条件下测试了胺的腐蚀性。对于伯胺，2-氨基-2-甲基-1-丙醇(AMP)的 $CO_2$ 溶解度略低于 MEA，但在相同条件下，AMP 的腐蚀速率远大于 MEA 的腐蚀速率。

混合胺吸收 $CO_2$ 技术在提高吸收效能、降低再生能耗、提高系统灵活性和可再生性等方面取得了显著的优势，使其在当前 $CO_2$ 捕集领域备受关注，因此也有相关学者针对混合胺展开相关研究。

Nainar 等[8]对 MEA、PZ 进行了复配，研究了碳钢在 $CO_2$ 捕集装置中的腐蚀。研究发现，在相同的总胺浓度下，腐蚀速率随 PZ 浓度的增加而增大。Rafat 等[12]对 1018 碳钢在 MEA、DEA、MDEA 吸收剂体系中的腐蚀行为进行了评价，使用哌嗪(PZ)活化胺和不同的胺组成混合物，总胺浓度保持恒定为 30%(质量分数)，PZ 在所有活化的胺溶液中的浓度固定为 10%(质量分数)。在 $CO_2$ 饱和时，MEA/MDEA 共混物的腐蚀速率介于 30%(质量分数)的 MEA 和 30%(质量分数)的 MDEA 的腐蚀速率之间[12]。与 MEA/MDEA 混合胺(MEA 的质量分数为 15%)相比，MEA/PZ 混合胺(MEA 的质量分数为 20%)的腐蚀性更低、$CO_2$ 负载量更高[12]。对于 MEA、MDEA、PZ 的三元混合物，钢在混合物中的腐蚀速率相当于 0.07 mm/a，接近 PZ 溶液中的腐蚀速率(0.04 mm/a)，比 MEA/MDEA 中的腐蚀速率(0.16 mm/a)低 56%[12]。

5. 热稳定盐的影响

$CO_2$ 吸收过程中胺溶液会发生氧化降解、化学降解和热降解。胺溶液降解后的降解产物会随着反应不断累积，降低捕集 $CO_2$ 的效率并导致腐蚀，如羧酸可与胺反应形成链烷醇胺盐或热稳定盐(HSS)，在溶剂再生条件下无法去除，并保留在整个碳捕集系统的胺吸收溶液中。溶剂的氧化降解形成盐类产物，如与草酸、乙醇酸、甲酸和乙酸形成的盐。这些盐不能热再生，因此被称为热稳定盐。Davoudi 等[13]提到热稳定盐具有腐蚀性，因为它们首先降低了胺溶液的 pH 使得保护性产物膜 FeS 的稳定性变差；其次增加了溶液的电导率；再者可作为螯合剂，溶解覆盖基底金属的保护膜；最后一些较弱的热稳定性酸有可能在胺再生装置内反应重新组合，导致它们转化成游离的酸性物质，进而与暴露的碳钢发生化学反应。

相关研究学者针对不同的热稳定盐的腐蚀影响进行了对比。Fytianos 等[14]将含有 1%①特定降解产物(乙醇酸、丙酸、甲酸、草酸、乙酸)的 30%MEA 的不同溶液置于 316 不锈钢中,在 135℃的恒温室中储存 5 周。研究发现,5 周后,含有 1%草酸的 30%MEA 溶液的腐蚀性最强。在 135℃下,含有 1%草酸的 30%MEA 溶液($CO_2$ 与 MEA 的物质的量之比为 0.4)对腐蚀的影响最大,其次是含有 1%丙酸的 30%MEA 溶液和含有 1%甲酸的 30%MEA 溶液。乙醇酸和乙酸似乎没有增加腐蚀。

此外,相关研究学者对热稳定盐与其他腐蚀因素影响的对比也展开了讨论。Xiang 等[15]研究了氧气、热稳定盐、流量和温度对碳钢在 30%(质量分数)的 MEA 溶液中的影响。图 3-2 为不同试验条件下 MEA 系统中碳钢的腐蚀速率和开路电位(OCP)的变化,研究发现,在试验开始时,系统的相对腐蚀性为 $MEA/CO_2/O_2/HSS > MEA/CO_2 > MEA/CO_2/O_2$,而在试验结束时变成 $MEA/CO_2/O_2/HSS \approx MEA/CO_2/O_2 > MEA/CO_2$。$MEA/CO_2/O_2/HSS$ 条件下的腐蚀速率在最初的 24 h 内很高,但随着时间的推移而降低,然后显示出与 $MEA/CO_2/O_2$ 条件下几乎相同的值。这表明,一定类型和浓度的 HSS 会影响初始腐蚀行为。

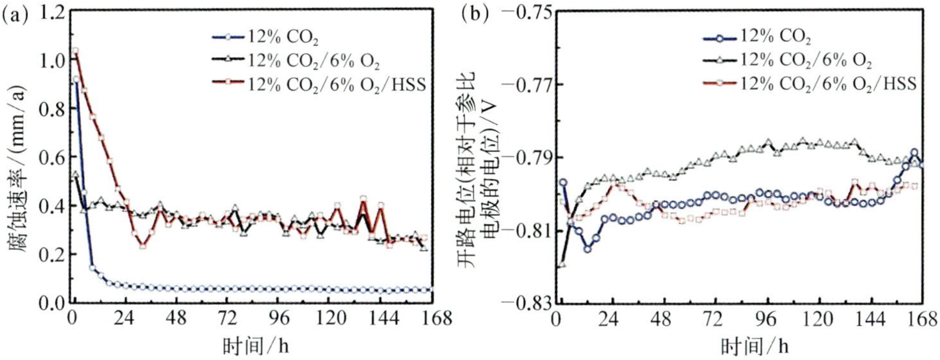


**图 3-2　不同试验条件下 MEA 系统中碳钢的腐蚀速率(a)和开路电位(OCP)的变化(b)**[15]

3.1.1.4　*腐蚀产物*

在醇胺溶液捕集 $CO_2$ 体系中,随着腐蚀的进行,金属表面会形成一层腐

① 本段中的百分数均为质量分数。

蚀产物膜，对于金属有一定的保护作用，尤其是在解吸塔的高温环境下，由于腐蚀产物溶度积常数减小，非常容易生成 $FeCO_3$ 保护膜。Gao 等[16]指出在吸收塔底部和汽提塔入口的试片横截面上，可以明显地观察到不同颜色的腐蚀产物的双层结构。内层腐蚀产物主要由赤铁矿（$\alpha-Fe_2O_3$）和磁铁矿（$Fe_3O_4$）组成，并含有微量针铁矿（$\alpha-FeOOH$），外层腐蚀产物主要由菱铁矿（$FeCO_3$）组成。Zheng 等[17]研究了 MEA 溶液对 A106 碳钢的腐蚀产物的影响，研究表明腐蚀产物会生成亚稳态的 $Fe_2(OH)_2CO_3$，最终转化成稳定的 $FeCO_3$。

#### 3.1.1.5 $CO_2$ 捕集系统腐蚀防护技术

$CO_2$ 捕集设施常受腐蚀影响，其腐蚀行为面临着设备与材料种类繁多、介质腐蚀性较强、存在多种相态环境、碳源杂质种类繁多、阴阳极反应机理复杂、产物膜成分复杂多变以及腐蚀防护经验相对不足等诸多问题。

对于 $CO_2$ 捕集系统，目前最为成熟的技术是有机胺捕集技术。在这个过程中最严重的腐蚀就是酸性气体造成的腐蚀（基于胺的 $CO_2$ 捕集过程中，$CO_2$ 和 $H_2S$ 等杂质溶于水后造成溶液偏酸性），通常选用耐蚀合金、缓蚀剂和防腐涂层来进行防护。为了确保碳捕获装置的长期安全性和经济性，需要正确地选择设备材料。相比碳钢，不锈钢在耐腐蚀方面表现出更好的性能。燃烧后用于捕获二氧化碳的许多小试和中试装置都是由各种不锈钢制成的。大规模工业化应用后，选材需要平衡好安全性和经济性的问题。目前，使用缓蚀剂是缓解 $CO_2$ 捕集过程中腐蚀的最具成本效益的技术之一，因为其成本低、通用性好且基本无害。

1. 缓蚀剂

使用缓蚀剂是一种常用的腐蚀防护技术，它能够减慢金属材料的腐蚀速率。缓蚀剂通过与金属表面形成一层保护膜，有效阻隔腐蚀介质与金属接触。缓蚀剂与其他防腐蚀物质或措施相比，对于油气企业具备管道建设成本压力较小、操作简单等优势，并且缓蚀剂基本能够实现在不同地区或不同材质管道内的防腐蚀隔离层的建立，是我国目前许多工业生产和管道运输领域的常规防腐蚀物质。

缓蚀剂根据其在金属表面形成保护膜的过程中释放缓蚀剂分子的速度，可以分为缓慢释放型缓蚀剂和即时释放型缓蚀剂两种。缓慢释放型缓蚀剂是指在保护膜的形成和维持过程中，缓蚀剂分子以较低的速率释放出来。常用的缓慢释放型缓蚀剂有缓慢释放的酰胺类和缓慢释放的缓蚀剂包覆体（BPP）

等。这些缓蚀剂能够提供长期的腐蚀保护，并在腐蚀介质存在时持续释放，延长金属材料的使用寿命；即时释放型缓蚀剂是指在金属表面形成一层保护膜后，迅速释放缓蚀剂分子。即时释放型缓蚀剂具有快速形成保护膜的优势，能够在短时间内提供有效的腐蚀防护。然而，由于缓蚀剂的释放速率较快，其腐蚀保护效果相对较短暂。

根据缓蚀剂的组成，缓蚀剂可以分为有机缓蚀剂和无机缓蚀剂。有机缓蚀剂又可分为阴离子聚合物类缓蚀剂（如环氧树脂、聚脲胺等）和有机阳离子缓蚀剂（如三甲基铵盐）等。无机缓蚀剂又可分为磷酸盐类缓蚀剂（如亚磷酸盐、缓释型磷酸盐等）和硫酸盐类缓蚀剂（如硫酸铵等）。在 $CO_2$ 腐蚀环境中应用的缓蚀剂的主要类型为含氮缓蚀剂（如胺类、咪唑啉类、杂环化合物等）和有机硫类缓释剂。其缓蚀作用主要通过物理、化学的吸附，在阴、阳极表面形成一层保护膜，增大电化学反应阻力，抑制阴、阳极反应，从而达到降低反应速率的目的。

根据缓蚀剂对电极的影响，缓蚀剂可以分为阴极、阳极和混合缓蚀剂。图 3－3 是电化学缓蚀剂的作用机理示意图。在 $CO_2$ 捕集过程中，除了使用缓蚀剂外，还可以利用捕集系统本身产生的一些物质来协同抑制腐蚀。例如，有机胺 AEEA 在捕集过程中会降解生成一些有机物[如氨基甲酸酯、1－(2－羟乙基)哌嗪和 1－(2－羟乙基)－2－咪唑啉酮等]，这些有机物可以在金属表面形成一层保护膜，从而减缓腐蚀的发生。表 3－3 为有机胺捕集系统缓蚀剂汇总。

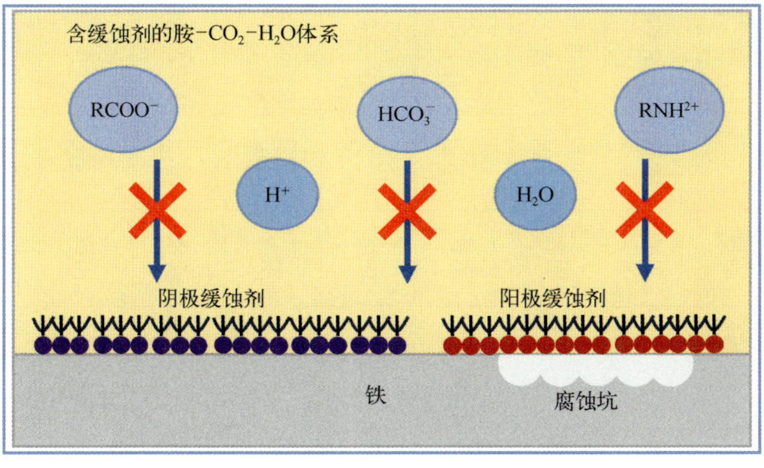


**图 3－3　电化学缓蚀剂的作用机理示意图**[6]

表 3-3　有机胺捕集系统缓蚀剂汇总[6]

| 名　称 | 缓蚀剂类型 | 材料 | 条　件 | 有机物分子结构图 | 主要结论 |
|---|---|---|---|---|---|
| $Na_2SO_3$ | 阴极 | 碳钢 | MDEA 酸性溶液 | — | 通过去除氧气实现缓蚀 |
| 亚砜 | 阴极 | 1020 碳钢 | 0.565 mol $CO_2$/mol MEA | — | 缓蚀效率接近 80% |
| 长链脂族胺 | 阴极 | 1020 碳钢 | 0.565 mol $CO_2$/mol MEA | — | 缓蚀效率接近 80% |
| $CuCO_3$ | 阳极 | 1018 碳钢 | MEA 酸性溶液 | — | 缓蚀效率≥80% |
| 羧酸 | 阳极 | 1020 碳钢 | 0.565 mol $CO_2$/mol MEA | — | 高缓蚀性能(缓蚀效率高达 92%) |
| $Na_2S$ | 阳极 | A36 碳钢 | MEA 酸性溶液 | — | 缓蚀效率为 96.7% |
| $Na_2S_2O_3$ | 阳极 | A36 碳钢 | MEA 酸性溶液 | — | 缓蚀效率为 91.3% |
| 2-[2-(二甲基氨基)乙氧基]乙醇 | 混合 | API X120 钢 | $CO_2$ 饱和的 3.5%(质量分数)的 NaCl 溶液 | 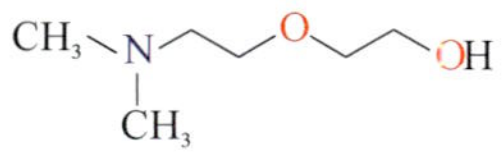 | 25℃时缓蚀效率达 87.75% |

续 表

| 名 称 | 缓蚀剂类型 | 材料 | 条 件 | 有机物分子结构图 | 主要结论 |
| --- | --- | --- | --- | --- | --- |
| 2-巯基苯并噻唑(MBT) | 混合 | 316碳钢 | MEA酸性溶液 | 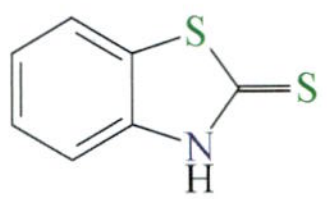 | 它可以在低于100 ppm[①]的低掺量条件下工作 |
| 1-烷基-3-甲基咪唑鎓三氰基甲烷离子液体 | 混合 | 软钢 | 离子液体 | — | 缓蚀效率随着烷基链长的增加而增大 |
| *N*-[2-[(2-羟乙基)氨基]乙基]-9-十八碳烯酰胺 | 混合 | 1018碳钢 | $CO_2$ 饱和的5%(质量分数)的NaCl溶液 | 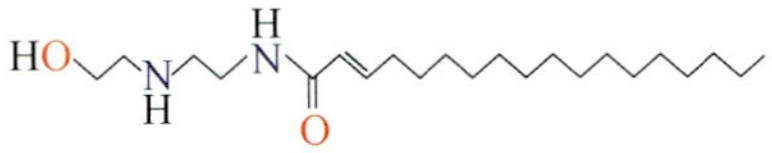 | 缓蚀效率取决于温度和浓度 |
| 蛋氨酸 | 混合 | 1018碳钢 | MEA酸性溶液 | 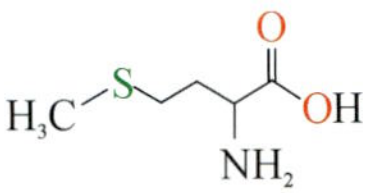 | 具有一定的缓蚀能力 |

① ppm=$10^{-6}$。

2. 防腐涂层

防腐涂层按照涂层的化学结构可分为金属合金涂层与有机聚合物涂层[18]。金属合金涂层具有较好的耐腐蚀性能，可以改变腐蚀机制，使点蚀转变为均匀腐蚀，降低穿孔的风险。尤其在高温和高压下，金属合金涂层可以提高涂层的防护性能。有机聚合物涂层通常由有机聚合物和填充剂组成，具有操作简便、性价比高、环保等优点。

经过多年的技术发展，金属合金涂层在防腐方面仍有许多不足，如制备和应用金属合金涂层通常比传统的防腐蚀措施更昂贵，其中包括原材料成本、施工成本以及设备的停机时间成本。应用金属合金涂层通常需要专业的施工技能，包括表面准备、涂层应用和质量控制，施工难度较大。另外，在使用过程中金属合金涂层可能会发生由降解引起的损坏，也可能会存在附着力变弱问题和涂层剥落问题，导致其无法保护管道。一旦涂层失效，流经涂层缺陷的直流电流会导致阳极区的钢加速腐蚀，并增强阴极区中去极化剂的还原。

有机聚合物涂层也具有良好的 $CO_2$ 腐蚀防护性能。有机聚合物涂层具备多样性、易操作、经济实惠和环保等多个优势。此外，通常情况下，有机聚合物涂层具有出色的化学稳定性，可以抵御二氧化碳引发的化学反应，从而维持涂层的完整性[18]。有机聚合物涂层通常比金属合金涂层更容易应用，可以采用多种涂覆技术，包括喷涂、涂刷和浸渍等方式。另外，有机聚合物涂层通常对一些化学品具有较好的抵抗性，这在一些工业环境中可能是一个重要的考虑因素。传统的有机涂层仍在温度限制、UV 稳定性、机械强度和经济性方面存在一些问题。传统的有机涂层可能在 $CO_2$ 环境中不稳定[18]。有机聚合物涂层在中高压 $CO_2$ 环境下可能出现失效，表现为涂层局部鼓泡、整体鼓泡和非鼓泡失效等现象[18]。这是因为在高压条件下，涂层和金属界面溶解了大量二氧化碳，压力降低后，碳酸的溶解度下降，导致二氧化碳析出膨胀，这个过程会在涂层和金属基体之间产生气泡，导致涂层破坏，加剧腐蚀[18]。此外，有机聚合物涂层表现出对温度的敏感性，随着温度升高，涂层逐渐软化，高温环境下 $CO_2$ 可以穿透有机聚合物涂层[18]。

直接喷涂具有优异耐蚀性的合金材料于待保护的金属表面，有助于改善金属基板与涂层之间的应力不匹配问题，从而减少涂层脱落破坏的风险[18]。Li 等[19]在中试规模的燃烧后 $CO_2$ 捕集过程中，对金属合金涂层和非涂层碳钢进行了腐蚀研究，研究发现，除镀镍碳钢（<1.8 mm/a）外，吸收塔和贫 $CO_2$ 胺管道中所有碳钢的腐蚀率几乎为零。$Ni_2Al_3/Al_2O_3$ 预涂层碳钢显示出初始保护作用，但在汽提塔和富含 $CO_2$ 的胺管道中，涂层完整性被破坏，碳钢被严重腐蚀。Zheng 等[20]在 80℃、$NaHCO_3$ 和哌嗪的溶液、$CO_2$ 负载环境下评估涂有 $FeCO_3$ 的 A106 碳钢样品的缓蚀作用，研究表明，$FeCO_3$ 涂层促进了 A106 碳钢在 MEA 溶液中的自发钝化，从而形成了致密的 $Fe_3O_4$ 层。$Fe_3O_4$ 层的形成可将腐蚀速率降低到原来的 1/70，有效保护金属不被腐蚀。

3. 电化学保护

电化学保护是利用电化学反应原理来抑制金属腐蚀的一种技术，它通过在金属表面形成一层稳定的保护膜，隔绝金属与腐蚀介质的直接接触。电化学保护有两种方式，分别是阳极保护和阴极保护。

阳极保护通过外加电流使金属表面成为阳极，从而在金属表面生成保护膜。阳极保护适用于较大的金属结构，如储气罐和管道等。阳极保护系统主要由阳极、外部电源和电流分配装置等组成。

阴极保护通过使金属结构成为电化学电池中的阴极，从而降低金属自身的腐蚀速率。由于涂层本身可能会具有一定的缺陷，在长期的使用过程中，涂层会逐渐产生针孔状破损，从而造成介质与金属表面的接触，使裸露部分的金属与涂层形成局部电池，造成局部严重腐蚀。通过将阴极保护和涂层进行结合，可以有效地防止涂层缺陷导致的腐蚀加速问题，提高金属的防护效果。阴极保护有两种实现方式，一种是外部阴极保护，通过在金属表面附近设置外部阳极，施加外部电流来保护金属；另一种是内部阴极保护，通过在金属内部放置阳极，利用介质的电导性来实现保护。在 CCUS 中，阴极保护通常是通过外加电流或者使用阴极保护涂层来实施的，常用于管道和储气罐等设备。

为了有效抵抗 $CO_2$ 腐蚀的危害，电化学保护方案的制订应该综合考虑金属材料的性质、使用条件、经济效益等因素。在对这些因素进行充分评估的基础上，可以优化电化学保护方法，以提高金属的抗腐蚀能力。

4. 合金防护、材料选择和设计优化

除了上述具体的腐蚀防护技术，采用合金防护以及适当的材料选择和设计优化也对 CCUS 系统的腐蚀防护至关重要。

合金防护是一种调整元素构成、控制晶格排列以及配合金属制作工艺的保护措施。这种防护手段主要有两种实施方案：一种是通过高温熔融技术，将防腐蚀合金直接涂敷在金属表面或内部；另一种是采用合金作为牺牲阳极材料，以达到保护主体金属的目的。范舟等[21]制备了含有 Ni、Sn 和 Ce 等多种元素的黄铜合金，且不同组分的黄铜合金都会表现出降低金属腐蚀速率的能力。在合金表面由于存在多种金属材料，极易形成原电池，并产生大量的氢氧根离子，对金属表面的酸性环境可进行一定程度上的中和。

除了使用合适的材料和技术，还应该合理设计管道和设备的结构和布局，以减少或避免腐蚀介质对金属的侵蚀作用，这也是有效的腐蚀防护措施之一。

#### 3.1.1.6 小结

本节对碳捕集系统的构成、捕集方法、气源杂质进行了简单介绍，针对当前主流的有机胺体系的碳捕集系统腐蚀问题进行了分析并介绍了腐蚀防护手段。CCUS 设备的主要防护手段有加注缓蚀剂、采用高性能涂层、电化学防护，以及选用耐蚀材料等。针对 $CO_2$ 捕集系统，通常选用耐蚀合金、缓蚀剂和涂层来进行防护。由于较低的成本和较好的通用性，使用缓蚀剂是缓解 $CO_2$ 捕集过程中腐蚀的最常用的技术之一。

化学吸收法被认为是目前发展最为成熟的捕集技术之一。不同的 $CO_2$ 气源会带来不同的杂质气体，如 $O_2$、$NO_2$、$H_2S$、$SO_2$ 等，这些杂质气体对吸收剂的降解和捕集系统的腐蚀有显著影响，它们的出现可能会给捕集系统腐蚀的缓解和预防带来新的挑战。

### 3.1.2 地上 $CO_2$ 运输、注入设备的腐蚀及其危害

#### 3.1.2.1 概述

CCUS 技术通过将捕集端捕集的 $CO_2$ 运输至指定地点进行利用与封存来实现减少 $CO_2$ 的排放。因此，$CO_2$ 运输在 CCUS 技术体系中起着承上启下的作用。$CO_2$ 运输过程中需要将捕集到的 $CO_2$ 进行杂质脱除、低温冷却和增压，将 $CO_2$ 相态调节至液态甚至超临界状态（温度高于 31.1℃，压力大于 7.38 MPa）以实现输运效益的最大化。图 3-4 为齐鲁石化-胜利油田的 $CO_2$ 输送管路。图 3-5 为超临界 $CO_2$ 管道输送工艺流程。由于在输送过程中 $CO_2$ 的压力会降低，因此需要在沿途建设数个增压站，以维持输送过程中的压力，最终使 $CO_2$ 通过输送系统，到达 $CO_2$ 地下封存场地。

**图 3-4　齐鲁石化-胜利油田的 $CO_2$ 输送管路**[22]

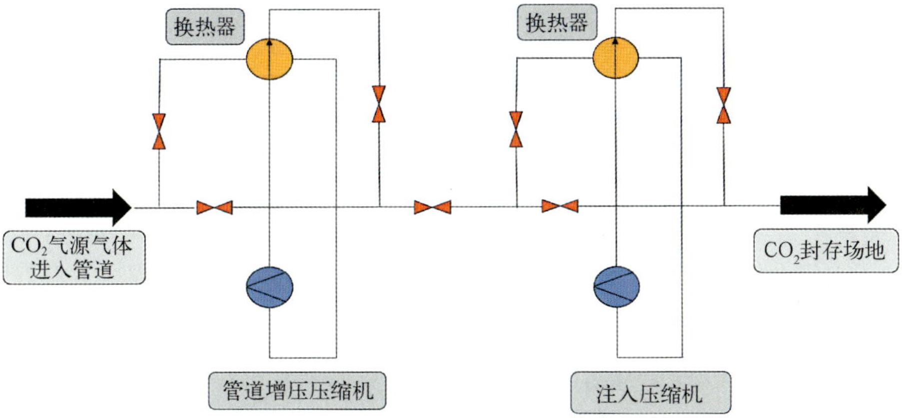


**图 3-5　超临界 $CO_2$ 管道输送工艺流程**

目前研究的重点主要集中在对捕集到的 $CO_2$ 进行长周期的稳定、安全封存上，但是如何保证运输过程中的安全性与经济性也是 CCUS 技术中需要重点关注的方向。通过管道输送超临界 $CO_2$（supercritical $CO_2$，S-$CO_2$）被认为是最有效和经济可行的方法，受到了专家和研究人员的广泛关注[21-23]。目前全球有超过 8 000 km 的 $CO_2$ 输送管道，输送过程中管道的腐蚀是影响安全性的重要因素。根据美国统计的 29 起 $CO_2$ 管道失效事故的原因来看，腐蚀占比达到了45%。腐蚀是最主要的事故诱因，如图3-6所示。输送S-$CO_2$时，由于运输过程中可能会存在杂质($H_2O$、$O_2$、$SO_x$、$H_2S$和$NO_x$等)，使得管材很容易受到腐蚀。尽管已有研究人员针对$CO_2$输送管道事故及其处理经验、含杂质的腐蚀相关问题进行了较多研究与总结，但对于现场的复杂腐蚀问题仍然需要进一步深入研究。此外，在$CO_2$输送管道的安全法规与标准方面也需进一步完善。基于已有研究结果，$CO_2$输送管道的腐蚀包括在输送过程中被大气、土壤、微生物腐蚀而出现的外腐蚀问题，以及在管道内部可能出现的应力腐蚀、点蚀等内腐蚀问题。

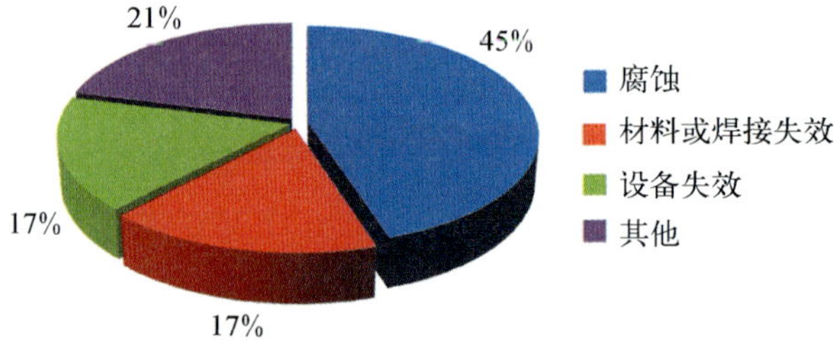


**图3-6 美国$CO_2$管道系统的失效模式**[24]

3.1.2.2 外腐蚀的类型及危害

外腐蚀是输送管道腐蚀中不可忽视的问题。$CO_2$气体管道在输送过程中会面临十分恶劣的外部环境，管道长期暴露于空气或者土壤中，会受到周围空气、土壤以及土壤中存在的微生物的影响。这些恶劣的外部环境因素会导致一系列的外腐蚀现象发生，例如大气腐蚀、土壤腐蚀、微生物腐蚀等。这些腐蚀情况会使管道发生穿孔失效，造成严重的安全隐患。如何正确地认识外界因素对外腐蚀的影响并且制订出合理的防腐措施已经成为当下大家重点关注的问题。

1. 大气腐蚀

当输送管道的涂层发生脱落时，大气中的水分便会与钢材发生直接的接触并形成水膜，这会使得钢材发生电化学反应，同时大气中的水会电离成$H^+$和$OH^-$，与金属管道中的$Na^+$、$Fe^{2+}$等金属离子发生化学反应产生腐蚀。同时，在水膜中有$H^+$和$OH^-$，也会形成相应的电解质溶液进一步促进腐蚀的进行。

通常情况下，阳极反应为钢失去电子形成铁离子，铁离子会在阴极区与氧气、水反应，进而形成 $OH^-$，总反应为

$$4Fe + 3O_2 + 6H_2O \longrightarrow 4Fe(OH)_3 \tag{3-10}$$

通过一系列反应，腐蚀的最终结果是在管道外壁生成铁锈。因为铁锈的物理和化学性质并不稳定，十分脆弱，所以容易发生脱落现象，进而加剧钢材表面的腐蚀。在长期腐蚀作用下，管线材料的安全性能会进一步降低，最终导致设备失效，引发严重的安全事故。

为了预防腐蚀，在管道外部包裹一层包覆层是一种有效的措施。包覆层是一种用于保护金属的材料，通常是指涂料层或缠绕带。包覆层的材料需要具有一定的强度和韧性，以尽量降低包覆层材料发生损坏的概率。如果包覆层发生损坏，金属管道会直接与大气接触，极大地增加了大气腐蚀的概率。除此之外，还可使用阴极保护等手段对管路进行联合保护。

2. 土壤腐蚀

土壤是一个很复杂的混合体系，一般情况下土壤内会同时存在固态、液态以及气态的多相物质。因此，土壤腐蚀会受到结构、成分以及环境因素的共同影响，这使得土壤腐蚀的环境介质比其他介质更为复杂。在任何地区土壤腐蚀都会受到多种因素的影响，因此评价土壤的腐蚀性，必须从多方面考虑问题。

金属组织和表面状态的不均匀等会导致土壤腐蚀，形成微电池腐蚀。不同土壤条件会导致管道表面形成局部腐蚀，如氧气渗透速度差异导致氧浓差电池。土壤腐蚀表现在以下方面。

(1) 微电池腐蚀：当土壤中的水分、结构、盐分和氧气均匀时，微电池腐蚀一般是由不均匀的金属组织引起的。

(2) 宏观电池腐蚀：在管道穿越不同土壤的过程中，可能会发生宏观电池腐蚀。长距离管道铺设时，不同土壤形成氧浓差电池，导致电位低的管道作为阳极被腐蚀。

(3) 金属之间的宏观电池腐蚀：不同金属与土壤接触形成宏观电池，由于金属和焊缝金属之间成分的差异导致电位差，埋入地下后，电位低的部分容易被腐蚀。例如，在焊口和新旧管道连接处可能发生腐蚀穿孔。

(4) 受埋设深度影响的宏观电池腐蚀[25]：不同的埋设深度会有不同的氧气浓度，高位置作为阴极不易被腐蚀。

因此，土壤腐蚀的机理较为复杂，涉及多种因素相互作用。

3. 微生物腐蚀

微生物附着在材料表面进行生命活动会使金属腐蚀的反应直接或间接发生。微生物腐蚀是导致工程材料失效的主要诱发因素，严重影响设备运行的安全性。统计表明，在金属材料腐蚀破坏中，微生物腐蚀在金属材料腐蚀总量中的占比超过 20%，其中 70%的微生物腐蚀都是由硫酸盐还原菌(SRB)引起的[26]。SRB 普遍存在于油气田、土壤、海水等自然环境中，腐蚀多发于金属材料，如钢铁、铜合金、铝合金等。

土壤中的微生物与管道内的微生物种类不同，并通过微生物的生命活动影响土壤的环境从而对管线金属的腐蚀产生影响。富 $CO_2$ 且缺氧的环境会促进 SRB、铁细菌(FB)腐蚀菌群的生长，在一定程度上也会加快管线设备的腐蚀速率[27]。SRB 可以引起均匀腐蚀和局部腐蚀，并通过吸附到金属表面利用有机物和从金属中直接获取电子来获得生长所需的能量。土壤中氧的含量通常较低，而土壤环境中普遍存在有利于 SRB 生长的有机物。此外，改变土壤含水量、pH、通气量、土壤电阻率、氧化还原电位等因素也会影响土壤中 SRB 的活性，进而影响管道的微生物腐蚀[28]。一旦 SRB 附着在金属表面，它们可以迅速改变局部环境并形成生物膜，该生物膜包括细菌细胞、分泌的细胞外聚合物和腐蚀产物等。

综上所述，微生物腐蚀对管线金属腐蚀具有重要影响。了解微生物腐蚀的机理和影响因素可以帮助人们采取适当的措施来预防和控制管线金属腐蚀。

3.1.2.3 内腐蚀的类型及危害

从排放源捕集的 $CO_2$ 通常会被压缩到高于临界点的压力(7.38 MPa)。这样做的目的是在避免两相流状态的情况下，使碳源在输送过程中达到液体的密度和气体的黏度，以最大限度地提高输送效率。对于超临界 $CO_2$ 的输送管道，腐蚀受到多个因素的影响，包括压力、温度、流速以及 $CO_2$ 流中的杂质等。存在于超临界 $CO_2$ 流中的杂质会对管网的运行和腐蚀产生重要影响。

一方面，杂质会影响输送碳源的相态临界点，另一方面会影响腐蚀机制和腐蚀环境。当 $CO_2$ 流中存在多种杂质时，可能会在压力和温度变化时导致不必要的两相流现象。已有研究表明[29]，与纯 $CO_2$ 流相比，输送含有杂质的 $CO_2$ 流会导致更大的压降。由于 $CO_2$ 来源和 $CO_2$ 捕集分离技术的差异，输送碳源的杂质种类和含量可能各不相同。在所有潜在的杂质中，游离水($H_2O$)被认为对腐蚀的影响最为显著。当 $CO_2$ 气体超过临界压力时，其溶解在水中的能力增强，形成浓 $H_2CO_3$ 溶液。在捕集过程中，其他杂质气体也会溶解在水中，形成硫酸($H_2SO_4$)、硝酸($HNO_3$)和盐酸(HCl)等，从而形成具有强侵蚀性的腐蚀环境，导致严重的腐蚀问题。此外，当水在 S-$CO_2$ 中的溶解度超过最大值并在温度较低时，会形成水合物，进而引起管道堵塞等严重问题。尽管在管道输送前会进行气态 $CO_2$ 的净化、除水和压缩处理，但由于工艺和成本的限制，完全去除 $CO_2$ 中的水和杂质较为困难，潜在杂质仍然是 CCUS 管道运输中的主要技术挑战。因此，确定临界杂质含量并制定相关标准是至关重要的。

由于输送管道通常处于复杂多变的腐蚀环境中，管道内部可能存在多种腐蚀行为的威胁，例如均匀腐蚀、应力腐蚀和点蚀等。这些腐蚀现象可能导致管线材料失效甚至产生严重事故。$CO_2$ 输送管道如果因腐蚀而导致大量 $CO_2$ 泄漏，可能造成人畜窒息。因此，了解腐蚀机制并采取相应的防腐措施非常重要[30]。

1. *应力腐蚀*

$CO_2$ 输送管道在运行过程中会受到多种变形的影响，如压力、重力、振动、热膨胀、冷缩、位移、地震荷载、设备基础沉降等。这些变形可能导致管道发生形变或应力集中，管道在拉应力和电化学腐蚀的共同作用下，很有可能发生应力腐蚀。应力腐蚀进一步加剧了管道的内部腐蚀，并有可能导致管道破裂，给 $CO_2$ 输送带来严重影响，缩短管道使用寿命并增加泄漏风险。

对于应力腐蚀的腐蚀机理，其腐蚀过程中阴极通常会发生吸氧反应。即使偶尔在阴极出现了析氢反应，如果析出的氢气很少，氢的浓度很低，并没有达到氢致开裂的标准，或者阴极反应过程中的过电位很小，那么材料此时的阳极反应仍然主导和控制着应力腐蚀的进行以及裂纹的扩展。这种应力腐蚀开裂行为，其类型为阳极溶解型应力腐蚀。但当阴极反应为析氢反应且氢浓度达到氢致开裂的标准时，腐蚀电池阴极产生的原子氢可以扩散到试样裂纹中，此时析氢反应控制了应力腐蚀裂纹的形核和不断扩展的过程，这种情况下应力腐蚀可由氢致开裂机制解释[31]。

在管道输送 $CO_2$ 的过程中，游离水的存在导致管道内表面出现不均匀的水相区域，而管道管壁承受较大的纵向和环向应力，局部应力集中可能导致在坑处产生裂纹并加速应力腐蚀的发展。此外，密相 $CO_2$ 流中的酸性杂质会提高管道发生应力腐蚀的可能性，当密相 $CO_2$、酸性杂质（如 $SO_2$、$NO_2$ 和 $H_2S$）和杂质反应产物（如 $H_2SO_4$ 和 $HNO_3$）溶解在水相中时，会使水相区域高度酸化。在这种富氢环境下，管线金属的阳极溶解速率和阴极析氢速率加快，因此，氢吸附、氢渗透等氢效应可能会更加突出，更加容易造成氢损伤，进一步提高管道的应力腐蚀敏感性[31,32]。

研究人员对超临界 $CO_2$ 输送管道在不同条件下的应力腐蚀进行了广泛的研究，并取得了许多成果。应力腐蚀的发生取决于开裂、化学环境、外加应力和运输材料的共同作用[33]。Sun 等[34]研究了 X65 钢在含杂质（$O_2$、$NO_2$ 和 $SO_2$）的超临界 $CO_2$ 流中的应力腐蚀行为（图 3－7），采用应力腐蚀试验和表面分析相结合的方法，揭示了应力和杂质对 X65 钢腐蚀速率、腐蚀形貌和腐蚀膜特性的影响；同时运用了慢应变速率拉伸试验进一步确定了杂质对 X65 钢应力腐蚀开裂（SCC）敏感性的影响，结果表明应力增加了 X65 钢的腐蚀速率，同时这些杂质气体的存在也在不同程度上增加了 X65 钢应力腐蚀的敏感性。硫化物应力腐蚀开裂以及其他应力腐蚀开裂受到碳源杂质的影响。有研究发现[35]，在含 $SO_2$ 的超临界 $CO_2$ 条件下，X65 钢、X70 钢和 X80 钢在 137 h 的测试周期下没有应力腐蚀开裂现象，而是出现了显著的均匀腐蚀特征。近期的研究表明[36]，在 480 h 的周期下，X65 钢在含 $SO_2$、$O_2$ 和 $H_2O$ 的超临界 $CO_2$ 中 SCC 的敏感性仍然很低。近期有研究表明[34]，$SO_2$ 与 $NO_2$ 均会提高 X65 钢在水饱和的超临界 $CO_2$ 中应力腐蚀开裂的敏感性，而 $O_2$ 对其没有影响；在含 $SO_2$ 的体系中，应力腐蚀开裂行为受局部阳极溶解、氢脆和应力共同作用，而在含 $NO_2$ 的体系中则受局部阳极溶解与应力共同作用。然而，除 $H_2S$ 外，尚未找到其他几种杂质气体导致 $CO_2$ 输送管道开裂的直接证据。

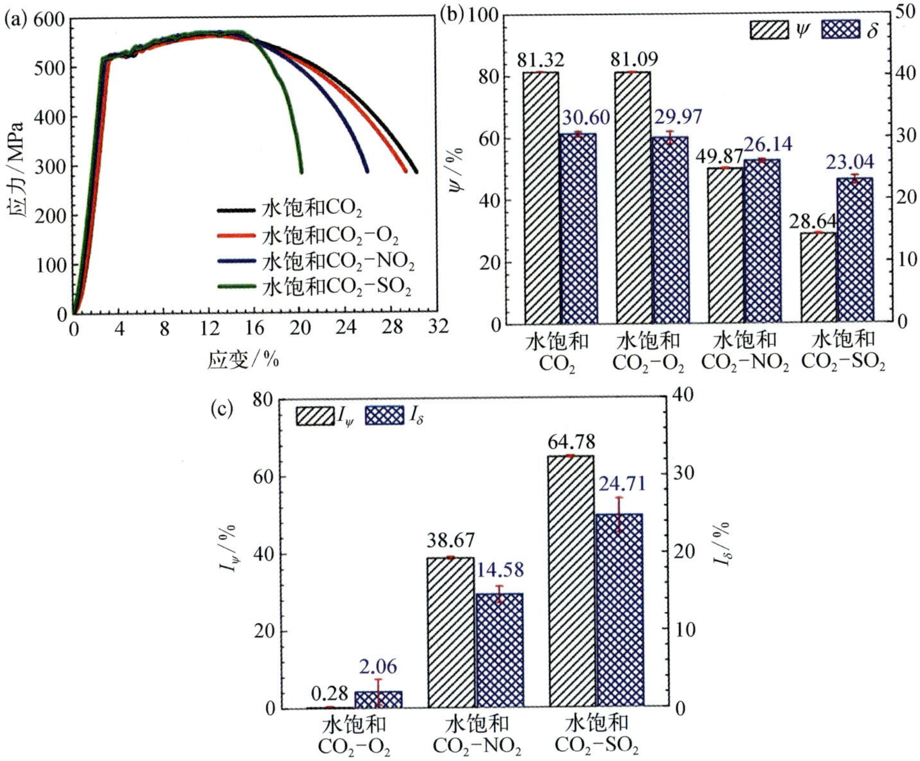


**图 3-7　X65 钢在含杂质($O_2$、$NO_2$ 和 $SO_2$)的超临界 $CO_2$ 流中的应力腐蚀行为**

(a) 应力-应变曲线;(b) 在 8 MPa 和 50℃条件下,X65 钢在含有不同杂质的水饱和超临界 $CO_2$ 流中,由杂质引起的面积减少率($\psi$)和伸长率($\delta$);(c) SCC 敏感性指数($I_\psi$,$I_\delta$)[34]

2. 点蚀

与均匀腐蚀一样,点蚀也属于管道中常见的腐蚀现象,可能最终导致管道穿孔。在 $CO_2$ 输送管道中,也同样存在点蚀穿孔的风险。关于 $CO_2$ 输送管道的点蚀问题,Xiang 等[37]研究了 X80 钢在含 $SO_2$、$NO_2$ 和 $O_2$ 杂质的水饱和超临界 $CO_2$ 中的点蚀机理,如图 3-8 所示,发现随着腐蚀坑的演化,小坑易合并形成宽浅坑孔,而不是窄深坑孔。当碳酸亚铁($FeCO_3$)或硫铁化合物($Fe_xS_y$)[38]腐蚀产物层结构不够致密或者发生局部剥落时,碳钢中就会发生点蚀;而当形成完全黏附、致密和持久的 $FeCO_3$ 时,均匀腐蚀可抑制腐蚀速率到工业界可接受的安全极限 0.1 mm/a[39]。这是通过 $FeCO_3$ 建立扩散屏障并阻断碳钢表面的电化学活性位点来实现的。

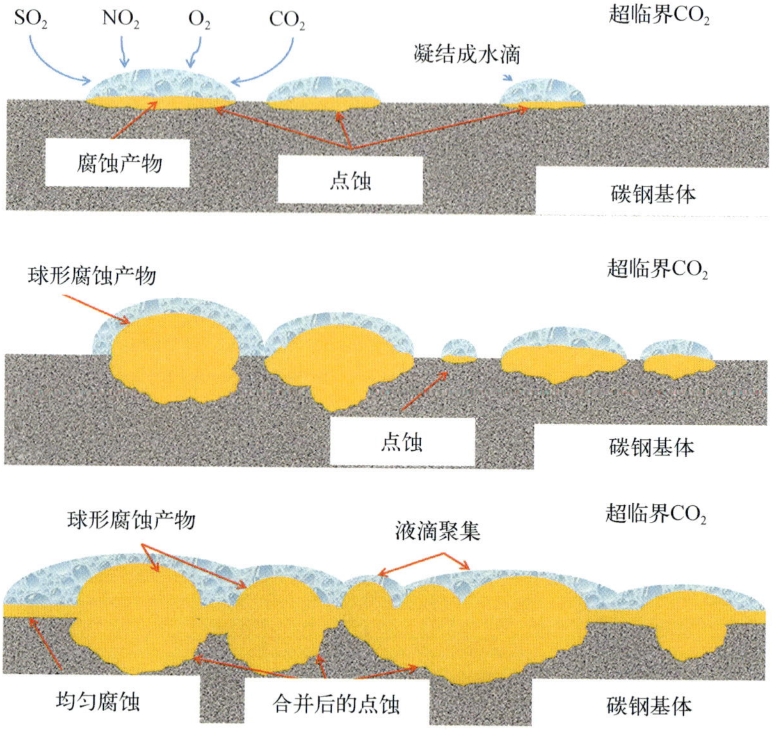


**图 3-8 X80 钢在含 $SO_2$、$NO_2$ 和 $O_2$ 杂质的水饱和超临界 $CO_2$ 中的点蚀机理**[37]

#### 3.1.2.4 内腐蚀影响因素分析

1. $CO_2$ 相态的影响

如果在运输过程中温度与压力发生下降，在这个过程中输送的 $CO_2$ 可能会发生相态变化，如超临界态与液态的转变。在这个过程中，$CO_2$ 的物性参数会发生巨大变化。部分研究表明[40,41]，管线钢在液相 $CO_2$ 环境下可能比在超临界 $CO_2$ 环境下具有更高的腐蚀敏感性。目前，$CO_2$ 的相态变化对腐蚀的影响仍然不明确。

2. 含水量的影响

干燥的 $CO_2$ 本身不具有明显的腐蚀性。含水的 $CO_2$ 会形成 $CO_2-H_2O$ 系统，该系统主体相的不同会导致腐蚀行为的不同。当含水量低于其在 $CO_2$ 中的溶解度时，此时 $H_2O$ 全部溶解于 $CO_2$ 中，没有游离的液态水，$CO_2$ 作为溶剂，$H_2O$ 作为溶质，该 $CO_2-H_2O$ 系统称为富 $CO_2$ 体系。当含水量高于其

在 $CO_2$ 中的溶解度时，此时除了一部分 $H_2O$ 溶解于 $CO_2$，还有一部分游离水附着在钢管表面，形成水膜，$CO_2$ 会溶于 $H_2O$ 形成碳酸，具有一定的腐蚀性。游离水中，$H_2O$ 作为溶剂，$CO_2$ 作为溶质，该 $CO_2$ - $H_2O$ 系统称为富 $H_2O$ 体系。

对于富 $CO_2$ 体系而言，含水量存在一个临界值，超过该临界值会发生腐蚀现象，低于该临界值不会发生腐蚀现象。对于临界含水量的研究，科研人员开展了大量工作。Ayello 等[42]研究发现碳钢在 7.58 MPa、45℃时，发生明显腐蚀的水含量为 100 ppm；Xiang 等[43]基于建立的输送水分上限模型(图 3-9)进行计算，得出管线钢内部的临界湿度为 50%～60%，低于大气中的临界相对湿度。

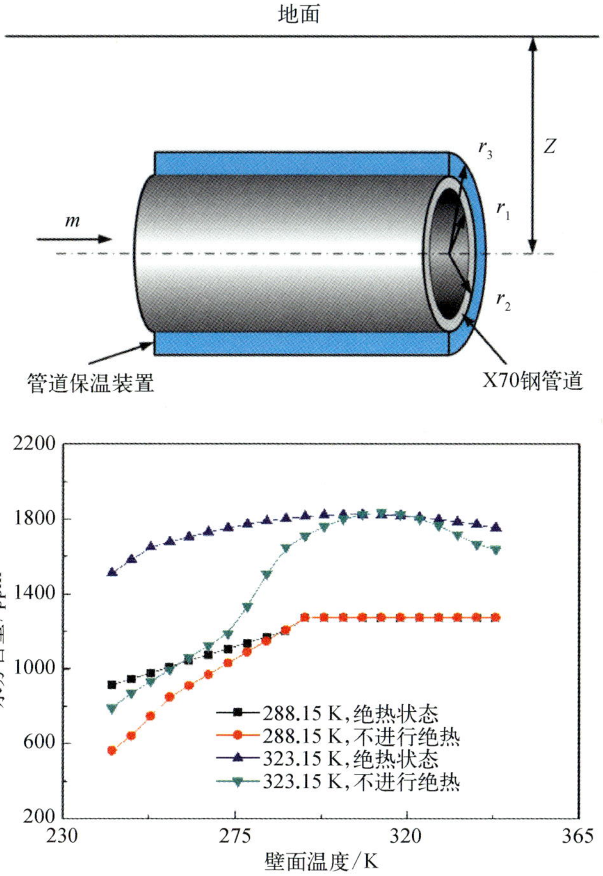


**图 3-9　$CO_2$ 输送管道换热模型与壁面温度对含水量上限的影响**[43]

在 $CO_2$ 输送环节中，除了考虑 $CO_2$ 及杂质成分对管道本体材料的腐蚀影响外，还要考虑和评估压缩机组材料、管道阀门组件材料的腐蚀影响。此外，碳源中的杂质气体可促进水在超临界 $CO_2$ 中的析出，进而引发电化学腐蚀。在 $CO_2$ 中同时存在 $NO_2$ 和 $SO_2$ 时，会显著降低水的溶解度，即使水含量较低，也可能导致游离液态水的析出，进而造成电化学腐蚀问题。除了腐蚀问题外，在低温下还可能形成水合物，导致管道堵塞和输送事故[43]。当含水量不同时也会造成腐蚀机理的不同。一般而言，在超临界 $CO_2$ 环境中会出现富水相腐蚀与富 $CO_2$ 相腐蚀，这与全浸条件下的腐蚀和大气环境薄液膜条件下的腐蚀行为类似。

3. *碳源杂质的影响*

依据我国能源结构现状以及未来的发展趋势进行分析，需要进行捕集的 $CO_2$ 多来自燃煤电厂、化工厂等排放源。受制于捕集技术与成本问题，$CO_2$ 气源中不可避免会存在 $O_2$、$NO_x$、$SO_x$、$H_2S$ 等杂质，进而对金属腐蚀带来明显的影响。由于碳源的多样性，管道中 $CO_2$ 的杂质必然也是多样的，杂质的单独或者耦合作用会对腐蚀过程产生影响。

当 $CO_2$ 气源中存在 $O_2$ 时，可以促进阴极反应，在超临界 $CO_2$ 体系中 $O_2$ 的存在会加速碳钢腐蚀，腐蚀产物 $Fe_2O_3$ 会破坏 $FeCO_3$ 产物膜的完整性，致使对金属基体的保护性降低，导致腐蚀速率升高[5]。$O_2$ 还可能使缓蚀剂失效，这也是目前井筒腐蚀问题难以控制的主要原因。此外，也有研究指出高浓度的 $O_2$ 可以使管线钢在超临界 $CO_2$ 中钝化[44]。总的来说，$O_2$ 对腐蚀的影响是复杂的，可能取决于温度、压力、杂质成分和所涉及的特定材料等。因此在评估给定环境中氧气对腐蚀的影响时，需综合考虑以上因素。

烟气中的 $NO_x$ 杂质主要包括 $NO_2$ 和 NO，但 NO 在运输过程中与 $O_2$ 结合极易转变为 $NO_2$，因此 $NO_2$ 成为气源中主要的 $NO_x$ 杂质。$NO_2$ 溶于水会形成 $HNO_3$，$HNO_3$ 具有强酸性和强氧化性，此时生成的腐蚀产物膜疏松，极易剥落。腐蚀形貌如图 3－10 所示，反应过程见式(3－11)和式(3－12)，研究发现，在球形腐蚀产物的基部形成点蚀[45]。NO 及其他类型的 $NO_x$ 对密相 $CO_2$ 腐蚀的影响尚未有报道。

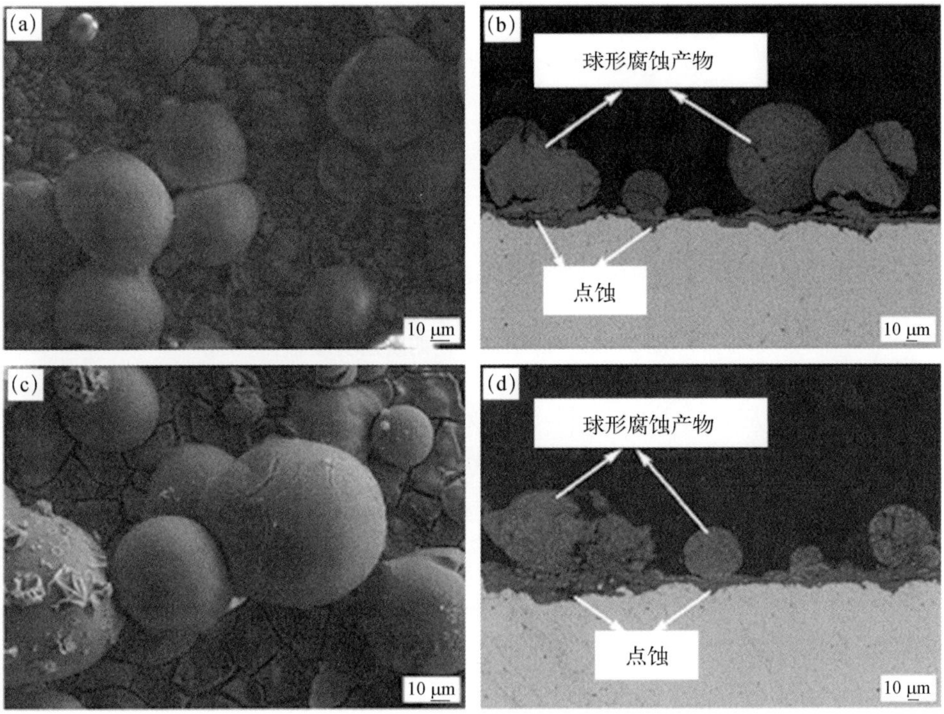


**图 3－10　10 MPa、50℃ 的 $CO_2$ 体系中，通入 1 000 ppm 的 $NO_2$，反应 24 h[(a)(b)]和反应 120 h[(c)(d)]的 X65 钢的腐蚀形貌**[45]

$$4Fe(NO_3)_2 \longrightarrow 2Fe_2O_3 + 8NO_2 + O_2 \tag{3-11}$$

$$3NO_2 + H_2O \longrightarrow 2HNO_3 + NO \tag{3-12}$$

在 $SO_x$ 杂质中最为常见的是 $SO_2$，当其存在时，含饱和 $CO_2$ 的富水相的 pH 会急剧降低。大量研究表明长周期条件下的 $SO_2$ 会显著加速腐蚀[44,46]，并且形成保护性较差的产物膜[47]；而近期的研究发现，在含饱和 $CO_2$ 的富水相中，$SO_2$ 在初期会对碳钢的腐蚀产生抑制作用，如图 3－11 所示，而在长周期条件下会加速腐蚀[47]。

少量 $H_2S$ 的存在会改变 $H_2O$ 在钢表面的吸附能力，导致 $H_2O$ 吸附在整个钢表面[48]，因此对于 $H_2S$ 的腐蚀机理研究应该包括超临界 $CO_2$ 富水相及超临界 $CO_2$ 水饱和的富 $CO_2$ 相两个系统。在含少量 $H_2S$ 的体系中，腐蚀产物膜会呈现双层结构，内层为致密的 FeS，外层为相对疏松的 $FeCO_3$，这是因

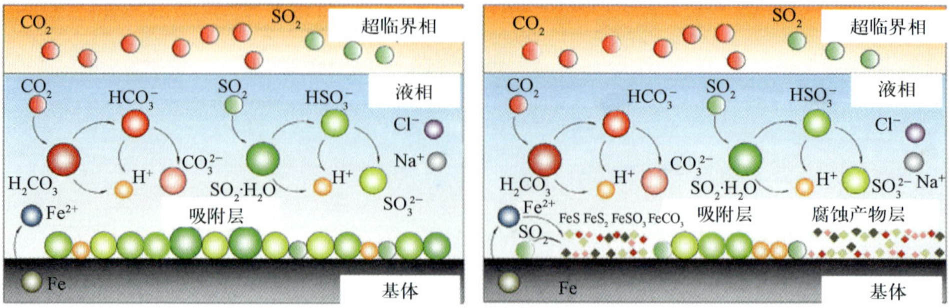


**图 3-11　$CO_2/SO_2$ 初期腐蚀机理**[47]

为 $H_2S$ 的电离常数高于 $CO_2$，$H_2S$ 相较于 $CO_2$ 更容易溶于水膜中，$H^+$ 浓度升高导致促进了阴极反应，而 $HS^-$ 在钢表面比 $HCO_3^-$ 和 $OH^-$ 在钢表面有更大的化学吸附能力[49]，抑制了 $HCO_3^-$ 与 Fe 的反应，因此首先在钢表面形成 FeS。

实际工程应用中，由于成本和碳捕集技术的原因，碳源杂质一般是耦合体系。金属管材将受到多种杂质气体协同腐蚀作用的影响。一方面，杂质之间发生反应生成的产物会增强腐蚀性；另一方面，杂质耦合腐蚀后的腐蚀产物膜的完整性、致密性较差，最终导致其对基体的保护性下降。

Xiang 等[46]研究了 $O_2-SO_2-H_2O$ 体系对 X70 钢的腐蚀行为，研究发现腐蚀速率为 7 mm/a，明显高于 $SO_2$ 单独存在时的值，通过显微观察发现腐蚀产物膜的成分主要为 $FeSO_4$ 和 FeOOH，反应式如下[46]。

$O_2$ 首先和溶于水的 $SO_2$（以 $SO_3^{2-}$ 形式存在）反应生成 $SO_4^{2-}$。

$$2SO_3^{2-}+O_2 \longrightarrow 2SO_4^{2-} \tag{3-13}$$

$Fe^{2+}$ 和生成的 $SO_4^{2-}$ 发生反应，在钢基体表面生成 $FeSO_4$。

$$Fe^{2+}+SO_4^{2-} \longrightarrow FeSO_4 \tag{3-14}$$

在 $O_2$ 存在的条件下，$FeSO_4$ 还可能转化为 FeOOH[50]。另外，Xiang 等[46]还在腐蚀体系中发现了单质硫的存在。单质硫进入体系将进一步促进点蚀的发生。

Sun 等[50]研究了 $O_2$、$H_2S$ 和 $SO_2$ 之间的相互作用，并且定义了 $O_2$、$H_2S$、$SO_2$ 杂质的协同作用影响因子，以此评估杂质对 X65 钢在水饱和超临界 $CO_2$

下的腐蚀行为。研究表明，$O_2$ 和 $H_2S$ 之间的相互作用促进了硫的形成，且腐蚀产物膜的组成成分为 FeS、$FeCO_3$、$Fe_2O_3$、FeOOH 和 S。

Sun 等[45]研究了 X65 钢在含有或不含 $O_2$、$H_2S$ 和 $SO_2$ 杂质的 $NO_2$ 水饱和超临界 $CO_2$ 下的腐蚀行为。研究发现[45] $NO_2$ 与 $O_2$、$SO_2$ 或 $H_2S$ 之间的相互作用促进了额外的腐蚀产物的形成，并改变了腐蚀产物膜的特性；在水饱和的超临界 $CO_2-NO_2-O_2-SO_2-H_2S$ 体系中，由于杂质相互作用，$FeSO_4$ 和 S 优先在腐蚀早期形成。在腐蚀后期，通过一系列反应过程，S 最终转换为 FeS 或 $FeSO_4$。由于 $NO_2$ 的存在，富酸水出现不均匀沉淀而引发局部腐蚀，然而，腐蚀坑向基体的生长速率会降低，因此在长周期腐蚀过程中以均匀腐蚀为主。

在含杂质的超临界 $CO_2$ 腐蚀预测方面，有研究在已有的 $CO_2$ 腐蚀和含 $SO_2$ 的大气腐蚀模型的基础上，引入改进的三特征参数模型(TCPC)来计算高离子强度溶液中离子组分的活度系数，建立了适合在超临界 $CO_2-SO_2-O_2-H_2O$ 多杂质耦合环境下预测管线钢腐蚀速率的机理模型[51]。

4. 温度的影响

温度的影响主要表现在影响 $CO_2$ 及组成溶液的各种化学成分的溶解度、电化学反应中阴阳极的反应系数和传质速率，从而间接影响腐蚀速率[52]。超临界 $CO_2$ 的腐蚀存在一个临界温度值，当低于临界温度值时，随着温度升高，腐蚀速率加快；当高于临界温度值时，腐蚀速率会随温度升高而降低。在不同的温度下，腐蚀产物膜以不同的形貌存在，并且有不同的致密性，形成对基体不同的保护能力。此外，在不同温度下化学反应速率也会不同，这些因素共同导致不同温度下的腐蚀速率变化规律[5,53]。

5. 流动的影响

流动会影响金属表面 $CO_2$ 腐蚀产物膜的成晶形态，增大金属表面的传质速率，促进腐蚀产物膜的剥落，因此流动环境中也容易产生局部腐蚀[54]。也有研究显示[55]，流动可以减轻 13Cr 钢在含 $SO_2-NO_2-O_2$ 杂质的超临界 $CO_2$ 富水相腐蚀体系中的局部腐蚀，其形貌图如图 3-12 所示。

3.1.2.5　小结

$CO_2$ 输送管道的外腐蚀问题与石油天然气管道无显著差异。对于内腐蚀，均匀腐蚀、应力腐蚀、点蚀等是管道输送 $CO_2$ 过程中可能出现的腐蚀问

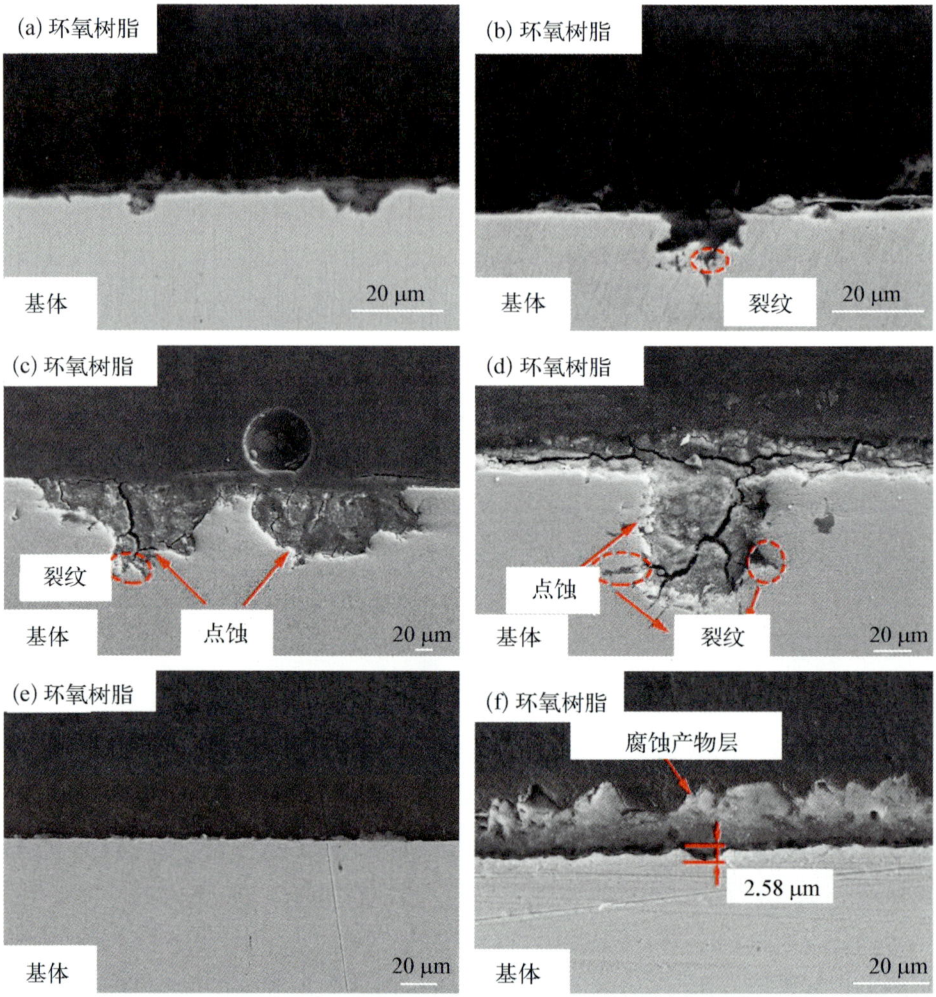


**图 3-12 13Cr 钢在超临界 $CO_2$ 腐蚀体系中腐蚀 5 d 后的截面形貌**

(a) $CO_2$ 相+无流动+无氯离子；(b) 水相+无流动+无氯离子；(c) $CO_2$ 相+ 6.5 g/L $Cl^-$；(d) 水相+6.5 g/L $Cl^-$；(e) $CO_2$ 相+120 r/min；(f) 水相+120 r/min[55]

题。同时，在输送过程中 $CO_2$ 相态、含水量、杂质气体的含量、温度，以及流动状态等因素会对管道内腐蚀产生严重影响。对于管道在输送过程中遇到的内腐蚀问题，脱水或使用耐腐蚀材料是解决该问题的有效措施。脱水需考虑经济性，将含水量降到 0 在经济上不现实。因此，脱水到一定含量以下是比较可行的内腐蚀控制方法。我国《二氧化碳输送管道工程设计标准》(SH/T 3202-2018)建议水分含量上限推荐值为 200 ppm(按质量计)。

# 3.2　$CO_2$ 地质利用与封存井的井筒腐蚀

## 3.2.1　井筒腐蚀及其危害

### 3.2.1.1　概述

$CO_2$ 地质利用与封存指通过工程技术手段将捕集的 $CO_2$ 进行地质利用或注入深部地质储层，实现与大气长期隔绝的技术[56]。封存方式分为陆上和海上两种[56]。在利用方面，主要技术为 $CO_2$ 驱油，另外还有利用 $CO_2$ 生产化工用品等[57]。其中 $CO_2$ 驱油已经达到商业应用阶段，处于最高的发展水平行列[58]。在封存方面，地质或海洋封存 $CO_2$ 被认为是减少温室气体排放的可行选择(海洋封存争议较大)。封存包括从工业过程中捕集 $CO_2$，并将其注入深层地质构造，如枯竭的油气储层或含盐含水层，从而实现 $CO_2$ 的安全封存。

$CO_2$ 强化驱油($CO_2$－EOR)是一种将 $CO_2$ 注入油藏来提高原油采收率的技术，通过将 $CO_2$ 溶解在原油中，使得油藏内部压力增加，原油体积发生膨胀，这种膨胀作用有助于推动原油向井口运移，提高采收率[57]。同时，$CO_2$ 的存在还可以降低原油黏度，使原油更易流动[57]。此外，$CO_2$ 还可以作为推进剂，推动原油向生产井移动[57]。表 3－4 列出了国内 1990 年以来的 $CO_2$－EOR 项目。

**表 3－4　国内 1990 年以来的 $CO_2$－EOR 项目[57]**

| 项　目 | 所 处 省 份 | $CO_2$ 注入起始年份 |
| --- | --- | --- |
| 大庆油田 | 黑龙江 | 1990 |
| 江苏油田 | 江　苏 | 1998 |
| 辽河油田 | 辽　宁 | 2001 |
| 吉林油田 | 吉　林 | 2007 |
| 胜利油田 | 山　东 | 2007 |
| 中原油田 | 河　南 | 2008 |

$CO_2$ 封存技术虽然相对成熟，但主要问题是 $CO_2$ 的单纯封存无法产生经济效益[57]。国内外部分 $CO_2$ 封存项目如表 3-5 所示。

**表 3-5　国内外部分 $CO_2$ 封存项目[57]**

| 项目名称 | 国　家 | 封存形式 | 实施年份 | $CO_2$ 封存量/（万吨/年） |
|---|---|---|---|---|
| Frio 项目 | 美　国 | 咸水层 | 2004 | 6 |
| 鄂尔多斯项目 | 中　国 | 咸水层 | 2011 | 10 |
| In Salah 项目 | 阿尔及利亚 | 咸水层 | 1996 | 100 |
| Sleipner 项目 | 挪　威 | 咸水层 | 1996 | 100 |
| Snohvit 项目 | 挪　威 | 咸水层 | 2008 | 70 |
| Yubari 项目 | 日　本 | 驱煤层气 | 2004 | 0.3 |
| 沁水项目 | 中　国 | 驱煤层气 | 2003 | 0.9 |
| Fenn 项目 | 加拿大 | 驱煤层气 | 1998 | 1.5 |
| K12B 项目 | 荷　兰 | 驱气 | 2004 | 3 |

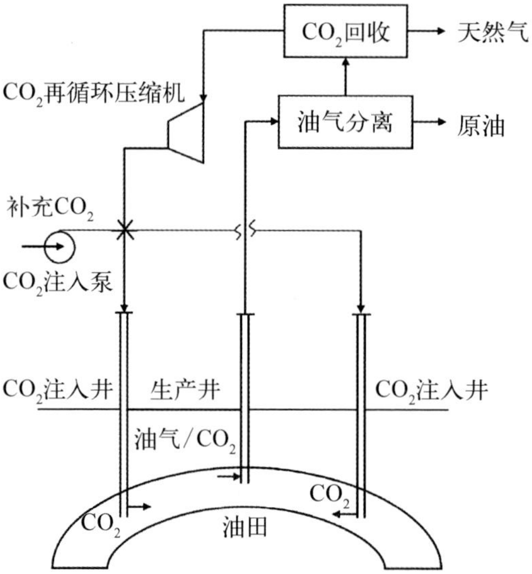


**图 3-13　$CO_2$ 驱油利用工艺[59]**

$CO_2$ 驱油利用技术是提高原油采收率和大规模利用、封存 $CO_2$ 的方法之一。$CO_2$ 驱油利用工艺如图 3-13 所示，通过 $CO_2$ 注入井向油田注入 $CO_2$，生产井产出油气的同时往往带有伴生气 $CO_2$，该部分 $CO_2$ 可回收，经 $CO_2$ 再循环压缩机再次注入油田中[59]。

$CO_2$ 驱油利用技术自应用以来，一直伴随着高压、高浓度 $CO_2$ 的腐蚀问题。在 $CO_2$ 驱油过程中，部分 $CO_2$ 将随着油气伴生采出地面，从而腐蚀采输设备。腐蚀

是导致 $CO_2$ 驱油工程中井筒套管发生失效的最普遍和最严重的原因。$CO_2$ 诱发的局部腐蚀会发展成穿孔泄漏，导致井下窜流或井下井喷，可能使井筒遭受突发性水淹。失重腐蚀会引起套管壁厚减薄，使套管强度降低。腐蚀会使套管螺纹、变径短节等套管连接处发生破坏，从而引发流体泄漏，破坏井筒完整性。腐蚀还会造成套管材料的性能发生退化，使其结构强度降低[60]。因此 $CO_2$ 驱油体系严重的腐蚀问题一直威胁着该技术大规模推广应用时的生产安全。美国和加拿大等国经过几十年的研究攻关，通过采用高标号材质的油套管、高标准的涂层或衬里与药剂联防，在解决 $CO_2$ 驱油体系腐蚀问题方面取得了显著进展，但他们采用了全新的工艺设施及管网，一次性投资大。因此，在开发初期就应采取相应的措施对腐蚀进行严格控制，避免造成经济损失和安全事故。

根据国内油田近几年 $CO_2$ 驱油先导试验的结果，各先导试验区都存在不同程度的腐蚀问题[61]。目前我国许多油田处于高含水开发后期，高含水会带来严重的腐蚀风险。对于 $CO_2$ 强化开采的防腐问题，如不采用高效且经济可行的防护措施，腐蚀将成为影响 $CO_2$ 驱油大规模推广应用的瓶颈问题。

国外在 $CO_2$ 腐蚀控制方面虽有成功的范例，但鉴于经济性和适用性，其不适合我国油田高含水期 $CO_2$ 驱油在役注采输系统的腐蚀控制。因此，国内油田若要取得 $CO_2$ 强化开采工业生产的成功，必须大力开展缓蚀剂、防腐涂镀层等腐蚀控制技术的研究攻关，采用综合治理技术措施，解决 $CO_2$ 驱油注采输系统中金属设施的腐蚀问题。

#### 3.2.1.2　井筒腐蚀环境分析

井筒油管主要为井筒中的工作流体运移提供通道，而井筒套管主要用于对井壁等部位的支撑，从而保证井筒能够正常、稳定地服役[62]。在 $CO_2$ 地质利用与封存项目中，井筒油套管是必不可少的组件。其在实际使用中容易受到各类外界因素的影响，产生严重的腐蚀现象。井筒结构如图 3－14 所示。总体而言，在油气资源开发和 $CO_2$ 注入工程项目中，腐蚀是导致井筒损坏的重要因素，必须加以抑制[60]。在 $CO_2$ 地质利用与封存环境带来的较为恶劣的井筒油套管服役条件下，井筒油套管的使用寿命和性能可能显著降低，进而对 $CO_2$ 地质利用与封存工程的安全运行造成影响，甚至可能导致重大安全事故和环境问题。因此，在 $CO_2$ 地质利用与封存环境下研究井筒油套管的腐蚀机理和长期腐蚀破坏规律显得尤为重要。在 $CO_2$ 地质利用与封存环境下，对井筒油套管造成腐蚀的主要介质是 $CO_2$，此外，因注入的 $CO_2$ 在地层中可能混有 $H_2S$，因此 $H_2S$ 对井筒油套管的腐蚀也不可忽视[60]。

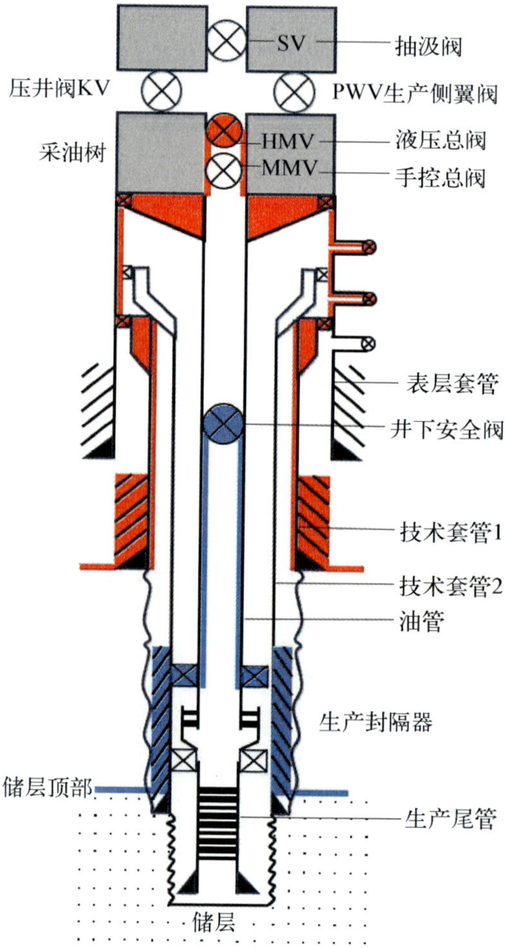


图 3-14 井筒结构

在 $CO_2$ 地质利用与封存系统中，井筒管材在 $CO_2$ 分压、温度、矿化度、含水量、微生物和应力等多因素的长周期共同作用下，会出现腐蚀失效，导致 $CO_2$ 具有较高的泄漏风险。其中主要的腐蚀类型有点蚀、应力腐蚀、电偶腐蚀、微生物腐蚀、缝隙腐蚀、长周期均匀腐蚀等，在高矿化度条件下生产井还可能会出现严重的结垢问题，诱发垢下腐蚀，图 3－15 为生产井内壁结垢。除此之外，捕集的碳源中含有的杂质气体（如 $SO_x$、$NO_x$、$H_2S$ 等）还可能会使管柱发生穿孔和断裂等破坏。

**图 3－15　生产井内壁结垢**

在 $CO_2$ 地质利用与封存中，按照不同目的与用途，可将井分为注入井、采出井、封存井等。对于某一特定油井的分类并不是绝对的，比如在 $CO_2$ 地质利用时，用于驱油时为注入井；当油田资源开采效率过低时，会考虑将油井封口，此时为封存井；采用单井吞吐的方式驱油时，井筒在前期为注入井，在经过封井一段时间后再开井采油，此时井筒转变为采出井。在 $CO_2$ 地质利用与封存不同阶段，井筒所处环境存在差异，从而导致发生不同类型及不同程度的腐蚀。

1. 注入井腐蚀环境

在油气开采过程中，注入井是指为补充、保持或提高油气藏的驱替能量和驱替效果，而专门用于注入驱替介质的井[63]。将 $CO_2$ 注入地下进行驱油或者封存时，注入的 $CO_2$ 多为液态或者超临界态，同时因为碳源捕集过程的技术与成本限制，$CO_2$ 中通常存在一定含量的杂质。干燥纯净的 $CO_2$ 自身并没有腐蚀性，但注入过程中 $CO_2$ 会发生相态变化、溶解于杂质水或者地层水中，并且会与其他介质构成一种多介质共存的酸性腐蚀环境，从而产生强腐蚀性，对井筒完整性带来极大的威胁。

井筒区域金属材料失效会对井筒完整性产生极大的影响。例如，$CO_2$ 注入过程中井口处管段低温导致的油管断裂、封隔器失效乃至井筒区域被破坏[64-66]，腐蚀性气体与地层水结合导致井底油管柱的材料失效[67]、腐蚀介质因为水泥环裂痕或者第一界面环空透过水泥环造成套管失效等，都会导致井筒的力学性能、密封性能、耐蚀性能受损[68]。$CO_2$ 在发生泄漏时可能会因为快速压降而出现沸腾液体扩展蒸汽爆炸现象，造成井筒区域生产设备发生严重损坏[69]。即便沸腾液体扩展蒸汽爆炸现象没有发生，产生的低温环境也会导致管材性能及腐蚀过程发生变化。在 $CO_2$ 注入时会通过除水工艺严格控制含水量，使管材处于富 $CO_2$ 相（无水）之中；但停止注入后注入井段会出现地层水上升，导致管材金属基体暴露在溶解了 $CO_2$ 的高矿化度地层水的富水相中，此时严重腐蚀就可能发生。

注入方式和注入介质的不同也会造成注入井的腐蚀程度产生差异。主要的注入方式有 $CO_2$ 混相驱、$CO_2$ 非混相驱、$CO_2$ 吞吐[70]。其中，$CO_2$ 混相驱应用较广，效率最高[70]，气水交替就属于 $CO_2$ 混相驱；$CO_2$ 非混相驱的效率仅次于 $CO_2$ 混相驱，但高于水驱或惰性气驱；$CO_2$ 吞吐则是将大量 $CO_2$ 注入生产井底，封井一段时间再重新生产的方式。因为注入方式的差异，井筒腐蚀环境会处于富水相或富 $CO_2$ 相，这两种情况的腐蚀机理不同。

在注入介质方面，注入水的来源不同，腐蚀影响程度也不同。中原油田的注入水为采油污水[71]，地层水的高矿化度会严重加剧井筒的腐蚀，地层水中离子的成分及离子的浓度对注入井的腐蚀均有较大影响。其中 $Cl^-$ 相较于 $SO_4^{2-}$、$NO_3^-$ 对套管钢均匀腐蚀的影响更严重，而且 $Cl^-$ 可以通过诱导钝化击穿而加速阳离子空位生成和促进金属表面凹坑的形成，在点蚀中起着重要的作用[72]。除此之外，地层水中大量存在的 $Ca^{2+}$、$Mg^{2+}$ 等也会导致一些盐类产物在井筒管道上发生沉淀，即结垢。结垢可能会抑制腐蚀，但也可能会诱发垢下腐蚀，产生更严重的危害。研究表明 $Ca^{2+}$ 的存在对 N80 钢基体表面形成的产物膜的稳定性有负面作用[73]。地层水如具有较低的 pH，会加速注入井的腐蚀。一旦地层中存在酸性成分，地层水的 pH 降低，$H^+$ 浓度增加，将会影响腐蚀过程的电化学反应，促进阴极反应，加速金属的腐蚀。采油污水中不同的油水混合状态也会导致不同程度的腐蚀，一般认为含水部分靠近井筒筒壁时，腐蚀较为严重[74]。注入介质中碳源杂质对井筒腐蚀程度的影响与 $CO_2$ 输送管道类似，对于含水量，通常在 $CO_2$ 驱油过程中，介质 30%（质量分数）的含水量是判断是否发生明显 $CO_2$ 腐蚀的一个经验判据[75]。

不同井筒深度的温度是不同的。注入的 $CO_2$ 往往是低温的液态 $CO_2$，同时刺漏或者显著压降触发的焦耳-汤姆孙效应也会导致低温环境存在，井口处的温度往往较低，但随着 $CO_2$ 逐渐深入井下，温度会升高且接近地层环境温度，液态 $CO_2$ 也会转变为超临界 $CO_2$。注入压力较大时，$CO_2$ 可能会向环空渗漏。环空属于封闭环境，如果 $SO_4^{2-}$ 浓度较高，SRB 在适宜条件下会生成 $H_2S$。在低温条件下，如果 $CO_2$ 渗入环空并溶于水，造成低 pH 环境，则会提高 $H_2S$ 在金属表面的析氢反应活性，导致开裂敏感性大幅提高，最终形成应力腐蚀开裂（SCC）。低温环境还有可能导致凝固点较高的水基环空保护液凝固。

$CO_2$ 分压的变化会影响 $CO_2$ 在 $H_2O$ 中的溶解度，进而导致水中溶解的氢离子、碳酸氢根离子的浓度发生变化，影响钢的电化学腐蚀过程，进而影响钢的腐蚀程度。Choi 等[76]通过失重法研究了碳钢在富 $CO_2$ 相中的腐蚀速率随压力（4 MPa，6 MPa，8 MPa）的变化情况，结果表明，当实验体系的 $CO_2$ 分压为 8 MPa 时（$CO_2$ 处于超临界态），腐蚀速率为 0.4 mm/a，而 $CO_2$ 分压为 4 MPa 和 6 MPa 时（$CO_2$ 处于气态），腐蚀速率均为 0.2 mm/a。由此说明，超临界 $CO_2$ 体系下碳钢的腐蚀要比高压气体状态下碳钢的腐蚀严重得多。祝英剑等[77]对高温环境下 13Cr 在 $CO_2$ 分压（16～30 MPa）下的腐蚀行为进行了研究，发现在富 $CO_2$ 相和富 $H_2O$ 相中，在 110℃、20 MPa 时腐蚀速率最大。

井筒材料选择方面，一般选择普通碳钢或者马氏体不锈钢。对于复杂恶劣的腐蚀环境，注入井管材一般选择马氏体不锈钢，反之则使用成本较低的碳钢。马氏体不锈钢中一般含有耐蚀元素，如 Cr。有研究表明[78]，钢中 Cr 的存在对钢的耐蚀性起着重要的决定作用，其腐蚀产物中，$Cr(OH)_3$ 和 $FeCO_3$ 的含量对钢的腐蚀行为有显著影响。钝化后致密富 Cr 层的形成和 $FeCO_3$ 的沉积有助于提升含 Cr 钢的耐蚀性[78]。

2. 采出井腐蚀环境

在 $CO_2$ 强化驱油工艺中，直接开采油气流的井为采出井。为获得高的油气产量，人们总是希望将采出井钻在渗透率高、厚度大的地方。特别是对于有水气藏，其采出井一般钻在远离边水、缝洞发育的构造高的部位。低渗透油藏往往将采出井钻成水平井或大斜度井、多分支井，以便大幅度提高产量[63]。

在 $CO_2$ 强化驱油过程中，采出井腐蚀的主要原因是 $CO_2$ 溶于采出液中，与水结合生成碳酸，同时地层水的高矿化度也会进一步强化腐蚀环境。采出井的地层水来自更深的地层，其矿化度与注入井的地层水矿化度不同。一般而言，采出井的地层水矿化度是高于注入井的。如国内某油田试验区油藏，其注入井地层水的矿化度为 40 000 mg/L，而采出井地层水的矿化度高达 80 000 mg/L。因此，采出井面临着更为严重的结垢问题。此时，地层水成分对于这类富水相井筒腐蚀行为有着较大的影响。地层水中 $Cl^-$ 的大量存在会对金属基体表面的产物膜造成破坏，导致井筒管材的点蚀敏感性增加，也更易发生应力腐蚀、缝隙腐蚀。采出井管材除了受地层水的影响外，还受温度、采出油气的影响。温度会影响 $CO_2$ 在采出液中的溶解度及腐蚀行为。采出井中可能由于 $CO_2$ 气窜导致大量见气，进而使采出井管材的腐蚀速率变大。

对于主要暴露在富水相中的采出井管材，Dugstad 等[79]和 Cabrini 等[80]对密相 $CO_2$ 环境的富水相环境下温度的影响进行了研究，发现腐蚀速率均与温度成正比。后者还发现，随着浸泡时间的增加，金属基体表面趋向于生成稳定的保护膜，腐蚀速率减小。Zhang 等[81]对富水相下更高的温度区段（50～130℃）对腐蚀速率的影响进行了研究，发现腐蚀速率先增大后减小，高温区段的产物膜厚度较小但更加致密，从而起到了保护作用。可以看出，温度在富水相与富 $CO_2$ 相中对于井下管材的腐蚀行为的影响存在差异，温度带来的腐蚀速率差异主要因为不同温度下产物膜的特征不同，不同管材之间也存在差异性。

采出井介质方面，除了以富水相为主外，油水混合后所呈现的不同形态对腐蚀也有一定影响。原油抑制腐蚀的机理主要体现在以下两个方面，如图 3-16 所示。其一是几何覆盖效应。油膜吸附减少了表面电化学反应活性点，从而阻止了阳极反应，进而阻断了电化学腐蚀过程。其二是原油分子渗透进入表面腐蚀产物膜，有助于生成致密腐蚀产物膜，阻碍腐蚀性物质与腐蚀产物的传输[82]。Mendez 等[83]通过 SEM，并结合 EDS 分析，详细分析了含原油的介质中碳钢表面的腐蚀产物膜，发现膜内某些区域碳元素的含量异常高且 SEM 中呈现的形貌与其他区域差异较大，从而判定该处为原油中的有机分子通过渗透与腐蚀产物结合而形成。通过对比含油条件下长时间腐蚀后的电化学阻抗谱，发现含油的表面腐蚀产物膜更具保护性。

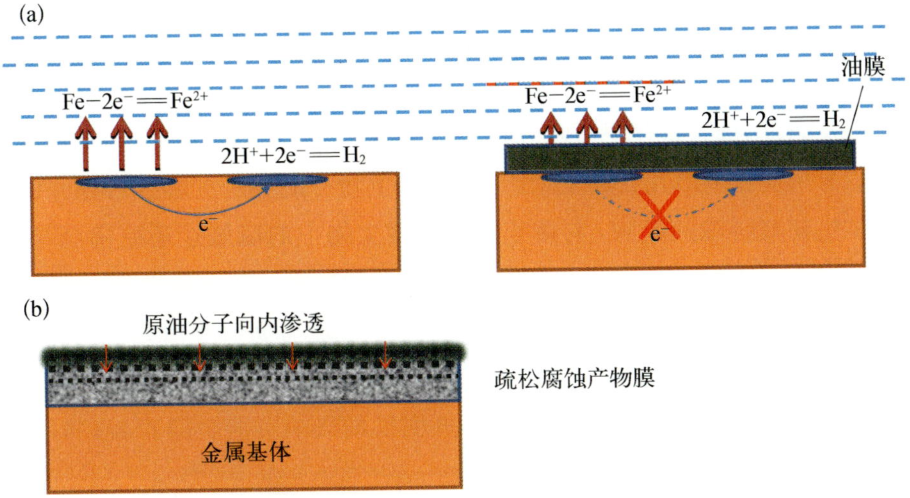


**图 3－16　原油抑制腐蚀的两种机制：(a) 几何覆盖效应，左图为表面电化学反应，右图为油膜阻断电化学反应；(b) 原油分子参与腐蚀成膜，提高膜的稳定性**

但是，正常温度（30～60℃）条件下，水在原油中的溶解度极低，在大多数种类的原油中仅为 0.1%～0.5%。因此，原油中的含水量几乎不可能低于其溶解度，那么，多余的水便可能在井筒内壁凝结析出，增加井筒腐蚀风险[74]。油水两相在井筒中可能以分散流或油水乳状液等多种形式流动。井筒腐蚀程度取决于局部区域的油水润湿情况。

在采出井中，除了原油可能影响腐蚀外，采出井中出砂时，可能产生冲蚀腐蚀问题，这与出砂量和流速密切相关。在井筒管材方面，尽管碳钢在许多采出井中广泛使用，但它在某些情况下可能会受到腐蚀的影响，特别是当产出的液体中含有腐蚀性成分时。为了减轻腐蚀的影响，可以采取使用不锈钢或通过使用防腐涂镀层、注入腐蚀抑制剂来保护碳钢材料。

3. 封存井腐蚀环境

对于 $CO_2$ 地质封存而言，理想情况下，$CO_2$ 会被永久地封存在地质体中。然而现实中，如果井筒质量存在问题，那么 $CO_2$ 可能会通过井筒从储层逸出，并在逸出过程中对套管产生腐蚀。$CO_2$ 地质封存井筒完整性的一般失效模式有套管失效、水泥/套管外壁界面失效、水泥环失效、封井水泥塞失效等。除了气源杂质、温度与压力等影响外，井筒材料面对的腐蚀环境相对于输送管道更为苛刻，还受到高矿化度地层水、复杂地层应力和微生物等因素的影响，进一步增加管材的结垢、垢下腐蚀、点蚀、应力腐蚀、缝隙腐蚀、长周期腐蚀等风险[3]。

地质条件方面，封存井一般将 $CO_2$ 封存于地下或海下，封存时间长，其地层水成分可能较采出井更加复杂。另外，微生物可能会严重影响封存井的腐蚀。微生物对腐蚀的影响，主要考虑本源微生物中的硫酸盐还原菌(SRB)，SRB 本身会显著增加管材发生应力腐蚀开裂的风险。在含碳源杂质的密相 $CO_2$ 环境中，SRB 的生物活性及腐蚀特性尚不明确，需进一步研究[3]。井内介质方面，$CO_2$ 封存井在封存后期，其因捕集工艺带来的碳源杂质可能会在封存过程中消耗殆尽，因此杂质气体对封存井腐蚀的影响可能会随着封存时间的增长而逐渐减弱。

3.2.1.3 腐蚀的类型及危害

1. 点蚀

$CO_2$ 注采井油套管材料容易形成“大阴极，小阳极”，小阳极面积小，反应更为剧烈，腐蚀速率快，容易造成点蚀穿孔。同时，现场大量的井筒失效分析数据表明，油套管的失效形式多是由点蚀造成的管壁腐蚀穿孔。这很容易导致环空持续带压、井筒完整性被破坏等问题。在 $CO_2$ 驱油、封存过程中，$CO_2$ 及其杂质与水结合形成的环境对管材具有较强的腐蚀性，高矿化度的地层水中的侵蚀性离子对管材表面产物膜产生强大的破坏性，进而促成了点蚀穿孔的发生。除了地层水侵蚀性介质的影响外，$CO_2$ 分压升高也会增大钢材的点蚀速率[84]。井下自身存在或者是 SRB 代谢产生的 $H_2S$ 也会对点蚀行为产生影响[85]。因此，多因素耦合作用下的强腐蚀环境使井筒材料发生点蚀穿孔的风险显著增加。

Wang 等[86]对 $CO_2$ 驱油注采井油管钢的穿孔进行了研究，该油管钢的腐蚀环境复杂，是多因素耦合作用下的强腐蚀环境造成点蚀穿孔的案例。该油管钢先发生结垢，然后在 $CO_2$ 腐蚀、SRB 腐蚀和 $Cl^-$ 的协同作用下引起垢下腐蚀，造成点蚀穿孔。研究发现油管钢外部的腐蚀产物主要为 $FeCO_3$ 和 FeS，内部的腐蚀产物主要为 $FeCO_3$ 和富含 Cl 的 $\gamma-Fe_2O_3$，腐蚀介质有水中的 $CO_2$、SRB 分解产生的 $H_2S$ 和 $Cl^-$。腐蚀初期，生成 $FeCO_3$，此时 SRB 代谢较慢。随着 SRB 代谢增强，其在基体表面形成生物膜，生物膜下发生如下阴极反应：

$$SO_4^{2-} + 9H^+ + 8e^- \longrightarrow HS^- + 4H_2O \tag{3-15}$$

SRB 与 $H^+$ 结合促进了碳酸的电离，同时 $HS^-$ 与 $Fe^{2+}$ 结合形成 FeS。由于 $FeCO_3$ 的溶解度高于 FeS 的溶解度，因此 FeS 先沉积在基体表面。最后，铁被 SRB 生物膜溶解，形成 FeS 和 $FeCO_3$ 的混合腐蚀层，由于腐蚀层与裸露的基体的电化学电位不同，基体作为阳极，形成腐蚀原电池，进一步加剧局部腐蚀。SRB 的另一种腐蚀产物是 $Fe(OH)_2$，当 $Fe(OH)_2$ 暴露于空气中时，因不稳定会分解为 $Fe_2O_3$。此外，环境中高浓度的 $Cl^-$，可以通过腐蚀垢中的缺陷渗透到金属表面，并积聚在铁氧化物层的凹坑中，$Cl^-$ 虽然不参与电极反应，但由于凹坑底部的酸化，促进了 Fe 的局部溶解，加深了凹坑，甚至导致穿孔。$Cl^-$ 起催化作用，发生如下反应：

$$Fe + Cl^- + H_2O \longrightarrow [FeCl(OH)]^- + \frac{1}{2}H_2 \tag{3-16}$$

$$[FeCl(OH)]^- \longrightarrow FeCl(OH) + e^- \tag{3-17}$$

$$FeCl(OH) + H^+ \longrightarrow Fe^{2+}Cl^- + H_2O \tag{3-18}$$

综上所述，$CO_2$ 腐蚀、SRB 腐蚀和 $Cl^-$ 的协同作用会引起垢下腐蚀，造成点蚀穿孔。

2. *应力腐蚀*

应力腐蚀有很多理论，但都有各自的局限性。目前人们已经提出的几种 $CO_2$ 封存体系下的应力腐蚀开裂机理中，基于裂纹尖端滑移带所发生的金属阳极溶解机理被认为是目前最可靠的[87]。由于应力腐蚀开裂所涉及的影响因素非常复杂，因此学界并没有对 $CO_2$ 封存条件下的应力腐蚀开裂机理达成共识。此外，在一些特殊情况中，阳极溶解和氢致开裂可以同时发生[88]。

在复杂的应力载荷、高矿化度的地层水以及井下一定含量的 $H_2S$ 和微生物的协同作用下，井筒管材极易发生硫化物应力腐蚀开裂。通过对部分油田井管失效的分析也发现，不同管材（P110 钢、3Cr 钢、N80 钢等）的油套管的主要断裂原因均为应力腐蚀开裂（SCC），其关键诱因是 SRB[89-93]。有相关研究表明，尽管微量的 $H_2S$ 对超临界 $CO_2$ 体系中 C1018 碳钢的腐蚀速率的影响较小[94]，但 $H_2S$ 分压的增高会提高 SCC 敏感性[95]。此外，通过对应力作用下高压 $CO_2-H_2S-Cl^-$ 体系的 13Cr 钢进行研究也得到了类似结论[96]，并发现此时的应力腐蚀开裂行为受氢致开裂与阳极溶解共同作用。油田在回注含 $H_2S$ 的 $CO_2$ 伴生气时，容易因 $H_2S$ 的存在而导致 SCC 问题，经常引起注入管柱断裂。

在井下环境的应力和腐蚀性介质侵蚀的作用下，金属基体表面钝化膜的完整性失效或者无法稳定存在时，均会发生应力腐蚀开裂[97-99]。在早期应用 $CO_2$ 驱油提高采收率的过程中，也发现 $CO_2$ 注入井的管材会发生应力腐蚀开裂，其原因是金属基体表面产物膜失去稳定性导致阳极侵蚀。

3. 电偶腐蚀

电偶腐蚀的最显著特点是需要发生在不同种类的金属之间。在 $CO_2$ 地质利用与封存系统中，通常会使用不同的金属，这些金属之间存在电位差，例如碳钢与不锈钢之间存在电位差异，当这些金属相连时，会形成电偶。而系统中的 $CO_2$ 含有一定的水或湿气，形成电解质环境，这样电偶的两端之间就会出现电流，产生电化学反应，导致电偶腐蚀。此外，$CO_2$ 的封存通常在井下深处进行，涉及高压、高温的条件。在这样的环境中，金属表面的电偶腐蚀可能会更为显著。高压条件可能增加电流的流动，而高温条件可能促使电化学反应速率增加。

组合材质是指同一口井的油管或套管使用了两种或两种以上的材质。目前在套管中多使用组合材质进行防腐，尤其在近海油气井中使用组合材质防腐已经应用超过 300 次，但是组合材质的广泛使用也必须考虑其中的电偶腐蚀问题。

邢希金等[100]研究了不同铬含量的钢材在相互连接下的电偶腐蚀规律，研究发现 3Cr 钢与超级 13Cr 钢混合连接后，接触位置的腐蚀加重程度增加了近 50%。然而，如果采用 9Cr 钢进行过渡连接，3Cr 钢的腐蚀加重程度大幅降低至 15%。此外，9Cr 钢本身的腐蚀加重程度也低于 15%，这说明采用合适的中间材质过渡有利于保护低铬合金，从而提高低铬合金的使用寿命。

注采井中因为垢（沉积物）或腐蚀产物的生成，导致其与基体存在电位差，在一些促进腐蚀因素的影响下（如 $Cl^-$ 的吸附等），会造成“大阴极，小阳极”情况，导致局部腐蚀更加严重。宫清君[101]研究了 L245NS 管线钢在含 S 沉积物生成条件下的腐蚀试验，发现在腐蚀初期有沉积物的条件下，反应过程主要受浓差扩散控制，腐蚀速率增大；当在有缓蚀剂和沉积物的无氧条件下，阴极极化过程完全受浓差扩散控制，进而使阴极的反应物在极化条件下消耗过快，来不及补充，导致阴极极化曲线在达到某一特定压力时发生“回勾”。

4. 微生物腐蚀

研究表明 SRB 能够存活于缝隙内部，具有破坏基体表面钝化膜的能力，对超临界 $CO_2$ 条件下井筒管材的缝隙腐蚀行为产生影响。有理论认为腐蚀过程中起主要作用的是 SRB 的代谢产物 $H_2S$。还有研究者[102]提出，微生物腐蚀过程除了 SRB 之外，还可能有两种微生物参与，一种是 SRB 生物膜内可产生有机酸的产酸菌（APB），另一种是细胞内生命代谢中会产生有机酸的真菌，如黑曲霉菌，三者共同作用加快腐蚀速率。

5. 缝隙腐蚀

缝隙腐蚀是指发生在两物体连接部位间的腐蚀[103]。缝隙腐蚀是局部腐蚀的一种，当前对于缝隙腐蚀机理的主流解释大致有金属离子浓差腐蚀机理、氧浓差腐蚀机理、电位降腐蚀机理和统一理论等[104]。

在油田井筒环境中，水泥环-套管界面（井筒第一界面）可能存在缝隙，有较大的缝隙腐蚀风险。当套管材料为不锈钢时，套管在缝隙处发生腐蚀的风险较小，而当套管材料为 P110 钢时，水泥环-套管界面处的缝隙可能发生腐蚀，腐蚀结果如图 3－17 所示。

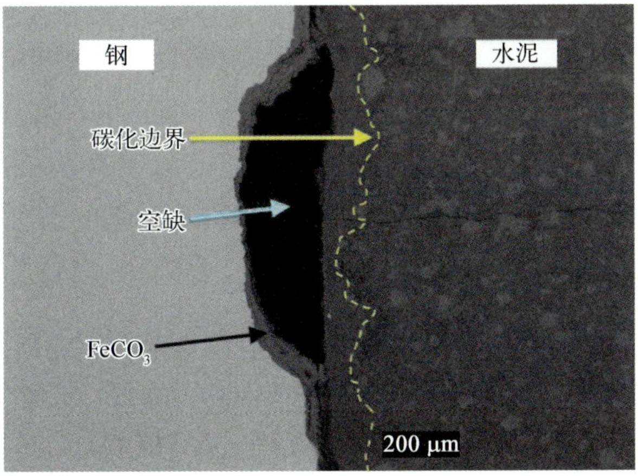


**图 3－17　水泥环-套管界面（井筒第一界面）的腐蚀**[105]

螺纹接头是极易发生腐蚀、造成管柱失效的位置，且该处存在较大的缝隙腐蚀风险。同时，井下套管处于一种受自重、内压、地层压力影响，但以拉应力为主的特征应力状态，因此存在应力作用下的缝隙腐蚀问题。部分研究也表明[106]，拉应力的存在会提高 13Cr 钢的缝隙腐蚀敏感性。有研究表明[107]，缝隙的存在是影响 N80 钢在酸性溶液中应力腐蚀开裂的主要因素，同时 $Cl^-$ 也起着重要作用。此外，在长周期封存条件下，一旦第一界面处受到侵蚀，也极易形成金属-非金属的缝隙腐蚀环境，进而产生严重的缝隙腐蚀[108]，导致井筒的完整性被破坏，致使 $CO_2$ 从井筒区域泄漏。

当套管存在自由段（环空未注水泥的井段）时，套管外部环空发生缝隙腐蚀的风险较高。环空中通常会滞留钻井液，在长期的高温作用下钻井液的性能会发生变化，加重料和固相的分离或沉淀后会形成水带，密度降低，由此导致对地层的压力降低，地层中含有 $CO_2$ 的腐蚀性流体可能侵入，造成套管外壁腐蚀。如果注入的水泥的质量较差或井下作业导致微环空，有水泥封隔的地层中的含 $CO_2$ 的腐蚀性流体可能通过微环空进入自由段，导致套管外壁腐蚀[86]。

6. 长周期均匀腐蚀

均匀腐蚀是最常见的腐蚀形态，在低腐蚀速率、短腐蚀周期条件下对井筒完整性的影响较小，但在井筒遭受长周期腐蚀时，均匀腐蚀导致的管壁减薄对井筒完整性的影响不可忽略。在长周期条件下，注采井的管材会与地层水长期接触，高矿化度的地层水、可能存在的腐蚀性微生物及注入的含杂质的 $CO_2$ 会形成一种复杂的多介质耦合腐蚀环境，其有可能对均匀腐蚀产生影响。地层水中的离子、细菌微生物等其他腐蚀性物质与 $CO_2$ 耦合后，可能导致长周期封存 $CO_2$ 的井筒发生腐蚀泄漏，因此需要结合 $CO_2$ 注入井、采出井和封存井的井身结构，分析井筒屏障组成及失效的可能原因，以及 $CO_2$ 可能的腐蚀泄漏途径。

井筒屏障图解是一种用来说明从油气藏到周围环境中 $CO_2$ 可能泄漏的途径的网络图，如图 3-18 所示。例如，如果井下安全阀和采油树阀门（包括阀杆密封）都发生了严重失效（阀门关不上或关不紧），就会发生从油气藏到周围环境的泄漏。对封存井而言，在生产封隔器以下的生产套管和生产封隔器以上的生产套管水泥环都发生失效，以及盖层、套管鞋位置的地层与在生产封隔器深度的断层都发生失效等情况下，封存的 $CO_2$ 就会泄漏。井筒区域 $CO_2$ 泄漏的途径如图 3-19 所示。$CO_2$ 泄漏也会对套管造成严重腐蚀，腐蚀可能发生在套管内壁、套管与固井水泥之间等位置。套管内壁的腐蚀主要是由于封隔材料的密封性不佳，$CO_2$ 从井底向上泄漏并充满油套环空，导致套管内壁发生腐蚀。套管外壁的腐蚀是由于固井水泥被破坏或套管-水泥界面的胶结性差，导致套管外壁与 $CO_2$ 接触。泄漏的 $CO_2$ 可能以气态存在，也可能以超临界状态存在，加之地层含水以及套管内部存在水汽等因素，使套管腐蚀变得更加复杂。因此，$CO_2$ 注入、采出和封存系统的腐蚀问题不容忽视。

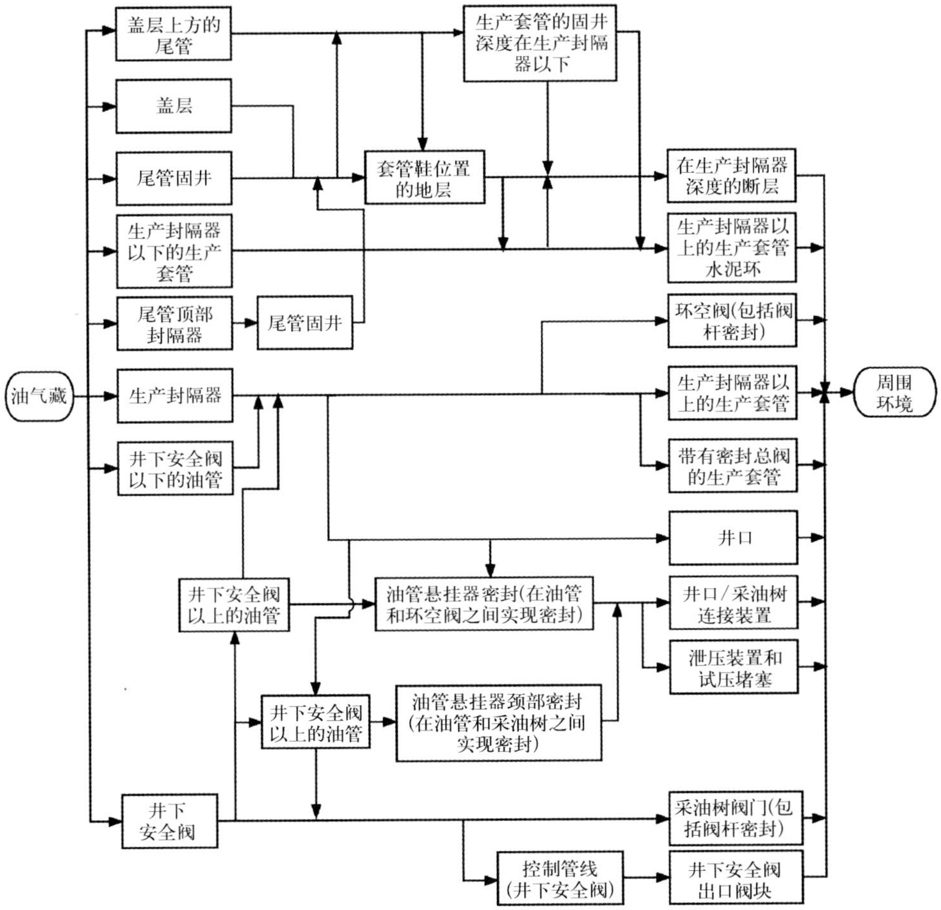


**图 3-18　井筒屏障图解**[109]

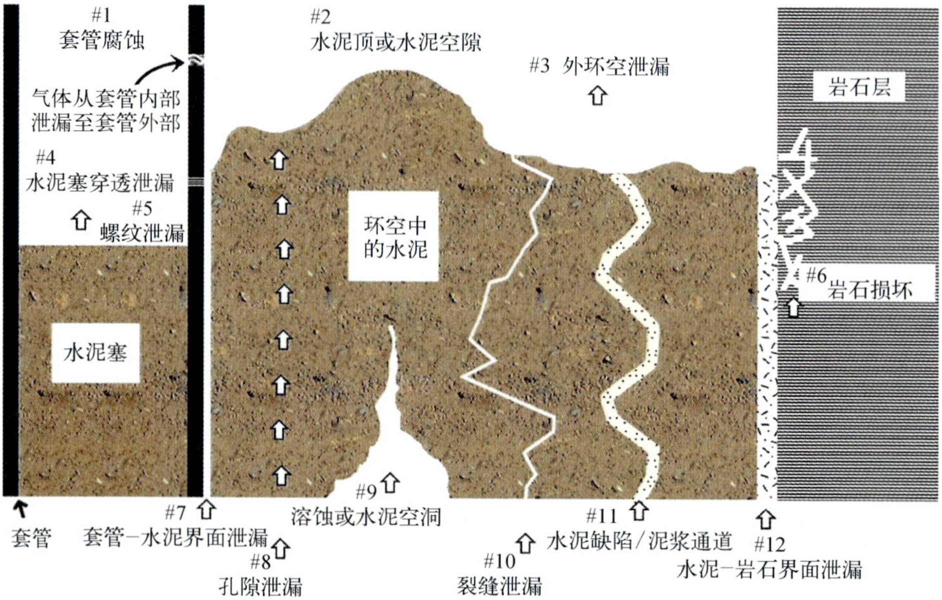


**图 3-19 井筒区域 $CO_2$ 泄漏的途径**[105]

当 $CO_2$ 驱油或封存项目完成全部的 $CO_2$ 注入后，就需要对注入井进行封井处理，以防止注入的 $CO_2$ 发生泄漏。井下注水泥塞封堵技术是一种常用的修井和封堵技术。这项技术的目的主要是控制井内流体的运动、维护井筒的完整性、防止环境污染及提高油井生产效率。在采用多段水泥塞封堵的注入方式时，可以将套管铣过后注入，若水泥环的胶结性较差，需要把水泥环一起去除并扩眼，这样才能更好地保证封井的长期密封性。封井屏障结构如图 3-20 所示[109]，第 1 道井筒屏障(蓝色)由水泥塞构成；第 2 道井筒屏障(红色)由尾管水泥环、尾管、水泥塞构成；近地表的第 3 道井筒屏障(绿色)由表层套管水泥环、表层套管、水泥塞构成。

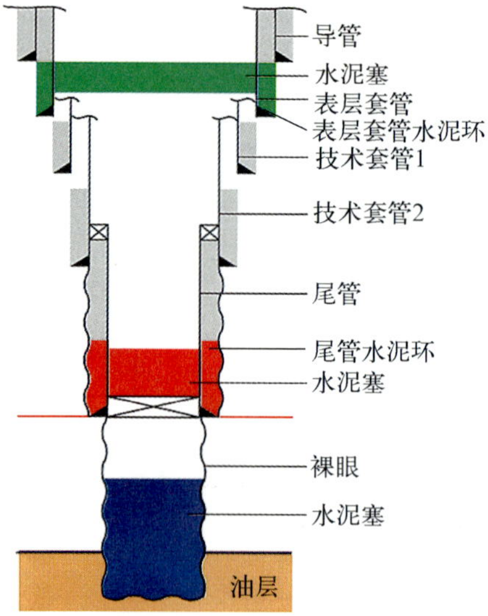


**图 3-20 封井屏障结构**

在封井作业中，通常会选择多段水泥塞作为长期井筒屏障，以确保井的安全和稳定。在完成生产套管的铣削后，水泥被注入井底，并尽量靠近井底流体流入的射孔，形成水泥塞。为了增强封井效果，在可能出现问题的区域（如尾管上方）需额外放置水泥塞，以确保井的长期密封和稳定。当水泥环的胶结情况不佳时，需去除水泥环并扩大管径重新注入，以保证井的密封性，必要时水泥环可与机械塞结合使用。在近地面，陆上井的套管切割长度至少为 1 m，海上井的套管切割长度至少为 5 m，并用水泥板或钢板覆盖[110]。

3.2.1.4　小结

在 $CO_2$ 地质利用与封存过程中，不同阶段的腐蚀环境及腐蚀机理存在差异。注入井的腐蚀程度会受碳源杂质、超临界 $CO_2$ 含水量、温度等因素的影响。随着注入深度的增加，温度、压力的梯度变化及地层水回流导致的结垢都会对腐蚀程度造成影响。采出井伴生气的 $CO_2$ 含量可能较高，有的含有 $H_2S$ 等腐蚀性气体，这些腐蚀性气体溶于地层水成为酸性介质，会对高温、高压下的井底油管柱造成较严重的腐蚀，同时可能存在冲蚀问题。另外，驱采过程中存在水包油、油包水的情况，其对腐蚀的影响程度不同。高浓度 $CO_2$ 的电化学腐蚀、管柱应力及腐蚀介质的协同作用、管柱的气体密封性、超临界 $CO_2$ 腐蚀及由地层水的矿化度高造成的油管柱的结垢腐蚀都会严重影响井筒的完整性。在长周期的腐蚀条件下，温度、压力、高矿化度地层水、复杂地层应力和微生物等因素是影响井筒完整性的主要因素。

在 $CO_2$ 驱注采后期，油套管损坏现象会成为影响油气井生产的关键因素。油套管损坏有错断、变形、破裂等多种形式，但多是由于油套管接触到周围的腐蚀性介质而遭受腐蚀，导致油套管壁变薄、强度减小，从而产生穿孔、断裂、变形等现象，导致井筒完整性失效。井筒油套管主要的腐蚀失效形式包括点蚀失效、应力腐蚀开裂、电偶腐蚀失效、微生物腐蚀失效、缝隙腐蚀失效，以及长周期均匀腐蚀失效等。为了尽可能降低 $CO_2$ 腐蚀油套管的危害，需要继续深入研究 $CO_2$ 地质利用与封存过程中不同阶段的腐蚀机理，并进一步完善油套管腐蚀防护措施，促进 $CO_2$ 地质利用与封存技术的全面发展。

最后，保障封存井在长周期封存环境下的完整性，是确保 $CO_2$ 封存安全性的重要因素，值得学界和工业界开展深入的研究。开发耐蚀管材并发展 $CO_2$ 泄漏监测技术是重要的研究方向。

### 3.2.2 固井水泥石腐蚀及其危害

油井水泥是一种硅酸盐水泥，其水化硬化后形成的固井水泥石具有多孔性、高碱性，易受到 $CO_2$ 的腐蚀作用。我国学者在 $CO_2$ 腐蚀固井水泥石领域已开展了大量研究工作。周仕明等系统地研究了 $CO_2$ 在湿环境下对固井水泥石的腐蚀，分析了 $CO_2$ 与固井水泥石发生反应后的腐蚀产物，指出 $CO_2$ 腐蚀固井水泥石的机理是建立在酸碱反应的基础上的。$CO_2$ 首先与水泥石中反应活性较高的碱性组分 $Ca(OH)_2$ 反应，再与无定形的 C－S－H 凝胶反应，使水泥石由凝胶状态向结晶状态转变[111,112]。在不同温度条件下，$CO_2$ 腐蚀水泥石的产物有所不同。在常温下，$CO_2$ 与水泥石反应的主要产物以方解石为主，而在高温下，$CO_2$ 与水泥石反应的主要产物是碳硅钙石[113]。大量研究表明，$CO_2$ 腐蚀水泥石的主要机理是淋滤作用和溶蚀作用，腐蚀产物不同决定了水泥石腐蚀前后的强度和渗透率变化程度[114,115]。在 $CO_2$ 地质利用与封存的严酷环境下，固井水泥石受 $CO_2$ 腐蚀后，其渗透率和力学强度通常会明显降低[116]，从而对 $CO_2$ 地质利用与封存项目的安全实施构成威胁。因此，阐明固井水泥石在 $CO_2$ 地质封存环境下的腐蚀规律对保障 $CO_2$ 长期安全封存具有重要意义。本部分根据我国第一个全流程二氧化碳捕集与封存项目——神华鄂尔多斯 CCS 项目的条件，对固井水泥石在 $CO_2$ 地质利用与封存条件下的腐蚀规律及其危害进行了测试分析。

#### 3.2.2.1 案例分析

神华鄂尔多斯 CCS 项目是中国首个陆上咸水层全流程 CCS 示范工程，其主要地层参数如表 3－6 所示[117]。基于该项工程的背景，设计了如表 3－7 所示的试验方案，以考察腐蚀温度、腐蚀介质、$CO_2$ 分压、腐蚀时间等因素对 $CO_2$ 环境下固井水泥石化学腐蚀的影响。

**表 3－6 神华鄂尔多斯 CCS 项目地层参数**

| 层位与井深 | 地层温度 | 地层压力 |
|---|---|---|
| 刘家沟组：1 100～2 850 m<br>石千峰组：1 500～1 640 m<br>二叠系气层：2 300～2 850 m | 40～87℃ | 10～21 MPa |

**表 3-7　固井水泥石 $CO_2$ 化学腐蚀试验方案**[1]

| 试验条件 | 设计参数 |
|---|---|
| 腐蚀介质 | 100%的 $CO_2$ |
| 腐蚀温度 | 40℃、60℃、80℃ |
| $CO_2$ 分压 | 10 MPa、15 MPa、20 MPa |
| 腐蚀时间 | 3 d、5 d、7 d、10 d、15 d、20 d、30 d、40 d、50 d、60 d |

除环境因素外，液固比是影响水泥水化速率与程度，水泥石的强度、孔隙率和渗透率的一个重要因素。因此将液固比作为影响固井水泥石二氧化碳腐蚀的材料因素，分别设计了液固比为 0.38、0.44、0.50 的常规密度水泥浆体系，水泥浆配方及养护 28 d 后的水泥石的性能如表 3-8 所示。可以看出，随着液固比增大，水泥石的力学强度相应地有所降低，而孔隙率和渗透率增大。

**表 3-8　不同液固比的常规密度水泥浆的配方及其水泥石的性能**

| 液固比 | 材料与掺量 | | | | 密度/($g/cm^3$) | 抗压强度/MPa | 抗拉强度/MPa | 孔隙率/% | 渗透率/$10^{-5}$ $\mu m^2$ |
|---|---|---|---|---|---|---|---|---|---|
| | G级水泥 | 微硅 | 降失水剂 | 分散剂 | | | | | |
| 0.38 | 90.32% | 9.03% | 0.54% | 0.11% | 1.95 | 24.32 | 3.16 | 21.28 | 1.584 |
| 0.44 | 90.32% | 9.03% | 0.54% | 0.11% | 1.90 | 22.71 | 2.89 | 22.31 | 2.241 |
| 0.50 | 90.01% | 9.00% | 0.90% | 0.09% | 1.82 | 20.42 | 2.11 | 23.89 | 3.419 |

制备水泥石试样时，先称量配制水泥浆所需的各粉体材料，混拌好后按照《油井水泥试验方法》(GB/T 19139-2012)制备好水泥浆并倒入如图 3-21 所示的模具中，其中圆柱形试样用于开展抗压强度相关试验，圆盘形试样用于开展巴西劈裂抗拉强度相关试验。振动 30 s 排除水泥浆中夹带的气泡后，用不锈钢板密封放入高温、高压养护釜中养护 28 d 后充分水化，养护温度为 60℃，养护压力为 20 MPa。待养护结束后取出水泥石，用表面活性剂洗净水泥石表面的脱模油脂后进行下一步的腐蚀试验。

**图 3-21 制备水泥石试样所用的模具：(a) 圆柱形模具(内径为 25 mm, 高为 25 mm)；(b) 圆盘形模具(内径为 40 mm,高为 20 mm)**

水泥石试样在养护成型后放入高温、高压腐蚀反应釜中，在设定的温度、$CO_2$ 分压条件下进行腐蚀反应。$CO_2$ 在井下一般有两种赋存状态，一种是以潮湿的超临界态 $CO_2$ 存在，另一种是在地层水中以溶解态 $CO_2$ 存在。为考察这两种不同的水湿环境对固井水泥石 $CO_2$ 腐蚀过程的影响，将制备好的水泥石试样编号后放入如图 3-22 所示的高温、高压腐蚀反应釜中。上部的水泥石处于水蒸气含量高的超临界态 $CO_2$ 环境中，简称气相腐蚀环境。下部的水泥石浸没在水中，以模拟溶解态 $CO_2$ 对固井水泥石的腐蚀，简称液相腐蚀环境。

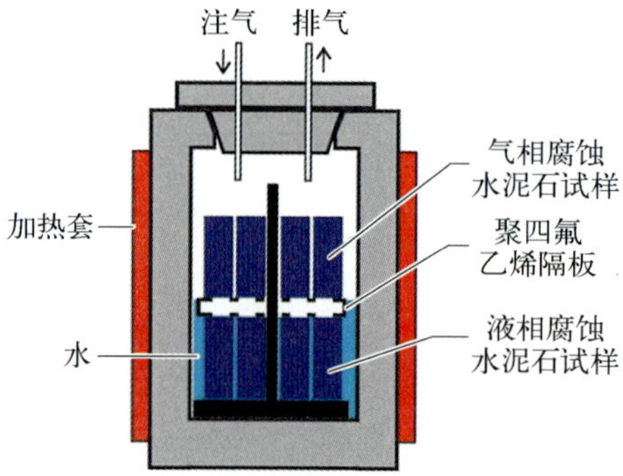


**图 3-22 腐蚀反应釜及水泥石试样放置示意图**

3.2.2.2 液固比对固井水泥石腐蚀损伤的影响

本节考察了在腐蚀温度为 60℃、$CO_2$ 分压为 20 MPa 的条件下，0.38、0.44、0.50 三种不同液固比的水泥石在 $CO_2$ 作用下的腐蚀损伤规律。图 3-23 为不同液固比的水泥石分别在气相腐蚀和液相腐蚀环境下的腐蚀深度随腐蚀时间变化的曲线。可以看出，无论在何种液固比或水湿环境下，水泥石的腐蚀深度变化均可分为两个阶段：第一阶段表现为腐蚀深度在较短的时间内就达到一个较高的值，这是由于在开始阶段腐蚀介质能够沿着水泥石的原始孔隙直接侵入表面层；第二阶段表现为腐蚀深度在腐蚀后期缓慢增加，这是因为在腐蚀表面层被碳化后，先期形成的 $CaCO_3$ 会在孔隙内结晶沉淀，使得水泥石表面层被填充密实，腐蚀介质侵入水泥石内部的距离增加、阻力增大，并逐渐趋近于一个缓慢的平衡过程。通过对比可知，液固比为 0.50 的水泥石的腐蚀速率要大于液固比为 0.38 和 0.44 的水泥石，腐蚀 60 d 后的最终腐蚀深度也要大得多。这是由于液固比越大，水泥浆中的自由水越多，所形成的水泥石的孔隙越多、平均孔径越大，腐蚀介质沿着孔隙侵入水泥石基体及腐蚀产物向外运移的速率越快，同时内部大孔隙被充填密实的速度越慢。

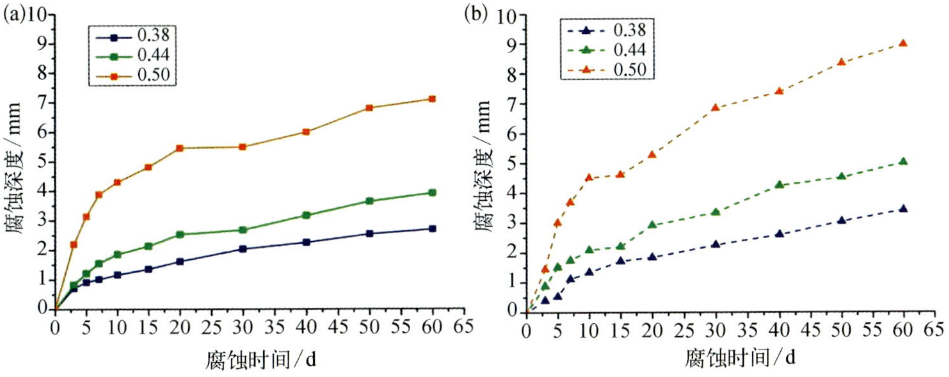


**图 3－23　不同液固比的水泥石的腐蚀深度随腐蚀时间变化的曲线：**
**(a) 气相腐蚀；(b) 液相腐蚀**

从图 3－23 可以看出，腐蚀深度随腐蚀时间的变化呈非线性关系，这是因为固井水泥石 $CO_2$ 腐蚀是一个受扩散速率控制的过程，$CO_2$ 在水泥石中的扩散速率取决于浓度和浓度梯度，遵循 Fick 第二扩散定律[118][式(3－19)]。

$$L=\alpha t^{1/2} \qquad (3-19)$$

式中，$L$ 为腐蚀深度，mm；$t$ 为腐蚀时间，d；$\alpha$ 为腐蚀速率系数，$mm/d^{1/2}$。$\alpha$ 是一个与水泥石的孔隙率、渗透率、孔隙曲折度、温度、化学离子浓度、离子组分等多种因素有关的常数，$\alpha$ 越大表明腐蚀速率越快。

根据式(3－19)，将图 3－23 中的不同液固比的水泥石的腐蚀深度与腐蚀时间的关系转变为腐蚀深度与腐蚀时间的平方根的关系，并对其进行线性拟合，结果如图 3-24 和表 3-9 所示。从图 3-24 可以看出，腐蚀深度与腐蚀时间的平方根具有良好的线性关系，表明固井水泥石 $CO_2$ 腐蚀的过程遵循 Fick 第二扩散定律。水泥石的液固比越大，腐蚀速率系数越大，表明腐蚀介质侵入水泥石内部的速率也越大。此外，还可以看出，相同液固比条件下水泥石的腐蚀速率系数在液相腐蚀环境下较气相腐蚀环境下要大，表明液相腐蚀环境下水泥石的腐蚀速率更大。

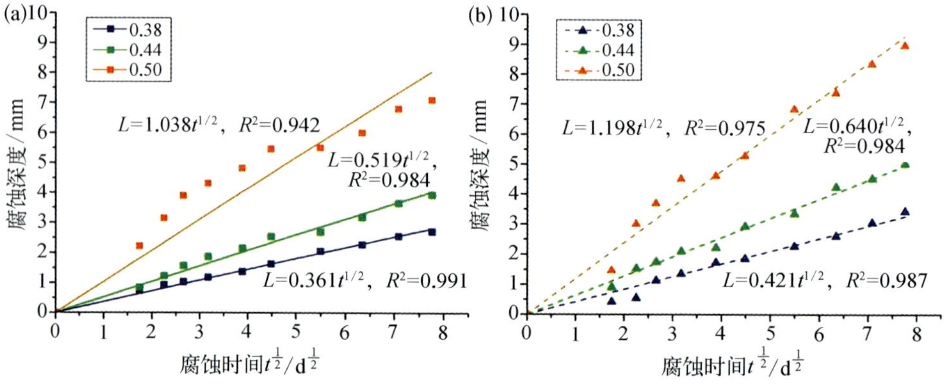


**图 3-24　不同液固比的水泥石的腐蚀深度与腐蚀时间的平方根的线性拟合曲线：(a) 气相腐蚀；(b) 液相腐蚀**

**表 3-9　不同液固比对水泥石的腐蚀速率方程的线性拟合结果**

| 液固比 | 气相腐蚀 | | | 液相腐蚀 | | |
|---|---|---|---|---|---|---|
| | 腐蚀速率系数/(mm/$d^{1/2}$) | 腐蚀速率方程 | $R^2$ | 腐蚀速率系数/(mm/$d^{1/2}$) | 腐蚀速率方程 | $R^2$ |
| 0.38 | 0.361 | $L=0.361t^{1/2}$ | 0.991 | 0.421 | $L=0.421t^{1/2}$ | 0.987 |
| 0.44 | 0.519 | $L=0.519t^{1/2}$ | 0.984 | 0.640 | $L=0.640t^{1/2}$ | 0.984 |
| 0.50 | 1.038 | $L=1.038t^{1/2}$ | 0.942 | 1.198 | $L=1.198t^{1/2}$ | 0.975 |

三种液固比的水泥石在气相腐蚀和液相腐蚀后的相对抗压强度和抗压强度损伤度测试结果分别如图 3-25 和图 3-26 所示。相对抗压强度表示的是腐蚀后水泥石剩余的强度与初始强度的比值，抗压强度损伤度等于腐蚀后水泥石强度的变化值与初始强度的比值。从图中可以看出，无论是在气相腐蚀

环境还是在液相腐蚀环境下，水泥石在最初的腐蚀阶段都会存在一个强度上升的过程，这意味着水泥石的抗压强度在腐蚀早期会有所增加。这主要是由于在腐蚀初始阶段 $CaCO_3$ 生成后在孔隙中充填，使得水泥石的密实性提高。随着腐蚀进程的继续，$CaCO_3$ 转化为可溶解的 $Ca(HCO_3)_2$，并被水淋滤出水泥石基体，使得孔隙率增加、基体完整性遭到破坏，所以水泥石的抗压强度又会逐渐降低并最终被腐蚀损伤。

从图 3-25 可以看出，液固比越大，水泥石的抗压强度损伤的速率越快。在气相腐蚀环境下，液固比为 0.38 的水泥石在腐蚀 44 d 后才出现抗压强度损伤，腐蚀 60 d 后的相对抗压强度为 95.23%，最终的抗压强度损伤度仅为 4.77%；液固比为 0.44 的水泥石在腐蚀 26 d 后出现抗压强度损伤，腐蚀 60 d 后的相对抗压强度为 88.12%，最终的抗压强度损伤度为 11.88%。液固比为 0.50 的水泥石在腐蚀 6 d 后就出现了抗压强度损伤，腐蚀 60 d 后的相对抗压强度仅为 58.23%，抗压强度损伤度高达 41.77%。

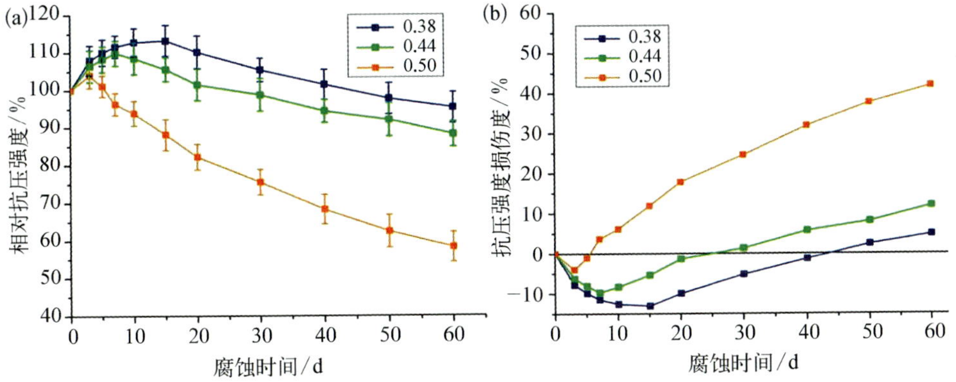


**图 3-25　气相腐蚀环境下不同液固比的水泥石的相对抗压强度及抗压强度损伤度随腐蚀时间变化的曲线：(a)相对抗压强度；(b)抗压强度损伤度**

从图 3-26 可以看出，在液相腐蚀环境下，液固比为 0.38 的水泥石的抗压强度在腐蚀 24 d 后出现抗压强度损伤，腐蚀 60 d 后的抗压强度损伤度为 12.67%。液固比为 0.44 的水泥石在腐蚀 18 d 后出现抗压强度损伤，腐蚀 60 d 后的抗压强度损伤度为 19.74%。液固比为 0.50 的水泥石在腐蚀 5 d 后就出现了抗压强度损伤，腐蚀 60 d 后的抗压强度损伤度达到 48.71%。与气相腐蚀结果对比可以看出，水泥石在液相腐蚀环境下的抗压强度损伤度和损伤速率更高。

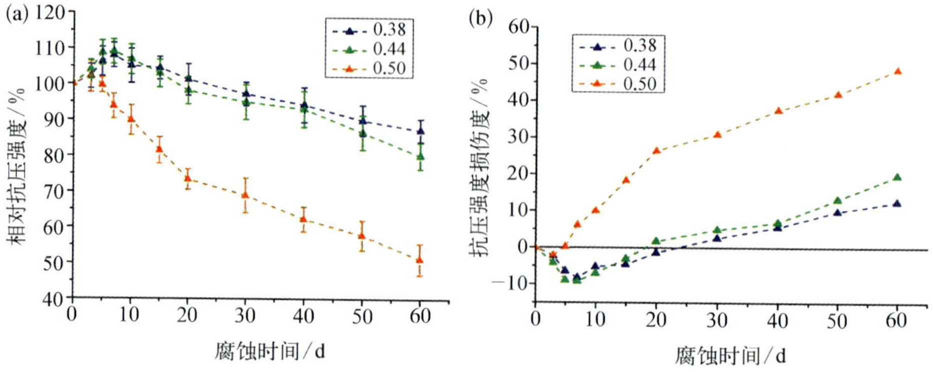


**图 3－26　液相腐蚀环境下不同液固比的水泥石的相对抗压强度及抗压强度损伤度随腐蚀时间变化的曲线：(a) 相对抗压强度；(b) 抗压强度损伤度**

图 3－27 和图 3－28 分别为气相腐蚀和液相腐蚀环境下不同液固比的水泥石的相对抗拉强度和抗拉强度损伤度测试结果。从图中可以看出，液固比为 0.38 和 0.44 的水泥石的相对抗拉强度在腐蚀初期也会出现一个小幅上升，在达到峰值强度后，随着腐蚀时间的延长，它们的相对抗拉强度又会逐渐降低，但腐蚀损伤速度和程度相比于液固比为 0.50 的水泥石要低得多，与抗压强度测试结果类似。相比之下，液固比为 0.44 的水泥石相对抗拉强度的上升速度和幅度均要高于液固比为 0.38 的水泥石，这是因为液固比为 0.44 的水泥石的孔隙率和渗透率要大于液固比为 0.38 的水泥石，有利于 $CO_2$ 快速进入水泥石基体中，并与水化产物反应形成 $CaCO_3$ 沉淀，这一过程可促进水泥石相对抗拉强度的上升。不同的是，液固比为 0.50 的水泥石的抗拉强度在腐蚀一开始就会出现损伤，这主要是因为水泥石本身的抗拉强度较低且对材料组织结构的变化敏感性强，而液固比为 0.5 的水泥石内部存在较多的孔隙、微裂隙等缺陷，使得 $CO_2$ 腐蚀对基体的损伤作用要强于 $CaCO_3$ 的充填密实作用。

从图 3－27 可以看出，在气相腐蚀环境下，液固比为 0.38 的水泥石的抗拉强度在腐蚀 33 d 后才出现抗拉强度损伤，腐蚀 60 d 后的抗拉强度损伤度为 9.86%；液固比为 0.44 的水泥石在腐蚀 24 d 后出现抗拉强度损伤，腐蚀 60 d 后的抗压强度损伤度为 17.82%。液固比为 0.50 的水泥石在腐蚀的初始阶段没有表现出抗拉强度增加的现象，腐蚀后很快就出现了抗拉强度损伤，腐蚀 60 d 后的抗拉强度损伤度高达 49.99%。

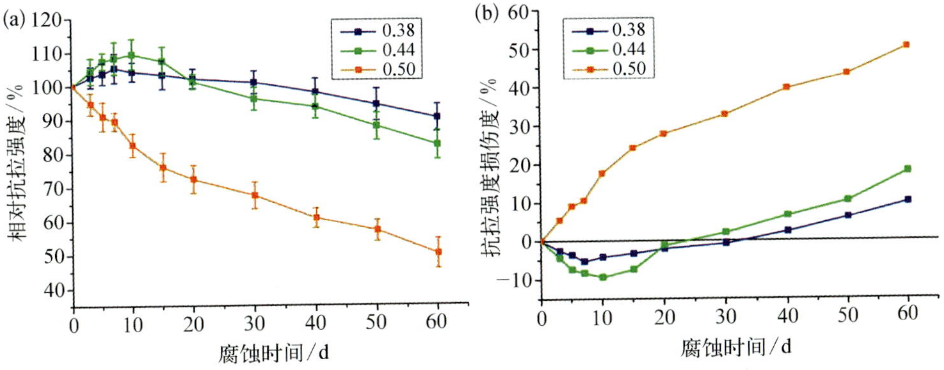


**图 3-27　气相腐蚀环境下不同液固比的水泥石的相对抗拉强度及抗拉强度损伤度随腐蚀时间变化的曲线：(a) 相对抗拉强度；(b) 抗拉强度损伤度**

从图 3-28 可以看出，在液相腐蚀环境下，液固比为 0.38 的水泥石在腐蚀 26 d 后出现抗拉强度损伤，腐蚀 60 d 后的抗拉强度损伤度为 15.18%。液固比为 0.44 的水泥石在腐蚀 13 d 后出现抗拉强度损伤，腐蚀 60 d 后的抗拉强度损伤度为 26.05%。而液固比为 0.50 的水泥石在腐蚀后很快就出现了抗拉强度损伤，腐蚀 60 d 后的抗拉强度损伤度高达 56.72%。

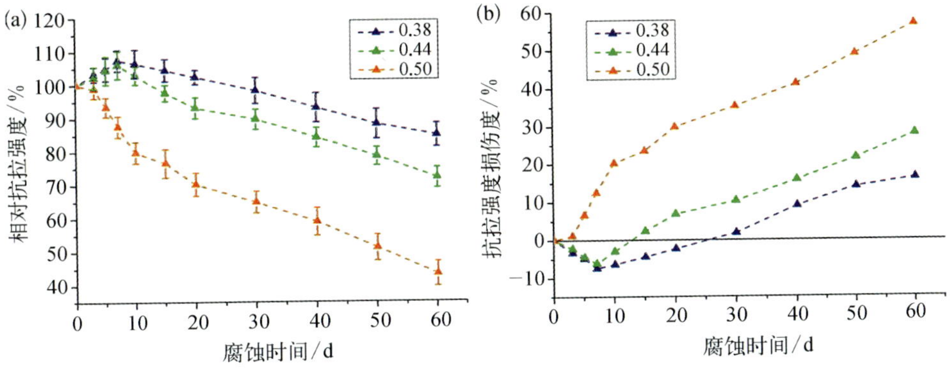


**图 3-28　液相腐蚀环境下不同液固比的水泥石的相对抗拉强度及抗拉强度损伤度随腐蚀时间变化的曲线：(a) 相对抗拉强度；(b) 抗拉强度损伤度**

#### 3.2.2.3　腐蚀温度对固井水泥石腐蚀损伤的影响

为研究不同腐蚀温度对固井水泥石腐蚀损伤的影响，考察了液固比为 0.44 的水泥石在 $CO_2$ 分压为 20 MPa，温度分别为 40℃、60℃、80℃时的腐蚀损伤规律，结果如图 3-29 和表 3-10 所示。可以看出，腐蚀温度越高腐蚀速率系数越大，这表明温度升高对化学反应和扩散速率的促进作用要大于其对 $CO_2$ 溶解度降低的减速作用。

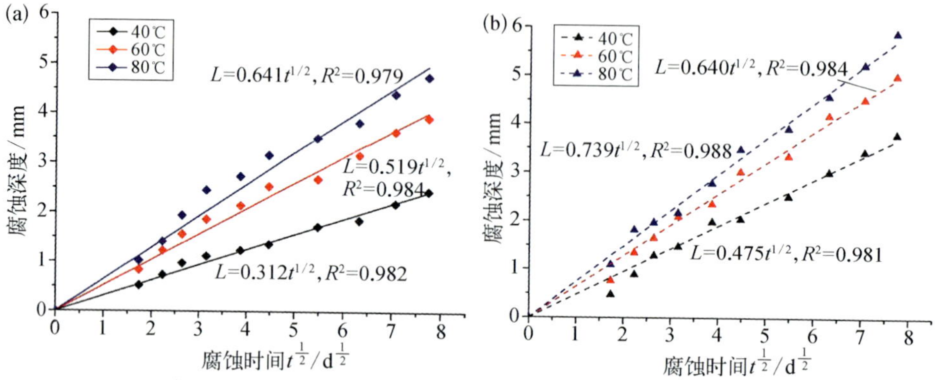


**图 3-29　不同腐蚀温度下水泥石的腐蚀深度与腐蚀时间($t^{1/2}$)的线性拟合曲线：(a) 气相腐蚀；(b) 液相腐蚀**

**表 3-10　不同腐蚀温度下水泥石的腐蚀深度与腐蚀时间($t^{1/2}$)的线性拟合结果**

| 腐蚀温度/℃ | 气相腐蚀 | | | 液相腐蚀 | | |
|---|---|---|---|---|---|---|
| | 腐蚀速率系数/(mm/$d^{1/2}$) | 腐蚀速率方程 | $R^2$ | 腐蚀速率系数/(mm/$d^{1/2}$) | 腐蚀速率方程 | $R^2$ |
| 40 | 0.312 | $L=0.312t^{1/2}$ | 0.982 | 0.475 | $L=0.475t^{1/2}$ | 0.981 |
| 60 | 0.519 | $L=0.519t^{1/2}$ | 0.984 | 0.640 | $L=0.640t^{1/2}$ | 0.984 |
| 80 | 0.641 | $L=0.641t^{1/2}$ | 0.979 | 0.739 | $L=0.739t^{1/2}$ | 0.988 |

图 3-30 和图 3-31 分别为不同腐蚀温度下，气相腐蚀水泥石与液相腐蚀水泥石的相对抗压强度及抗压强度损伤度随腐蚀时间变化的曲线。

从图 3-30 可以看出，气相腐蚀水泥石在 40℃的条件下腐蚀 10 d 时相对抗压强度达到最大值，在 40 d 后才出现抗压强度损伤，腐蚀 60 d 后的相对抗压强度为 94.31%。在 60℃的条件下，水泥石腐蚀 7 d 后相对抗压强度达到最大值，且从图中可以看出，60℃下水泥石早期的相对抗压强度的上升速度与上升幅度均要高于 40℃下的水泥石，这主要是由于在 60℃的条件下 $CO_2$ 侵入水

泥石的速度和 $CaCO_3$ 的形成速度更快。然而温度越高，$CO_2$ 的扩散速率及 $CaCO_3$ 转化为 $Ca(HCO_3)_2$ 的速度同样越快，所以从腐蚀的第 7 天之后水泥石的相对抗压强度就持续降低，在腐蚀 25 d 后出现抗压强度损伤，腐蚀 60 d 后的相对抗压强度为 88.12%。在 80℃的条件下，水泥石被腐蚀损伤的速度明显加快，水泥石在腐蚀 3 d 时相对抗压强度达到最大值，在腐蚀 7 d 时出现了抗压强度损伤，腐蚀 60 d 后的相对抗压强度为 73.45%。

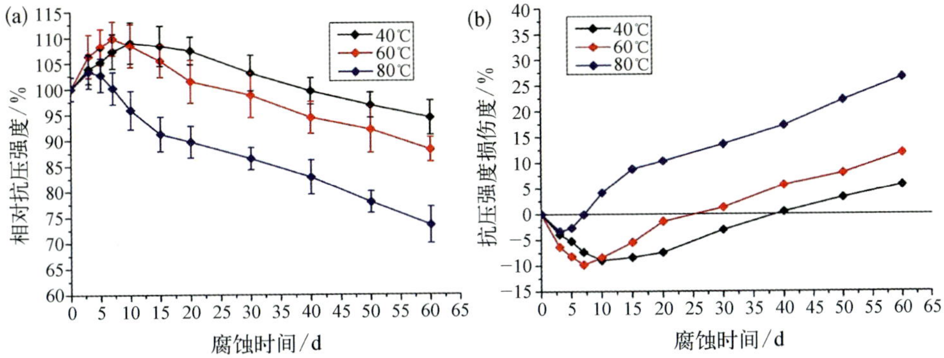


**图 3-30　不同腐蚀温度下气相腐蚀水泥石的相对抗压强度及抗压强度损伤度随腐蚀时间变化的曲线：(a) 相对抗压强度；(b) 抗压强度损伤度**

从图 3-31 可以看出，不同腐蚀温度下液相腐蚀水泥石在腐蚀前期的相对抗压强度上升幅度相差不大。水泥石在 40℃的条件下腐蚀 15 d 后相对抗压强度达到最大值，在 37 d 后才出现抗压强度损伤，腐蚀 60 d 后的相对抗压强度为 90.13%。在 60℃的条件下，水泥石腐蚀 7 d 后相对抗压强度达到最大

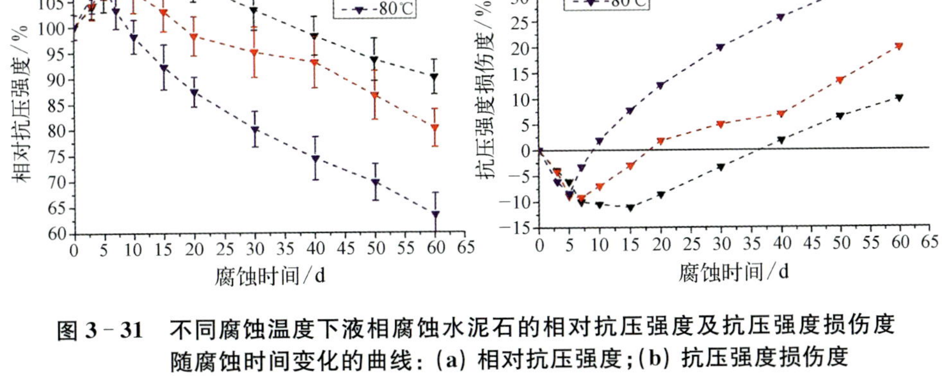


**图 3-31　不同腐蚀温度下液相腐蚀水泥石的相对抗压强度及抗压强度损伤度随腐蚀时间变化的曲线：(a) 相对抗压强度；(b) 抗压强度损伤度**

值，在腐蚀 18 d 后出现抗压强度损伤，腐蚀 60 d 后的相对抗压强度为 80.20%。在 80℃的条件下，水泥石腐蚀 5 d 后相对抗压强度达到最大值，在腐蚀 9 d 时就出现了抗压强度损伤，且水泥石腐蚀损伤的速度和程度要明显高于 40℃和 60℃下的腐蚀损伤速度和程度，腐蚀 60 d 后的相对抗压强度仅为 63.39%。

图 3－32 和图 3－33 分别为不同腐蚀温度下，气相腐蚀水泥石与液相腐蚀水泥石的相对抗拉强度及抗拉强度损伤度随腐蚀时间变化的曲线。从图中可以看出，与相对抗压强度的变化规律一致，水泥石的相对抗拉强度在经历最初的短暂上升后，随着腐蚀时间的延长又会逐渐降低。

从图 3－32 可以看出，在气相腐蚀环境下，水泥石在 40℃的条件下腐蚀 7 d 后的相对抗拉强度达到最大值，在 30 d 后出现抗拉强度损伤，腐蚀 60 d 后的相对抗拉强度为 89.78%。在 60℃的条件下，水泥石腐蚀 10 d 后相对抗拉强度达到最大值，且从图中可以看出，60℃的条件下水泥石早期的相对抗拉强度的上升速度与上升幅度同样都要高于 40℃下的水泥石，这与抗压强度的结果相一致，在腐蚀 23 d 后出现抗拉强度损伤，腐蚀 60 d 后的相对抗拉强度为 82.18%。在 80℃条件下，水泥石被腐蚀损伤的速度明显加快，相对抗拉强度在经历小幅的上升后，在腐蚀 5 d 时就出现了抗拉强度损伤，腐蚀 60 d 后的相对抗拉强度为 70.58%。

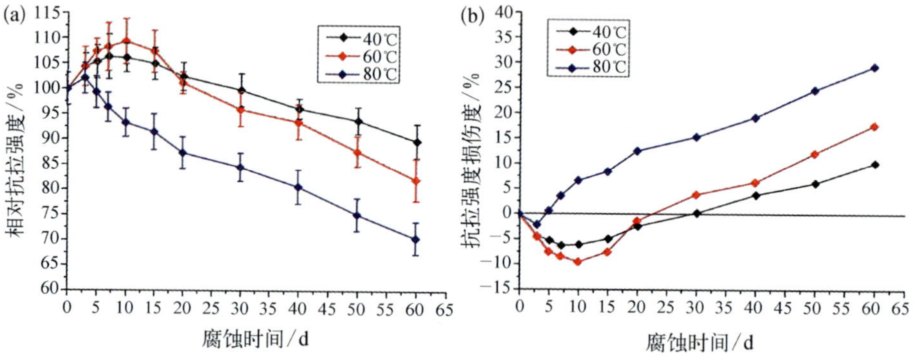


**图 3－32 不同腐蚀温度下气相腐蚀水泥石的相对抗拉强度及抗拉强度损伤度随腐蚀时间变化的曲线：(a) 相对抗拉强度；(b) 抗拉强度损伤度**

从图 3－33 可以看出，在液相腐蚀环境下，水泥石的相对抗拉强度在 40℃和 60℃下均是在腐蚀 7 d 时达到最大值，且两者的变化趋势相同，这说明在 40℃的条件下，较高的 $CO_2$ 溶解度能够抵消温度对化学反应速率的影响。然而，从第 15 d 开始，60℃的条件下水泥石的腐蚀速率逐渐高于 40℃下水泥石的腐蚀速率，这是由于致密碳化层形成后水泥石的腐蚀速率受 $CO_2$ 扩散的影响比较大，温度越高扩散速率越大。在 40℃的条件下，水泥石腐蚀 60 d 后的相对抗拉强度为 82.18%，而在 60℃的条件下，水泥石腐蚀 60 d 后的相对抗拉强度为 71.02%。在 80℃的条件下，水泥石被腐蚀损伤的速度明显要高于 40℃和 60℃，相对抗拉强度在经历小幅的上升后，在腐蚀 5 d 时就出现了抗拉强度损伤，腐蚀 60 d 后的相对抗拉强度为 60.00%。

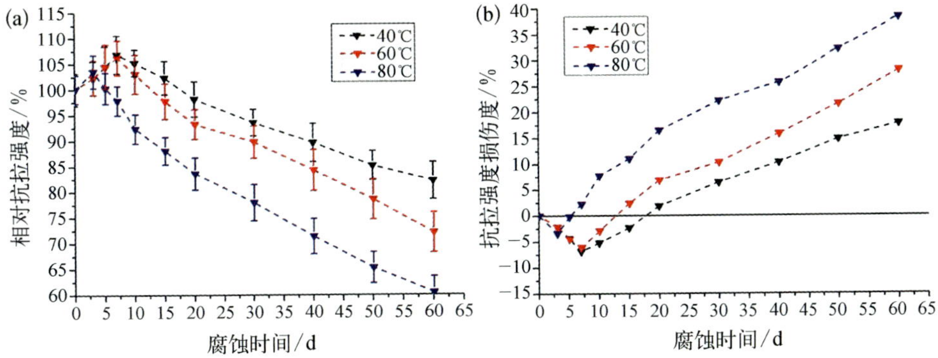


**图 3-33　不同腐蚀温度下液相腐蚀水泥石的相对抗拉强度及抗拉强度损伤度随腐蚀时间变化的曲线：(a) 相对抗拉强度；(b) 抗拉强度损伤度**

### 3.2.2.4　$CO_2$ 分压对固井水泥石腐蚀损伤的影响

$CO_2$ 决定了参与腐蚀反应的反应物浓度，同样也是影响腐蚀速率的一个重要因素。本部分考查了液固比为 0.44 的水泥石，温度固定在 60℃，$CO_2$ 分压分别为 10 MPa、15 MPa 和 20 MPa 时的腐蚀损伤规律。将不同的 $CO_2$ 分压条件下的腐蚀深度与腐蚀时间的平方根拟合，结果如图 3-34 和表 3-11 所示。从结果可以看出，$CO_2$ 分压越高，腐蚀速率系数越大，这表明腐蚀介质侵入水泥石内部的速度及水泥石被腐蚀损伤的速度也越快。这主要是由于压力越高，$CO_2$ 的溶解度越大，水泥石内外 $CO_2$ 浓度的梯度也就越大，$CO_2$ 向水泥石内部扩散的动力和速率也就越大，各水化产物与 $CO_2$ 发生碳化反应的速率也随之加快。

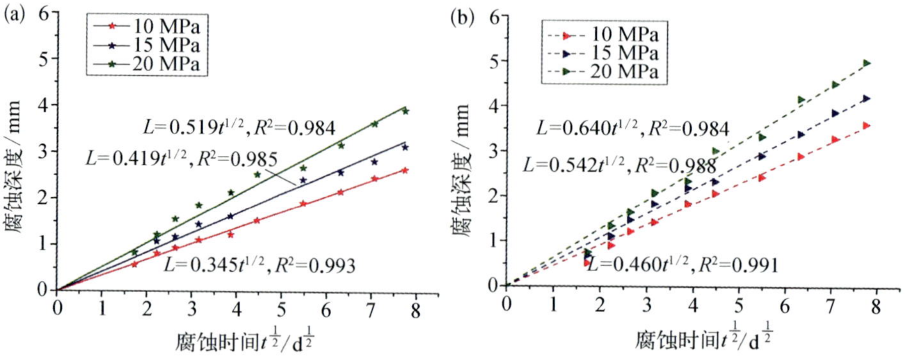


**图 3-34 不同的 $CO_2$ 分压下水泥石的腐蚀深度与腐蚀时间的平方根的线性拟合曲线：(a) 气相腐蚀；(b) 液相腐蚀**

**表 3-11 不同的 $CO_2$ 分压下水泥石的腐蚀深度与腐蚀时间的平方根的线性拟合结果**

| $CO_2$ 分压 /MPa | 气相腐蚀 | | | 液相腐蚀 | | |
|---|---|---|---|---|---|---|
| | 腐蚀速率系数 /($mm/d^{1/2}$) | 腐蚀速率方程 | $R^2$ | 腐蚀速率系数 /($mm/d^{1/2}$) | 腐蚀速率方程 | $R^2$ |
| 10 | 0.345 | $L=0.345t^{1/2}$ | 0.993 | 0.460 | $L=0.460t^{1/2}$ | 0.991 |
| 15 | 0.419 | $L=0.419t^{1/2}$ | 0.985 | 0.542 | $L=0.542t^{1/2}$ | 0.988 |
| 20 | 0.519 | $L=0.519t^{1/2}$ | 0.984 | 0.640 | $L=0.640t^{1/2}$ | 0.984 |

图 3-35 和图 3-36 分别为不同 $CO_2$ 分压条件下，气相腐蚀水泥石与液相腐蚀水泥石的相对抗压强度及抗压强度损伤度随腐蚀时间变化的曲线。从图 3-35 可以看出，在 10 MPa 的 $CO_2$ 分压条件下，气相腐蚀水泥石的相对抗压强度随腐蚀时间变化的曲线较为平缓，在腐蚀 10 d 后相对抗压强度达到最大值，且其相对抗压强度的最大值要低于 15 MPa 和 20 MPa 条件下的相对抗压强度的最大值，这是由于 $CO_2$ 分压越低，水泥的水化产物与 $CO_2$ 发生碳化反应形成 $CaCO_3$ 的程度和速度就越低，充填密实作用相应减弱，但同时水泥石在腐蚀后期被淋滤损伤的速度也降低，所以曲线变化较为平缓；在 34 d 后才出现抗压强度损伤，腐蚀 60 d 后的相对抗压强度为 92.76%。在 15 MPa 的 $CO_2$ 分压条件下，水泥石同样在腐蚀 10 d 后相对抗压强度达到最大值，在腐蚀

34 d 后出现抗压强度损伤，腐蚀 60 d 后的相对抗压强度为 91.09%。在 20 MPa 的 $CO_2$ 分压条件下，在腐蚀早期水泥石的相对抗压强度上升的速度明显加快，在腐蚀 7 d 时达到最大值，但后期被腐蚀损伤的速度也明显较快，在腐蚀 26 d 时出现了抗压强度损伤，腐蚀 60 d 后的相对抗压强度为 88.12%。总体来看，与不同液固比和不同温度下的曲线变化趋势不同的是，不同压力条件下水泥石的损伤曲线较为接近，这表明 $CO_2$ 分压对水泥石的抗压强度的影响较小。

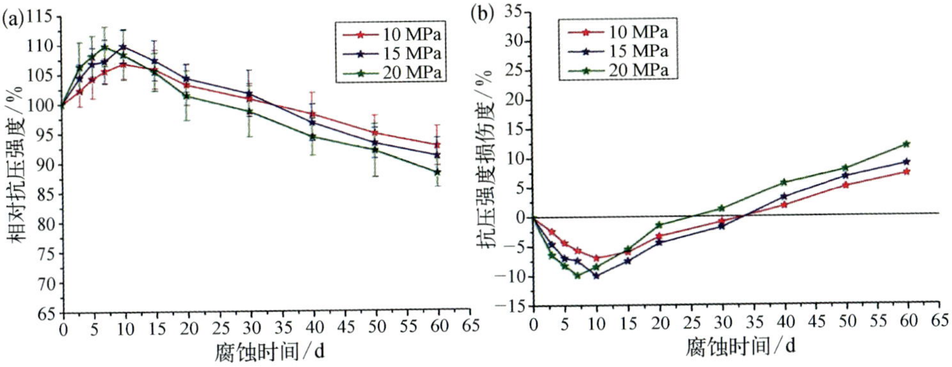


**图 3-35　不同 $CO_2$ 分压条件下气相腐蚀水泥石的相对抗压强度及抗压强度损伤度随腐蚀时间变化的曲线：(a) 相对抗压强度；(b) 抗压强度损伤度**

从图 3-36 可以看出，在液相腐蚀环境下，不同 $CO_2$ 分压条件下水泥石的相对抗压强度变化规律与气相腐蚀环境下类似，但总体的损伤速率和最终损伤的程度要大于气相腐蚀水泥石。水泥石在 10 MPa 的 $CO_2$ 分压条件下的损

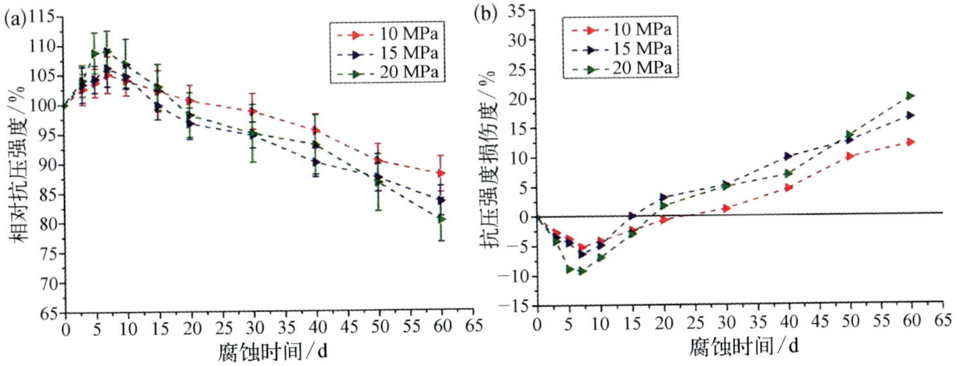


**图 3-36　不同 $CO_2$ 分压条件下液相腐蚀水泥石的相对抗压强度及抗压强度损伤度随腐蚀时间变化的曲线：(a) 相对抗压强度；(b) 抗压强度损伤度**

伤曲线较为平缓，腐蚀 7 d 后相对抗压强度达到最大值，腐蚀 25 d 后才出现抗压强度损伤，腐蚀 60 d 后的相对抗压强度为 87.97%。在 15 MPa 的 $CO_2$ 分压条件下，水泥石腐蚀 7 d 后相对抗压强度达到最大值，腐蚀 15 d 后出现抗压强度损伤，腐蚀 60 d 后的相对抗压强度为 83.47%。在 20 MPa 的 $CO_2$ 分压条件下，水泥石的相对抗压强度同样在腐蚀 7 d 后达到最大值，在腐蚀 18 d 后出现了抗压强度损伤，晚于 15 MPa，这主要是由于 20 MPa 的 $CO_2$ 分压条件下，$CaCO_3$ 的形成速度和对水泥石强度增强的作用更大，水泥石腐蚀 60 d 后的相对抗压强度为 80.21%。

图 3-37 和图 3-38 分别为不同 $CO_2$ 分压条件下，气相腐蚀水泥石与液相腐蚀水泥石的相对抗拉强度及抗拉强度损伤度随腐蚀时间变化的曲线。从图 3-37 可以看出，在 20 MPa 的 $CO_2$ 分压条件下，水泥石腐蚀早期(0～20 d)的平均相对抗拉强度最高，出现损伤的时间与 10 MPa 的 $CO_2$ 分压条件下的相同，但在后期损伤的速率最快，这进一步表明虽然相对较高的 $CO_2$ 分压有助于水泥石早期性能的提高，但对于水泥石长期腐蚀后的完整性来说是不利的。而在 10 MPa 的 $CO_2$ 分压条件下，水泥石的相对抗拉强度的最大值是最小的，后期腐蚀损伤曲线的变化趋势较为平缓，在腐蚀 23 d 后出现抗拉强度损伤，腐蚀 60 d 后的相对抗拉强度为 86.74%。在 15 MPa 的 $CO_2$ 分压条件下，水泥石在腐蚀 7 d 后相对抗压强度达到最大值，在腐蚀 18 d 后出现抗拉强度损伤，腐蚀 60 d 后的相对抗压强度为 85.43%。

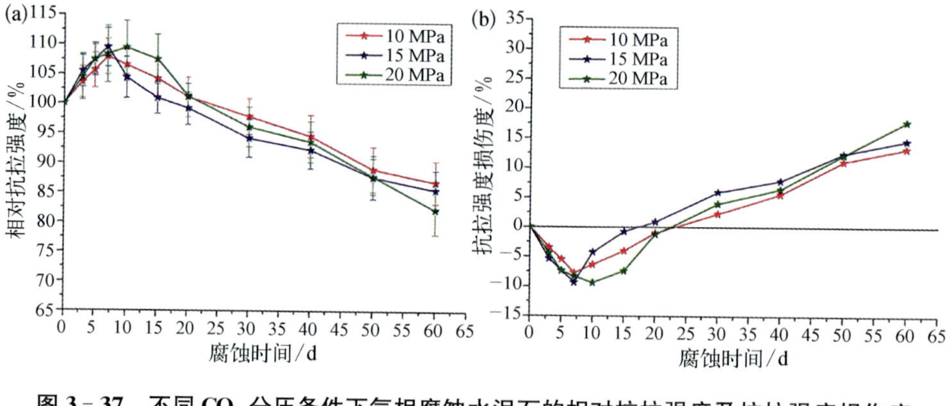


**图 3-37 不同 $CO_2$ 分压条件下气相腐蚀水泥石的相对抗拉强度及抗拉强度损伤度随腐蚀时间变化的曲线：(a) 相对抗拉强度；(b) 抗拉强度损伤度**

从图3-38可以看出，液相腐蚀水泥石的相对抗拉强度的损伤速率和最终的损伤程度同样也大于气相腐蚀水泥石。水泥石的相对抗拉强度在不同 $CO_2$ 分压条件下均是在腐蚀7 d后达到最大值，腐蚀13 d后出现了抗拉强度损伤。在腐蚀60 d后，10 MPa的 $CO_2$ 分压条件下水泥石的相对抗拉强度为82.46%，15 MPa的 $CO_2$ 分压条件下水泥石的相对抗拉强度为77.22%，20 MPa的 $CO_2$ 分压条件下水泥石的相对抗拉强度为72.02%。

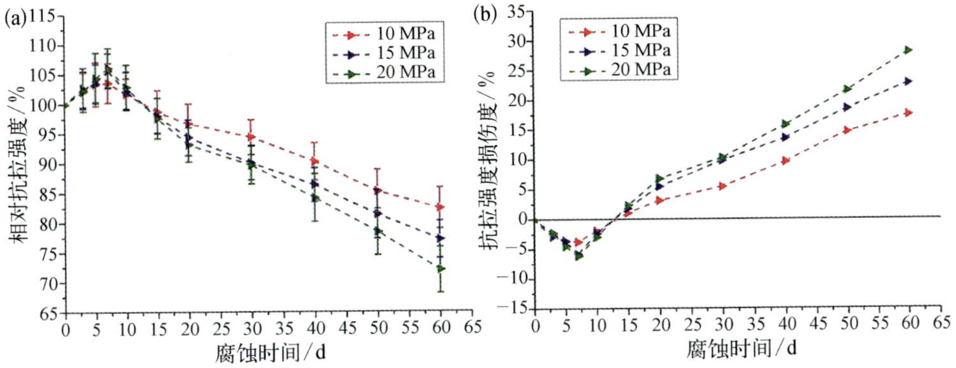


**图3-38　不同 $CO_2$ 分压条件下液相腐蚀水泥石的相对抗拉强度及抗拉强度损伤度随腐蚀时间变化的曲线：(a) 相对抗拉强度；(b) 抗拉强度损伤度**

3.2.2.5　不同因素对固井水泥石损伤影响的灰色关联分析

灰色关联分析法是贫信息系统分析方法中的一类重要方法，其主要原理是根据各个因素之间发展趋势的相似或相异程度来衡量各个因素的关联程度。若变化具有一致性，则关联程度高、相互影响程度大，反之则关联程度低、相互影响程度小[119]。灰色关联分析法的特点是所需的样本数据相对较少，可对有限的、表面无规律的数据进行处理，从而找到系统本身具有的特征。本部分采用灰色关联分析法对水泥浆的液固比、腐蚀温度、$CO_2$ 分压及腐蚀水湿环境等因素对固井水泥石二氧化碳腐蚀的影响大小进行了分析。

在采用灰色关联分析法对一个实际系统进行分析时，首先要根据评价目的确立评价指标体系，然后收集评价数据并确定系统行为特征的数据序列。设 $n$ 个数据序列形成如下矩阵：

$$(X_0, X_1, \cdots, X_n) = \begin{pmatrix} x_0(1) & x_1(1) & \cdots & x_n(1) \\ x_0(2) & x_1(2) & \cdots & x_n(2) \\ \vdots & \vdots & & \vdots \\ x_0(m) & x_1(m) & \cdots & x_n(m) \end{pmatrix} \tag{3-20}$$

式中，$m$ 为指标的个数；$n$ 为试验次数；$x_0(k)$ $(k=1, 2, 3, \cdots, m)$ 为系统中的行为特征序列，即母因素序列；$x_i(k)$ $(k=1, 2, 3, \cdots, m; i=1, 2, 3, \cdots, n)$ 为影响系统行为特征的有效因素，即子因素序列。

在计算关联度之前，需先将数据做无量纲化处理，这在几何上的解释是，量纲不同，有可能使一些数值小的项目失去作用，而数值大的项目的作用被夸大。做无量纲化处理常用的方法为均值化方法，如式(3－21)和式(3－22)所示。

$$Y_0(k) = \frac{x_0(k)}{\frac{1}{m}\sum_{k=1}^{m} x_0(k)} \tag{3-21}$$

$$Y_i(k) = \frac{x_i(k)}{\frac{1}{m}\sum_{k=1}^{m} x_i(k)} \quad (i=1, 2, 3, \cdots, n; k=1, 2, 3, \cdots, m) \tag{3-22}$$

式中，$Y_0(k)$为各母因素的均值化数列；$Y_i(k)$为各子因素的均值化数列。

在对各数列做无量纲化处理后，采用式(3－23)计算各子因素与母因素之间的关联系数。

$$\varepsilon_i(k) = \frac{\min_i \min_k |Y_0(k) - Y_i(k)| + \chi \max_i \max_k |Y_0(k) - Y_i(k)|}{|Y_0(k) - Y_i(k)| + \chi \max_i \max_k |Y_0(k) - Y_i(k)|} \tag{3-23}$$

式中，$\chi$ 为分辨率系数，一般在 0～1 之间，$\chi$ 越小，关联系数之间的差异越大，区分能力越强，大多数情况下 $\chi$ 取 0.5。关联系数 $\varepsilon_i(k)$是第 $i$ 个因素在第 $k$ 个点的比较曲线 $Y_i(k)$与参考曲线 $Y_0(k)$的相对差值。若直接引用关联系数，则数据较大且信息分散，不便于比较分析，为此将关联系数按式(3－24)求平均值后再进行信息处理。

$$f_i = \frac{1}{m}\sum_{i=1}^{m} \varepsilon_i(k)\ (i=1,\ 2,\ 3,\ \cdots,\ n;\ k=1,\ 2,\ 3,\ \cdots,\ m) \tag{3-24}$$

式中，$f_i$ 为各比较序列（子因素）与参考序列（母因素）的关联度。对不同序列的关联度进行排序即可获得各子因素的影响程度的强弱，$f_i$ 越大则该因素的影响程度就越强。

从上述灰色关联分析法可知，要开展不同因素对固井水泥石二氧化碳腐蚀过程影响强弱的灰色关联分析，需要首先确定母因素和子因素。腐蚀速率系数能够综合地反映不同因素对整个腐蚀过程的影响，因此选择腐蚀速率系数作为固井水泥石二氧化碳腐蚀系统中的母因素序列，将水泥浆的液固比、腐蚀温度、$CO_2$ 分压、腐蚀水湿环境作为影响水泥石腐蚀速率特征的子因素序列。对不同因素条件下的腐蚀速率系数的试验结果进行归类，如表 3-12 所示。

对于不同的腐蚀水湿环境，需要将其进行数值化处理。通过前面的试验结果可以看出，相比于气相腐蚀环境，液相腐蚀环境有加速腐蚀的作用，如将气相腐蚀环境的作用系数赋值为 1，液相腐蚀环境的作用系数代入即可进行下一步计算。在表 3-12 中其他条件相同的情况下，将液相腐蚀环境中的腐蚀速率系数与气相腐蚀环境中的腐蚀速率系数相比，并对结果求平均值即可获得 λ 值，如表 3-13 所示。

**表 3-12　母因素与不同子因素**

| 序　号 | $X_0$ | $X_1$ | $X_2$ | $X_3$ | $X_4$ |
|---|---|---|---|---|---|
| | 腐蚀速率系数 /(mm/d$^{1/2}$) | 水泥浆的液固比 | 腐蚀温度 /℃ | $CO_2$ 分压 /MPa | 腐蚀水湿环境 |
| 1 | 0.361 | 0.38 | 60 | 20 | 气相腐蚀 |
| 2 | 0.421 | 0.38 | 60 | 20 | 液相腐蚀 |
| 3 | 0.519 | 0.44 | 60 | 20 | 气相腐蚀 |
| 4 | 0.640 | 0.44 | 60 | 20 | 液相腐蚀 |
| 5 | 1.038 | 0.50 | 60 | 20 | 气相腐蚀 |

续 表

| 序 号 | $X_0$ | $X_1$ | $X_2$ | $X_3$ | $X_4$ |
|---|---|---|---|---|---|
| | 腐蚀速率系数/(mm/$d^{1/2}$) | 水泥浆的液固比 | 腐蚀温度/℃ | $CO_2$ 分压/MPa | 腐蚀水湿环境 |
| 6 | 1.198 | 0.50 | 60 | 20 | 液相腐蚀 |
| 7 | 0.312 | 0.44 | 40 | 20 | 气相腐蚀 |
| 8 | 0.475 | 0.44 | 40 | 20 | 液相腐蚀 |
| 9 | 0.641 | 0.44 | 80 | 20 | 气相腐蚀 |
| 10 | 0.739 | 0.44 | 80 | 20 | 液相腐蚀 |
| 11 | 0.345 | 0.44 | 60 | 10 | 气相腐蚀 |
| 12 | 0.460 | 0.44 | 60 | 10 | 液相腐蚀 |
| 13 | 0.419 | 0.44 | 60 | 15 | 气相腐蚀 |
| 14 | 0.542 | 0.44 | 60 | 15 | 液相腐蚀 |

**表 3-13 气相腐蚀环境中的腐蚀速率系数与液相腐蚀环境中的腐蚀速率系数的比较**

| 对 比 项 | $\alpha_{液}/\alpha_{气}$ |
|---|---|
| 序号 2/序号 1 | 1.166 |
| 序号 4/序号 3 | 1.233 |
| 序号 6/序号 5 | 1.154 |
| 序号 8/序号 7 | 1.389 |
| 序号 10/序号 9 | 1.153 |
| 序号 12/序号 11 | 1.333 |
| 序号 14/序号 13 | 1.294 |
| 平均值 λ | 1.246 |
| 标准差 | 0.088 |

将气相腐蚀环境所对应的1和液相腐蚀环境所对应的1.246代入表3-12中，并对各项数值求平均值，再进一步根据式(3-21)和式(3-22)做均值无量纲化处理，结果如表3-14所示。

**表3-14 均值无量纲化处理结果**

| 序号 | $X_0$ | $X_1$ | $X_2$ | $X_3$ | $X_4$ |
|---|---|---|---|---|---|
| 1 | 0.620 885 | 0.863 636 | 1 | 1.12 | 0.890 472 |
| 2 | 0.724 079 | 0.863 636 | 1 | 1.12 | 1.109 528 |
| 3 | 0.892 629 | 1 | 1 | 1.12 | 0.890 472 |
| 4 | 1.100 736 | 1 | 1 | 1.12 | 1.109 528 |
| 5 | 1.785 257 | 1.136 364 | 1 | 1.12 | 0.890 472 |
| 6 | 2.060 441 | 1.136 364 | 1 | 1.12 | 1.109 528 |
| 7 | 0.588 206 | 1 | 0.666 667 | 1.12 | 0.890 472 |
| 8 | 0.816 953 | 1 | 0.666 667 | 1.12 | 1.109 528 |
| 9 | 1.102 456 | 1 | 1.333 333 | 1.12 | 0.890 472 |
| 10 | 1.271 006 | 1 | 1.333 333 | 1.12 | 1.109 528 |
| 11 | 0.593 366 | 1 | 1 | 0.56 | 0.890 472 |
| 12 | 0.791 154 | 1 | 1 | 0.56 | 1.109 528 |
| 13 | 0.720 638 | 1 | 1 | 0.84 | 0.890 472 |
| 14 | 0.932 186 | 1 | 1 | 0.84 | 1.109 528 |

根据式(3-23)进一步求取各子因素与母因素之间的关联系数，如表3-15所示。

**表3-15 灰色关联系数分析结果**

| 序号 | $X_1$ | $X_2$ | $X_3$ | $X_4$ |
|---|---|---|---|---|
| $\varepsilon_1$ | 0.688 74 | 0.585 457 | 0.517 204 | 0.665 631 |
| $\varepsilon_2$ | 0.794 856 | 0.660 401 | 0.574 833 | 0.581 407 |

续 表

| 序 号 | $X_1$ | $X_2$ | $X_3$ | $X_4$ |
|---|---|---|---|---|
| $\varepsilon_3$ | 0.834 981 | 0.834 981 | 0.702 723 | 1.000 001 |
| $\varepsilon_4$ | 0.843 762 | 0.843 762 | 0.968 867 | 0.987 691 |
| $\varepsilon_5$ | 0.451 507 | 0.404 703 | 0.445 326 | 0.373 597 |
| $\varepsilon_6$ | 0.366 072 | 0.334 689 | 0.361 999 | 0.359 439 |
| $\varepsilon_7$ | 0.565 148 | 0.874 641 | 0.501 29 | 0.639 503 |
| $\varepsilon_8$ | 0.746 392 | 0.782 325 | 0.638 903 | 0.647 035 |
| $\varepsilon_9$ | 0.841 468 | 0.699 486 | 0.971 909 | 0.717 292 |
| $\varepsilon_{10}$ | 0.664 453 | 0.898 456 | 0.781 498 | 0.769 667 |
| $\varepsilon_{11}$ | 0.568 26 | 0.568 26 | 0.944 625 | 0.643 491 |
| $\varepsilon_{12}$ | 0.720 338 | 0.720 338 | 0.699 232 | 0.627 364 |
| $\varepsilon_{13}$ | 0.657 595 | 0.657 595 | 0.819 569 | 0.760 48 |
| $\varepsilon_{14}$ | 0.890 212 | 0.890 212 | 0.855 353 | 0.752 411 |

根据式(3－24)得出各子因素与腐蚀速率系数之间的关联度，如表 3－16 所示。

**表 3－16 各子因素与腐蚀速率系数之间的关联度**

| $f_1$ | $f_2$ | $f_3$ | $f_4$ |
|---|---|---|---|
| 0.688 1 | 0.696 8 | 0.698 8 | 0.680 4 |

通过比较可以得出 $f_3 > f_2 > f_1 > f_4$，则影响水泥石腐蚀速率系数的因素的顺序为 $CO_2$ 分压＞腐蚀温度＞水泥浆的液固比＞腐蚀水湿环境，其中水泥浆的液固比又主要与水泥石的孔隙率和渗透率相关。

3.2.2.6 腐蚀对固井水泥石密封性能的影响

前面主要分析了腐蚀对固井水泥石力学性能的影响。为了探究腐蚀对固井水泥石密封性能的影响，采用压汞法对不同深度腐蚀层的孔隙率及孔径分布进行了量化分析，并在此基础上分析了孔隙结构变化对腐蚀层渗透性能的影响。为了对腐蚀前后水泥石孔隙结构的演变规律进行分析，将气相腐蚀环境和液相腐蚀环境下腐蚀 60 d 后的水泥石在 40℃干燥至恒重后破型，挑选较为完整的碎块，用砂纸和锉刀精细打磨掉未腐蚀的水泥石部分而只留下腐蚀层，然后用氮气吹去表面浮尘后进行压汞分析，结果如图 3－39、图 3－40 及表

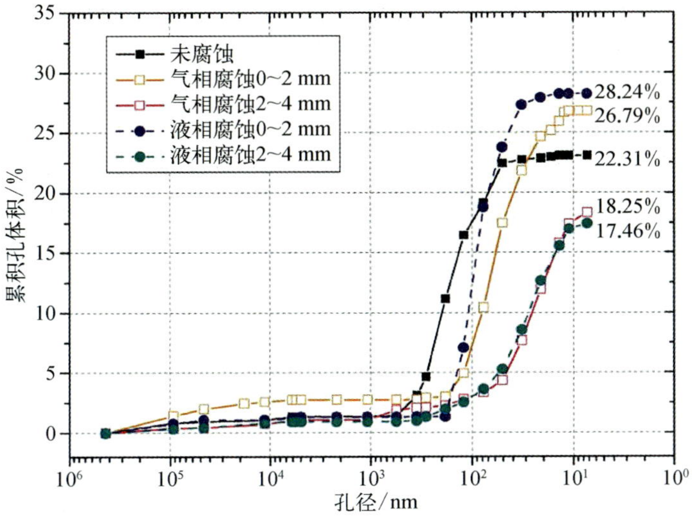


**图 3－39　未腐蚀与腐蚀 60 d 的水泥石的累积孔隙率曲线**

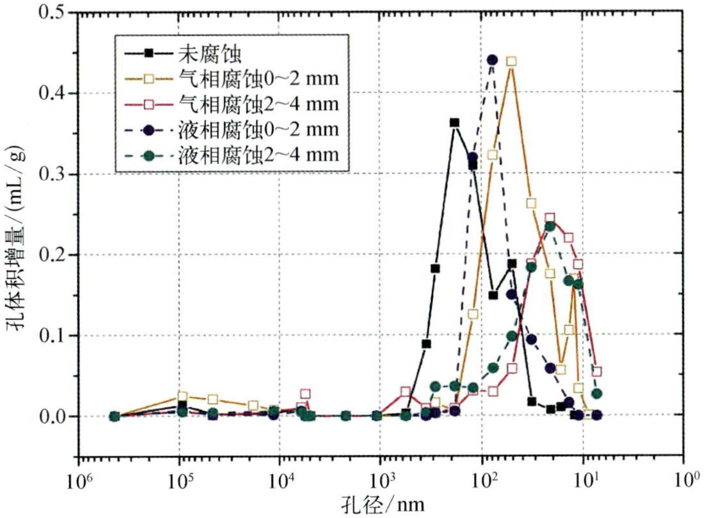


**图 3－40　未腐蚀与腐蚀 60 d 的水泥石的孔径分布曲线**

3-17所示。从结果可以看出，对于0～2 mm的腐蚀层，由于碳化形成的$CaCO_3$在腐蚀后期被转变为$Ca(HCO_3)_2$并从水泥石基体中淋滤出来，留下无定形硅胶，使得该区域腐蚀层的堆积密度下降和孔隙率升高。由于与水溶液的输运作用更强，因此液相腐蚀后的水泥石的孔隙率升高幅度更大。对于腐蚀层下部2～4 mm尚未发生淋滤作用的碳化致密层，由于$Ca(OH)_2$和水化硅酸钙发生碳化反应生成了体积较大的$CaCO_3$并在水泥石的原始孔隙中沉积，使得其堆积密度增大、孔隙率下降、孔径得到细化。

**表3-17　未腐蚀与腐蚀60 d的水泥石的压汞分析结果**

| 参　数 | 未腐蚀水泥石 | 气相腐蚀水泥石 | | 液相腐蚀水泥石 | |
|---|---|---|---|---|---|
| | | 0～2 mm腐蚀层 | 2～4 mm腐蚀层 | 0～2 mm腐蚀层 | 2～4 mm腐蚀层 |
| 堆积密度/($g/cm^3$) | 1.629 | 1.601 | 1.727 | 1.567 | 1.744 |
| 孔隙率/% | 22.31 | 26.79 | 18.25 | 28.24 | 17.46 |
| 中孔直径/nm | 113.3 | 48.6 | 28.1 | 66.2 | 21.8 |
| 平均孔径/nm | 102.7 | 40.8 | 22.5 | 52.1 | 16.7 |

从压汞分析可以看出，各腐蚀层具有不同的孔结构特征，这也意味着不同的腐蚀层具有不同的渗透率。渗透率变化与孔隙率变化直接相关，各层的渗透率可以表示为[120]

$$\frac{k_{i,t}}{k_{i,0}}=\left(\frac{\phi_{i,t}}{\phi_{i,0}}\right)^n \tag{3-25}$$

式中，$k_{i,t}$为$t$时刻第$i$层的渗透率，$10^{-5}\ \mu m^2$；$k_{i,0}$为初始时刻(未腐蚀)水泥石的渗透率，$10^{-5}\ \mu m^2$；$\phi_{i,t}$为$t$时刻第$i$层的孔隙率，%；$\phi_{i,0}$为初始时刻(未腐蚀)水泥石的孔隙率，%；$n$为指数系数，反映了渗透率随孔隙率变化的程度大小，通常$n$的取值为9～20，Ghabezloo[121]、Brunet[122]等的研究表明对于G级油井水泥，$n$取11。

根据未腐蚀水泥石气测渗透率的结果，采用式(3-25)对各腐蚀层的渗透率进行计算，结果如表3-18所示。结果表明，腐蚀层孔隙率的变化将极大地影响其传输性能。0～2 mm 的淋滤脱钙层的渗透率因孔隙率的增加而大幅上升，相比于未腐蚀水泥石，气相腐蚀水泥石 0～2 mm 的淋滤脱钙层的渗透率上升了 6.49 倍，液相腐蚀水泥石 0～2 mm 的淋滤脱钙层的渗透率则上升了 12.37 倍。而由于 $CaCO_3$ 的充填密实作用，相比于未腐蚀水泥石，气相腐蚀水泥石 2～4 mm 的致密碳化层的渗透率下降了 89.02%，液相腐蚀水泥石 2～4 mm 的致密碳化层的渗透率则下降了 93.26%。

**表 3-18　不同深度腐蚀层渗透率的计算结果**

| 参　数 | 未腐蚀水泥石 | 气相腐蚀水泥石 | | 液相腐蚀水泥石 | |
|---|---|---|---|---|---|
| | | 0～2 mm 腐蚀层 | 2～4 mm 腐蚀层 | 0～2 mm 腐蚀层 | 2～4 mm 腐蚀层 |
| 孔隙率/% | 22.31 | 26.79 | 18.25 | 28.24 | 17.46 |
| 渗透率/$10^{-5}$ $\mu m^2$ | 2.241 | 16.774 | 0.246 | 29.954 | 0.151 |

实际的腐蚀后的水泥石是由多孔淋滤脱钙层、致密碳化层、氢氧化钙溶解层及内部的未腐蚀水泥石层构成的，因此水泥石整体的渗透能力是各层状结构综合作用的结果。如图 3-41(a)所示，腐蚀介质在腐蚀后水泥石的层状结构中有两个扩散途径，一个是平行于腐蚀层方向的，称为平行扩散，对应的实际井下工况为腐蚀介质沿着腐蚀层轴向运移；另一个是垂直于腐蚀层方向的，称为截面扩散，对应的实际井下工况为腐蚀介质沿径向不断地侵入水泥环与套管的胶结界面。

如图 3-41(b)所示，对于平行扩散而言，流体优先通过阻力小的多孔淋滤脱钙层，进而绕过孔隙率小、阻力大的致密碳化层和未腐蚀水泥石层，因此水泥石的有效渗透率是由渗透率最大的层，即多孔淋滤脱钙层控制的。假设不同层之间的渗透率和孔隙率有明显的界线，那么平行扩散时水泥石整体的有效渗透率可以表示为

$$k_{P,t}=\frac{\sum_{i=1}^{j}k_{i,t}l_{i,t}}{L_{total,P}} \tag{3-26}$$

式中，$k_{P,t}$ 为 $t$ 时刻水泥石平行扩散的有效渗透率，$10^{-5}$ $\mu m^2$；$k_{i,t}$ 为 $t$ 时刻第

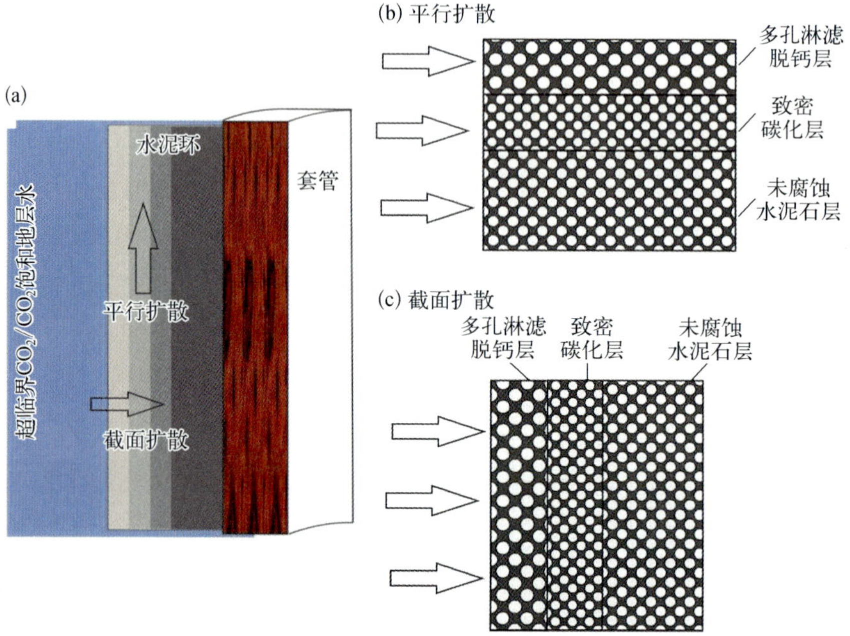


**图 3-41　井下 $CO_2$ 沿水泥环渗透的模型：(a) 地层水-水泥环-套管分层结构示意图；(b) 平行扩散示意图；(c) 截面扩散示意图**

$i$ 层的渗透率，$10^{-5}\ \mu m^2$；$l_{i,t}$ 为 $t$ 时刻第 $i$ 层的厚度，mm；$j$ 为总层数，无量纲；$L_{total,P}$ 为垂直于扩散方向的水泥石厚度，mm。

如图 3-41(c)所示，对于截面扩散而言，流体需要依次通过每一层，因此水泥石的有效渗透率是由渗透率最小的层即致密碳化层控制的。同样假设不同层之间的渗透率和孔隙率有明显的界线，那么截面扩散时水泥石整体的有效渗透率可以表示为

$$k_{T,t}=\frac{L_{total,T}}{\sum_{i=1}^{j}\frac{l_{i,t}}{k_{i,t}}} \tag{3-27}$$

式中，$k_{T,t}$ 为 $t$ 时刻水泥石截面扩散的有效渗透率，$10^{-5}\ \mu m^2$；$L_{total,T}$ 为平行于扩散方向的水泥石厚度，mm。

如果将腐蚀 60 d 后的水泥石考虑为实际井下 311.15 mm 钻头/273.05 mm 套管组合体积下的水泥环，那么其理想厚度为 19.05 mm。测得水泥石在气相

腐蚀 60 d 后的腐蚀深度为 3.92 mm，液相腐蚀 60 d 后的腐蚀深度为 5.01 mm。根据 SEM－SE 分析的结果，可知氢氧化钙溶解层的厚度很小，可将其忽略，而多孔淋滤脱钙层和致密碳化层的厚度约各占腐蚀层总厚度的 50%。将各腐蚀层厚度及表 3－18 中的渗透率数据分别代入式(3－26)和式(3－27)计算沿着井筒方向的平行扩散有效渗透率和垂直于井筒方向的截面扩散有效渗透率，结果如表 3－19 所示。从表中结果可以看出，沿着井筒方向的平行扩散有效渗透率将大幅升高，这将有利于井下流体沿着水泥环腐蚀外层在轴向的运移，但不利于层间封隔。垂直于井筒方向的截面扩散有效渗透率会大幅降低，这表明致密碳化层的生成能够降低腐蚀介质向水泥环内部进一步侵入的速率，即流体在水泥环中的径向运移可被有效抑制。

**表 3－19　模拟水泥环腐蚀 60 d 后的有效渗透率计算结果**

| 水泥石 | 平行扩散的有效渗透率 /$\times10^{-5}$ μm$^2$ | 变化率 | 截面扩散的有效渗透率 /$\times10^{-5}$ μm$^2$ | 变化率 |
|---|---|---|---|---|
| 气相腐蚀水泥石 | 3.531 | +57.6% | 1.284 | −42.7% |
| 液相腐蚀水泥石 | 4.877 | +117.6% | 0.963 | −57.0% |

## 3.3　本章小结

本章主要介绍了 $CO_2$ 地质利用与封存涉及的各类腐蚀问题及其危害，包括地上管路的 $CO_2$ 腐蚀及其危害、地上 $CO_2$ 运输及注入设备的 $CO_2$ 腐蚀及其危害、$CO_2$ 地质利用与封存井的井筒套管的 $CO_2$ 腐蚀及其危害、$CO_2$ 地质利用与封存井的固井水泥石的 $CO_2$ 腐蚀及其危害。$CO_2$ 与金属管路长期接触后，析氢腐蚀等过程会导致金属管路腐蚀。这种腐蚀不仅缩短了管路的使用寿命，而且可能引发泄漏，对环境造成污染。更为严重的是，腐蚀产物有可能堵塞管道，影响 $CO_2$ 的运输和封存。在 $CO_2$ 的运输和注入过程中，由于运输过程中可能会存在杂质($H_2O$、$O_2$、$SO_x$、$H_2S$ 和 $NO_x$ 等)，泵、阀门等设备也会受到腐蚀的影响。这不仅增加了设备的维护成本，而且可能引发设备故障，

影响 $CO_2$ 的运输和封存效率。在向地下注入 $CO_2$ 的过程中，$CO_2$ 可能与井筒油套管直接接触，导致油套管发生腐蚀。油管的腐蚀会导致 $CO_2$ 穿透油管进入油套环空，直接影响 $CO_2$ 的注入量；套管的腐蚀不仅可能引发 $CO_2$ 通过套管壁、套管-水泥环交界等处泄漏，也可能导致套管的支撑性能下降，引发井壁坍塌等安全问题。井筒油套管主要的腐蚀失效形式包括点蚀失效、应力腐蚀开裂、电偶腐蚀失效、微生物腐蚀失效、缝隙腐蚀失效及长周期均匀腐蚀失效等。为了尽可能降低 $CO_2$ 腐蚀油套管造成的危害，需要完善油套管腐蚀防护措施，促进 $CO_2$ 地质利用与封存技术的全面发展。固井水泥石是确保井的稳定性和封存效果的关键部分。然而，$CO_2$ 的存在可能导致固井水泥石的腐蚀和性能的下降。为了研究固井水泥石在富 $CO_2$ 环境下的腐蚀行为，一般将固井水泥石试样在养护成型后放入高温、高压腐蚀反应釜中，在设定的温度、$CO_2$ 分压条件下进行腐蚀反应。腐蚀结束后将固井水泥石试样从反应釜中取出进行分析，建立腐蚀深度、腐蚀后力学强度与腐蚀时间的对应关系，以预测固井水泥石长期受 $CO_2$ 腐蚀后的性能演化。可应用灰色关联分析法等先进的分析手段，深入研究不同因素对固井水泥石损伤的影响程度。

## 参考文献

[1] 向勇，侯力，杜猛，等. 中国 CCUS - EOR 技术研究进展及发展前景[J]. 油气地质与采收率，2023，30(2)：1 - 17.

[2] 蒋秀，屈定荣，刘小辉. 超临界 $CO_2$ 管道输送与安全[J]. 油气储运，2013，32(8)：809 - 813.

[3] Krzemień A，Więckol-Ryk A，Smoliński A，et al. Assessing the risk of corrosion in amine-based $CO_2$ capture process [J]. Journal of Loss Prevention in the Process Industries，2016，43：189 - 197.

[4] 谢维蔓. 新型 $CO_2$ 吸收剂降解机理与腐蚀特性研究[D]. 北京：中国石油大学(北京)，2020.

[5] 陆诗建，贡玉萍，刘玲，等. 醇胺溶液吸收 $CO_2$ 的腐蚀研究进展[J]. 现代化工，2022，42(9)：76 - 80.

[6] Zhao F，Cui C X，Dong S L，et al. An overview on the corrosion mechanisms and inhibition techniques for amine-based post-combustion carbon capture process [J]. Separation and Purification Technology，2023，304：122091.

[7] Soosaiprakasam I R，Veawab A. Corrosion and polarization behavior of carbon steel in MEA - based $CO_2$ capture process [J]. International Journal of Greenhouse Gas Control，2008，2(4)：553 - 562.

[8] Nainar M, Veawab A. Corrosion in $CO_2$ capture unit using MEA - piperazine blends [J]. Energy Procedia, 2009, 1(1): 231 - 235.
[9] Veawab A, Tontiwachwuthikul P, Chakma A. Influence of process parameters on corrosion behavior in a sterically hindered amine - $CO_2$ system [J]. Industrial & Engineering Chemistry Research, 1999, 38(1): 310 - 315.
[10] 张磊,李超,李广,等. 碳钢在 $CO_2$ 捕集系统中的腐蚀性研究[J]. 化工机械,2018,45(6): 704 - 708.
[11] Veawab A, Tontiwachwuthikul P, Chakma A. Corrosion behavior of carbon steel in the $CO_2$ absorption process using aqueous amine solutions [J]. Industrial & Engineering Chemistry Research, 1999, 38(10): 3917 - 3924.
[12] Rafat A, Atilhan M, Kahraman R. Corrosion behavior of carbon steel in $CO_2$ saturated amine and imidazolium-, ammonium-, and phosphonium-based ionic liquid solutions [J]. Industrial & Engineering Chemistry Research, 2016, 55(2): 446 - 454.
[13] Davoudi M, Safadoust A R, Mansoori S A A, et al. The impurities effect on thermal degradation and corrosivity of amine solution in South Pars gas sweetening plants [J]. Journal of Natural Gas Science and Engineering, 2014, 19: 116 - 124.
[14] Fytianos G, Grimstvedt A, Knuutila H, et al. Effect of MEA's degradation products on corrosion at $CO_2$ capture plants [J]. Energy Procedia, 2014, 63: 1869 - 1875.
[15] Xiang Y, Yan M C, Choi Y S, et al. Time-dependent electrochemical behavior of carbon steel in MEA - based $CO_2$ capture process [J]. International Journal of Greenhouse Gas Control, 2014, 30: 125 - 132.
[16] Gao J B, Wang S J, Sun C C, et al. Corrosion behavior of carbon steel at typical positions of an amine-based $CO_2$ capture pilot plant [J]. Industrial & Engineering Chemistry Research, 2012, 51(19): 6714 - 6721.
[17] Zheng L F, Matin N S, Landon J, et al. $CO_2$ loading-dependent corrosion of carbon steel and formation of corrosion products in anoxic 30 wt. % monoethanolamine-based solutions [J]. Corrosion Science, 2016, 102: 44 - 54.
[18] 张昆,孙悦,王池嘉,等. 碳捕集、利用与封存中 $CO_2$ 腐蚀与防护研究[J]. 表面技术,2022,51(9): 43 - 52.
[19] Li W, Landon J, Irvin B, et al. Use of carbon steel for construction of post-combustion $CO_2$ capture facilities: A pilot-scale corrosion study [J]. Industrial & Engineering Chemistry Research, 2017, 56(16): 4792 - 4803.
[20] Zheng L F, Landon J, Matin N S, et al. $FeCO_3$ coating process toward the corrosion protection of carbon steel in a postcombustion $CO_2$ capture system [J]. Industrial & Engineering Chemistry Research, 2016, 55(14): 3939 - 3948.
[21] 范舟,王子瑜,刘建仪,等. 气田产出水介质中特殊黄铜合金对 N80 钢腐蚀性的影响[J]. 天然气工业,2017,37(6): 86 - 92.
[22] 华夏能源网. 我国首条百万吨二氧化碳输送管道正式投运[EB/OL]. (2023 - 7 - 12)[2024 - 3 - 18]. https://baijiahao.baidu.com/s?id=1771181147949370126&wfr=spider&for=pc.

[23] Johnsen K, Helle K, Røneid S, et al. DNV recommended practice: Design and operation of $CO_2$ pipelines [J]. Energy Procedia, 2011, 4: 3032 - 3039.

[24] Xiang Y, Xu M H, Choi Y S. State-of-the-art overview of pipeline steel corrosion in impure dense $CO_2$ for CCS transportation: Mechanisms and models [J]. Corrosion Engineering, Science and Technology, 2017, 52(7): 485 - 509.

[25] 高岩.金属管线腐蚀机理及防腐技术探析[J].中国金属通报,2021(2): 195 - 196.

[26] 马刚,顾艳红,赵杰.硫酸盐还原菌对钢材腐蚀行为的研究进展[J].中国腐蚀与防护学报,2021,41(3): 289 - 297.

[27] 苏留帅,张瑶.油田二氧化碳驱集输管道的腐蚀机理研究[J].当代化工,2015,44(11): 2655 - 2658.

[28] Chen Y J, Tang Q, Senko J M, et al. Long-term survival of *Desulfovibrio* vulgaris on carbon steel and associated pitting corrosion [J]. Corrosion Science, 2015, 90: 89 - 100.

[29] 李江飞,段兴华,李岩芳,等.含杂质 $CO_2$ 的管道输送[J].科技导报,2016,34(2): 173 - 177.

[30] 郑鑫.油气集输管道内腐蚀及内防腐技术研究[J].全面腐蚀控制,2023,37(5): 128 - 129,132.

[31] Woodtli J, Kieselbach R. Damage due to hydrogen embrittlement and stress corrosion cracking [J]. Engineering Failure Analysis, 2000, 7(6): 427 - 450.

[32] Craig B. Should supercritical $CO_2$ pipelines comply with ANSI/NACE MR0175/ISO 15156? [J]. Materials Performance, 2014, 53(12): 60 - 62.

[33] Papavinasam S, Doiron A, Revie R W. Model to predict internal pitting corrosion of oil and gas pipelines [J]. Corrosion, 2010, 66(3): 035006.

[34] Sun C, Yan X L, Sun J B, et al. Unraveling the effect of $O_2$, $NO_2$ and $SO_2$ impurities on the stress corrosion behavior of X65 steel in water-saturated supercritical $CO_2$ streams [J]. Corrosion Science, 2022, 209: 110729.

[35] Zeng Y M, Li K Y. Influence of $SO_2$ on the corrosion and stress corrosion cracking susceptibility of supercritical $CO_2$ transportation pipelines [J]. Corrosion Science, 2020, 165: 108404.

[36] Li K Y, Zeng Y M. Long-term corrosion and stress corrosion cracking of X65 steel in $H_2O$ - saturated supercritical $CO_2$ with $SO_2$ and $O_2$ impurities [J]. Construction and Building Materials, 2023, 362: 129746.

[37] Xiang Y, Li C, Hesitao W, et al. Understanding the pitting corrosion mechanism of pipeline steel in an impure supercritical $CO_2$ environment [J]. The Journal of Supercritical Fluids, 2018, 138: 132 - 142.

[38] Zhang S H, Hou L F, Du H Y, et al. Synergistic contribution of chloride and bicarbonate ions to pitting corrosion behavior of carbon steel [J]. Corrosion, 2019, 75(9): 1034 - 1043.

[39] Pessu F, Barker R, Chang F, et al. Iron sulphide formation and interaction with corrosion inhibitor in $H_2S$ - containing environments [J]. Journal of Petroleum Science and Engineering, 2021, 207: 109152.

[40] Crolet J L, Thevenot N, Nesic S. Role of conductive corrosion products in the protectiveness of corrosion layers [J]. Corrosion, 1998, 54(3): 194 - 203.
[41] Farelas F, Choi Y S, Nešić S. Corrosion behavior of API 5L X65 carbon steel under supercritical and liquid carbon dioxide phases in the presence of water and sulfur dioxide [J]. Corrosion, 2013, 69(3): 243 - 250.
[42] Ayello F, Evans K, Thodla R, et al. Effect of impurities on corrosion of steel in supercritical $CO_2$ [J]. NACE - International Corrosion Conference Series, 2010.
[43] Xiang Y, Wang Z, Yang X X, et al. The upper limit of moisture content for supercritical $CO_2$ pipeline transport [J]. The Journal of Supercritical Fluids, 2012, 67: 14 - 21.
[44] Wang W H, Shen K L, Tang S, et al. Synergistic effect of $O_2$ and $SO_2$ gas impurities on X70 steel corrosion in water-saturated supercritical $CO_2$ [J]. Process Safety and Environmental Protection, 2019, 130: 57 - 66.
[45] Sun C, Wang Y, Sun J B, et al. Effect of impurity on the corrosion behavior of X65 steel in water-saturated supercritical $CO_2$ system [J]. The Journal of Supercritical Fluids, 2016, 116: 70 - 82.
[46] Xiang Y, Wang Z, Xu C, et al. Impact of $SO_2$ concentration on the corrosion rate of X70 steel and iron in water-saturated supercritical $CO_2$ mixed with $SO_2$ [J]. The Journal of Supercritical Fluids, 2011, 58(2): 286 - 294.
[47] Li C, Xiang Y, Li W G. Initial corrosion mechanism for API 5L X80 steel in $CO_2$/$SO_2$ - saturated aqueous solution within a CCUS system: Inhibition effect of $SO_2$ impurity [J]. Electrochimica Acta, 2019, 321: 134663.
[48] Wei L, Pang X L, Gao K W. Effect of small amount of $H_2S$ on the corrosion behavior of carbon steel in the dynamic supercritical $CO_2$ environments [J]. Corrosion Science, 2016, 103: 132 - 144.
[49] Ding J H, Zhang L, Lu M X, et al. The electrochemical behaviour of 316 L austenitic stainless steel in $Cl^-$ containing environment under different $H_2S$ partial pressures [J]. Applied Surface Science, 2014, 289: 33 - 41.
[50] Sun C, Sun J B, Wang Y, et al. Synergistic effect of $O_2$, $H_2S$ and $SO_2$ impurities on the corrosion behavior of X65 steel in water-saturated supercritical $CO_2$ system [J]. Corrosion Science, 2016, 107: 193 - 203.
[51] Ge X L, Wang X D, Zhang M, et al. Correlation and prediction of activity and osmotic coefficients of aqueous electrolytes at 298.15 K by the modified TCPC model [J]. Journal of Chemical & Engineering Data, 2007, 52(2): 538 - 547.
[52] 刘畅,陈旭,杨江. $CO_2$ 腐蚀及其缓蚀剂应用研究进展[J]. 化工进展,2021,40(11): 6305 - 6314.
[53] Xiang Y, Wang Z, Li Z, et al. Effect of temperature on corrosion behaviour of X70 steel in high pressure $CO_2$/$SO_2$/$O_2$/$H_2O$ environments[J]. Corrosion Engineering, Science and Technology, 2013, 48(2): 121 - 129.
[54] Wei L, Pang X L, Gao K W. Effect of flow rate on localized corrosion of X70 steel in supercritical $CO_2$ environments [J]. Corrosion Science, 2018, 136: 339 - 351.

[55] Xiang Y, Song C C, Li C, et al. Characterization of 13Cr steel corrosion in simulated EOR - CCUS environment with flue gas impurities [J]. Process Safety and Environmental Protection, 2020, 140: 124 - 136.
[56] 张贤，李阳，马乔，等. 我国碳捕集利用与封存技术发展研究[J]. 中国工程科学，2021, 23(6): 70 - 80.
[57] 程一步，孟宪玲. 二氧化碳捕集、利用和封存技术应用现状及发展方向[J]. 石油石化节能与减排，2014，4(5): 30 - 35.
[58] 吴远彬，黄晶. 中国碳捕集利用与封存技术发展路线图[M]. 北京：科学出版社，2019.
[59] 邱雪霏. 基于吸收法的 $CO_2$ 富液解吸试验研究[D]. 南昌：华东交通大学，2019.
[60] 万仁溥. 现代完井工程[M]. 3 版. 北京：石油工业出版社，2008.
[61] 韩霞. 高 89 区块 $CO_2$ 驱地面生产系统腐蚀分析与控制[J]. 油气田地面工程，2012，31(11): 11 - 13.
[62] 董志刚，张雪珍，丁欣. 油套管腐蚀影响因素与防腐蚀技术研究[J]. 设备管理与维修，2021，(14): 115 - 116.
[63] 刘宝和. 中国石油勘探开发百科全书. 工程卷[M]. 北京：石油工业出版社，2008.
[64] 张智，施太和，吴优，等. 高酸性气井超临界态二氧化碳硫化氢的相态变化诱发钻采事故探讨[J]. 钻采工艺，2007，30(1): 94 - 95，104.
[65] 万立夫，李根生，黄中伟，等. 超临界流体侵入井筒多相流动规律研究[J]. 钻采工艺，2012，35(3): 9 - 13.
[66] 张智，李炎军，张超，等. 高温含 $CO_2$ 气井的井筒完整性设计[J]. 天然气工业，2013，33(9): 79 - 86.
[67] 赵雪会，何治武，刘进文，等. CCUS 腐蚀控制技术研究现状[J]. 石油管材与仪器，2017，3(3): 1 - 6.
[68] Choi Y S, Young D, Nešić S, et al. Wellbore integrity and corrosion of carbon steel in $CO_2$ geologic storage environments: A literature review [J]. International Journal of Greenhouse Gas Control, 2013, 16: S70 - S77.
[69] 刘振翼，任韬，张德平，等. 高低温冲击条件下 $CO_2$ 驱注入管失效危险性试验研究[J]. 中国安全科学学报，2015，25(7): 80 - 86.
[70] 郝敏，宋永臣. 利用 $CO_2$ 提高石油采收率技术研究现状[J]. 钻采工艺，2010，33(4): 59 - 63，139.
[71] 卢会霞，屈撑囤，卜绍峰. 中原油田注入水腐蚀因素及控制研究[J]. 腐蚀与防护，2004，25(6): 263 - 266.
[72] Macdonald D D. The point defect model for the passive state [J]. Journal of the Electrochemical Society, 1992, 139(12): 3434 - 3449.
[73] Li J K, Sun C, Roostaei M, et al. Role of $Ca^{2+}$ in the $CO_2$ corrosion behavior and film characteristics of N80 steel and electroless Ni-P coating at high temperature and high pressure [J]. Materials Chemistry and Physics, 2021, 267: 124618.
[74] 王健. 油水交替润湿环境中碳钢缓蚀机理研究[D]. 北京：中国石油大学(北京)，2016.
[75] 王霞，马发明，陈玉祥，等. 注 $CO_2$ 提高采收率工程中的腐蚀机理及防护措施[J]. 钻采工艺，2006，29(6): 73 - 76.

[76] Choi Y S, Nešić S. Determining the corrosive potential of $CO_2$ transport pipeline in high $pCO_2$ - water environments [J]. International Journal of Greenhouse Gas Control, 2011, 5(4): 788 - 797.
[77] 祝英剑,刘长宇,王峰,等. 油管钢在饱和 $CO_2$ 模拟油田液中的腐蚀行为研究[J]. 腐蚀科学与防护技术,2011,23(3): 271 - 273.
[78] Wei L, Gao K W. Understanding the general and localized corrosion mechanisms of Cr - containing steels in supercritical $CO_2$ - saturated aqueous environments [J]. Journal of Alloys and Compounds, 2019, 792: 328 - 340.
[79] Dugstad A, Morland B, Clausen S. Corrosion of transport pipelines for $CO_2$ - effect of water ingress [J]. Energy Procedia, 2011, 4: 3063 - 3070.
[80] Cabrini M, Lorenzi S, Pastore T, et al. Corrosion rate of high $CO_2$ pressure pipeline steel for carbon capture transport and storage [J]. La Metallurgia Italiana, 2014, 106 (6): 21 - 27.
[81] Zhang Y C, Pang X L, Qu S P, et al. Discussion of the $CO_2$ corrosion mechanism between low partial pressure and supercritical condition [J]. Corrosion Science, 2012, 59: 186 - 197.
[82] 刘安庆. 超临界 $CO_2$ -原油-水共存条件下碳钢腐蚀规律研究[D]. 北京: 中国石油大学,2016.
[83] Hernandez S, Duplat S, Mendez C, et al. On the mechanism of corrosion inhibition by crude oils [C]. Corrosion, 2001.
[84] 姚鹏程,谢俊峰,杨春玉,等. 高温高压环境 $Cl^-$ 浓度和 $CO_2$ 分压对不锈钢油管的影响[J]. 全面腐蚀控制,2017,31(10): 67 - 70.
[85] 王艳飞. L360 钢在 $H_2S$ - $CO_2$ - $Cl^-$ 体系中元素硫沉积下的点蚀机理[D]. 西安: 西安石油大学,2021.
[86] Wang Q Y, Wu W, Li Q, et al. Under-deposit corrosion of tubing served for injection and production wells of $CO_2$ flooding [J]. Engineering Failure Analysis, 2021, 127: 105540.
[87] Burleigh T D. The postulated mechanisms for stress corrosion cracking of aluminum alloys: A review of the literature 1980 - 1989 [J]. Corrosion, 1991, 47(2): 89 - 98.
[88] Robertson I M, Sofronis P, Nagao A, et al. Hydrogen embrittlement understood [J]. Metallurgical and Materials Transactions B, 2015, 46(3): 1085 - 1103.
[89] 樊海燕,姜志强,安雪微,等. 油田管道应力腐蚀断裂成因分析[J]. 油气田地面工程,2022,41(1): 71 - 74,79.
[90] 王俊良,臧晗宇,张亚明,等. 油管及油管接箍腐蚀失效分析[J]. 腐蚀与防护,2010,31(8): 662 - 664.
[91] 谭才渊,殷启帅,杨进,等. 渤海某油田 L80 油管腐蚀机理研究[J]. 表面技术,2017,46(3): 236 - 245.
[92] 胡芳婷,赵密锋,邢星,等. 某油田 3Cr P110 修复油管断裂原因分析[J]. 材料保护,2020,53(10): 115 - 119.
[93] 赵存耀,齐亚猛. 某油田注水井 P110 钢级油管接箍开裂失效分析[J]. 石油管材与仪器,2022,8(3): 46 - 50.

[94] Ding Y, Cheng C H J, Case R. Electrochemical and morphological investigation of corrosion behavior of C1018 in a subcritical and supercritical $CO_2$ environment with presence of $H_2S$[C]. AMPP Annual Conference + Expo, 2022.

[95] Zhou C S, Zheng S Q, Chen C F, et al. The effect of the partial pressure of $H_2S$ on the permeation of hydrogen in low carbon pipeline steel [J]. Corrosion Science, 2013, 67: 184 - 192.

[96] 王峰,韦春艳,黄天杰,等. $H_2S$ 分压对 13Cr 不锈钢在 $CO_2$ 注气井环空环境中应力腐蚀行为的影响[J]. 中国腐蚀与防护学报,2014,34(1): 46 - 52.

[97] 褚武扬,乔利杰,高克玮. 阳极溶解型应力腐蚀[J]. 科学通报,2000,45(24): 2581 - 2588.

[98] 刘传森,李壮壮,陈长风. 不锈钢应力腐蚀开裂综述[J]. 表面技术,2020,49(3): 1 - 13.

[99] Ugiansky G M, Payer J H. Stress corrosion cracking: The slow strain-rate technique [M]. West Conshohocken: ASTM International, 1979.

[100] 邢希金,耿亚楠,冯桓榰. 井下组合材质防腐电偶腐蚀特征研究[J]. 石油工业技术监督,2017,33(1): 46 - 48.

[101] 宫清君. $CO_2$ 驱油储运设施低碳钢材料在含硫环境下的腐蚀机理研究[D]. 北京: 中国石油大学(北京),2022.

[102] 池坪礁,杨杰,孙宇海漩,等. 金属材料的硫酸盐还原菌腐蚀研究进展[J]. 辽宁化工,2023,52(7): 1027 - 1031.

[103] 王凤平,康万利,敬和民,等. 腐蚀电化学原理、方法及应用[M]. 北京: 化学工业出版社,2008.

[104] 赵培康. 油气井缝隙腐蚀及其防护措施[J]. 化学工程与装备,2023(5): 44 - 46.

[105] Carroll S, Carey J W, Dzombak D, et al. Review: Role of chemistry, mechanics, and transport on well integrity in $CO_2$ storage environments [J]. International Journal of Greenhouse Gas Control, 2016, 49: 149 - 160.

[106] Li Y Z, Wang X, Zhang G A. Corrosion behaviour of 13Cr stainless steel under stress and crevice in 3. 5 wt. % NaCl solution [J]. Corrosion Science, 2020, 163: 108290.

[107] Zhang X S, Wang S J, Wang X, et al. The stress corrosion cracking behavior of N80 carbon steel under a crevice in an acidic solution containing different concentrations of NaCl [J]. Corrosion Science, 2023, 216: 111068.

[108] Kim S H, Lee J H, Kim J G, et al. Effect of the crevice former on the corrosion behavior of 316 L stainless steel in chloride-containing synthetic tap water[J]. Metals and Materials International, 2018, 24(3): 516 - 524.

[109] 张绍槐. 井筒完整性的标准、理论与应用管理[M]. 北京: 石油工业出版社,2019.

[110] Bai M X, Zhang Z C, Fu X F. A review on well integrity issues for $CO_2$ geological storage and enhanced gas recovery [J]. Renewable and Sustainable Energy Reviews, 2016, 59: 920 - 926.

[111] 周仕明,王立志,杨广国,等. 高温环境下 $CO_2$ 腐蚀水泥石规律的实验研究[J]. 石油钻探技术,2008,36(6): 9 - 13.

[112] 周仕明,谭春勤. 耐酸性气体腐蚀水泥添加剂 DC206 的研制及性能评价[J]. 石油钻探技术,2011,39(1):25-28.
[113] 郭志勤,赵庆,燕平,等. 固井水泥石抗腐蚀性能的研究[J]. 钻井液与完井液,2004,21(6):37-40.
[114] 赵张平,庄稼,兰悦,等. 低密度胶乳水泥石抗 $CO_2$ 腐蚀性能研究[J]. 钻井液与完井液,2010,27(1):50-54.
[115] 相金元,韩长武,张健. 改善固井水泥石抗 $CO_2$ 腐蚀性能的无皂胶乳合成及性能评价[J]. 应用化工,2019,48(5):1062-1066.
[116] 姚晓. 二氧化碳对油井水泥石的腐蚀及其防护措施[J]. 钻井液与完井液,1998,15(1):8-12.
[117] 吴秀章,崔永君. 神华 10 万 t/a $CO_2$ 盐水层封存研究[J]. 石油学报(石油加工),2010,26(S1):236-239.
[118] Abid K, Gholami R, Choate P, et al. A review on cement degradation under $CO_2$ - rich environment of sequestration projects[J]. Journal of Natural Gas Science and Engineering, 2015, 27: 1149-1157.
[119] 邓聚龙. 灰色系统基本方法[M]. 武汉:华中工学院出版社,1987.
[120] Jiang C, Gu X L. Discussion of "assessing concrete carbonation resistance through air permeability measurements" by R. neves et al. [construction and building materials 82 (2015): 304 - 309] [J]. Construction and Building Materials, 2016, 102: 913-915.
[121] Ghabezloo S, Sulem J, Saint-Marc J. Evaluation of a permeability-porosity relationship in a low-permeability creeping material using a single transient test [J]. International Journal of Rock Mechanics and Mining Sciences, 2009, 46 (4): 761-768.
[122] Brunet J P L, Li L, Karpyn Z T, et al. Dynamic evolution of cement composition and transport properties under conditions relevant to geological carbon sequestration [J]. Energy & Fuels, 2013, 27(8): 4208-4220.

# 第 4 章

# $CO_2$ 运输管路腐蚀控制技术

$CO_2$ 运输管路主要为金属材质，其运输条件较为复杂，可能是单相纯 $CO_2$ 气体，也可能含有其他杂质，其中 $CO_2$ 强化驱油管路多为 $CO_2$、油、水三相同时存在的情况。又因管路中的流体处于流动状态，故 $CO_2$ 运输管路易发生腐蚀。在 $CO_2$ 运输管路腐蚀控制方面，与一般金属的防腐蚀技术类似，对运输管路 $CO_2$ 腐蚀的防护措施主要也是从材料、药剂及涂层三方面开展。本章各节将对 $CO_2$ 运输管路腐蚀控制技术进行详细阐述。

## 4.1 耐 $CO_2$ 腐蚀合金材料

在耐 $CO_2$ 腐蚀合金材料方面的研究结果表明，13Cr 马氏体不锈钢或 22Cr 双相不锈钢均能较好地抵抗 $CO_2$ 腐蚀，但其造价对于工程建设而言，所需的一次性投入过大，通常只在较关键的部位选择性使用。而低铬合金钢（3Cr 钢）在 $CO_2$ 腐蚀环境中较普通碳钢具有更好的耐蚀性能，同时还可抑制局部腐蚀，是一种具有高性价比的材料。学界和工业界对耐 $CO_2$ 腐蚀合金材料的研究主要集中在合金的成分优化、表面处理、制备工艺等方面。目前，国内外研究者已经开发出多种具有优异耐蚀性能的耐 $CO_2$ 腐蚀合金，其中一些合金已经在工业现场得到广泛应用[1-4]。在成分优化方面，通过添加适量的合金元素，可以显著提高合金的耐蚀性能。例如，向镍基合金中添加铬、钨等元素可以显著提高其耐蚀性能。此外，一些微量元素如硅、铜、钛等也对提高合金的耐蚀性能具有一定的作用。在表面处理方面，常用的方法包括涂覆涂层、渗层和热处理等。通过表面处理，可以在合金表面形成一层具有优异耐蚀性能的保护膜，从而提高整个合金的耐蚀性能。例如，在不锈钢表面涂覆陶瓷涂层可以显著提高其耐 $CO_2$ 腐蚀性能。在制备工艺方面，一些特殊的制备工艺可以显著提高合金的耐蚀性能。例如，利用粉末冶金技术制备的合金具有更加致密的微观组织结构，从而具有更加优异的耐蚀性能。

近年来，CGUS 项目在全球范围内的部署数量不断增加，随之带来了布设大量 $CO_2$ 运输管路的需求。因此，$CO_2$ 运输管路用耐 $CO_2$ 腐蚀合金材料的需求将会不断增加。未来，耐 $CO_2$ 腐蚀合金材料的发展将主要集中在以下几个方面。

(1) 新材料的研发。通过成分的优化和制备工艺的改进，不断开发出具有优异的耐蚀性能、良好的加工性能、卓越的机械性能、符合 $CO_2$ 运输管路工程需求的新型耐 $CO_2$ 腐蚀合金材料。

(2) 表面处理技术的改进。通过改进表面处理技术，对现有耐 $CO_2$ 腐蚀合金材料的表面进行耐腐蚀处理，以提高现有耐 $CO_2$ 腐蚀合金材料的耐蚀性能和使用寿命。

(3) 使用绿色环保材料。随着环保意识的不断提高，使用可再生资源和环保型的耐 $CO_2$ 腐蚀合金材料将会成为未来的发展趋势。

## 4.2　耐 $CO_2$ 腐蚀涂镀层技术

在耐 $CO_2$ 腐蚀涂镀层技术研发方面，目前已开发抗离子渗透防脱涂层与涂敷技术、改性蒙脱土优化环氧树脂涂层技术、聚氨酯优化环氧树脂涂层技术等多种针对 $CO_2$ 运输管路的防腐涂镀层技术。

1. 抗离子渗透防脱涂层与涂敷技术

基于金属钝化膜的双极性理论概念，研制开发了双极性涂层，并研究了涂层的阻隔机制，其中双极性涂层的结构示意图如图 4-1(a)所示，与金属靠近的一侧所带的固定电荷为正，类似于 n 型半导体，与溶液靠近的一侧所带的固定电荷为负，类似于 p 型半导体，阻隔机制如图 4-1(b)所示。双极性涂层的面漆(与溶液靠近的一侧)为阳离子选择性涂层，可以降低电解质溶液中的阴离子(如氯离子)的渗透扩散能力，底漆(与金属靠近的一侧)为阴离子选择性涂层，可以阻挡金属腐蚀离子向涂层内部渗透。同时，双极性涂层中若添加片状防腐填料（如蒙脱土等）或改性颜填料形成交联网状结构，在一定程度上可延长腐蚀性介质在涂层中的渗透扩散路径，从而提高涂层的防腐效果。

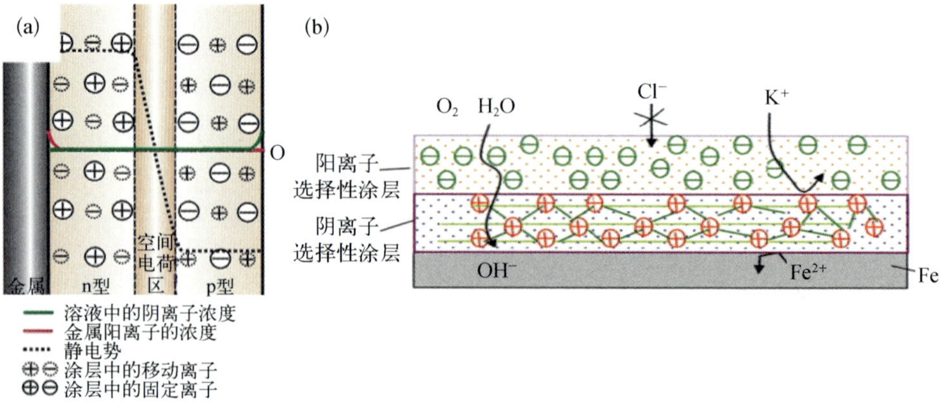


图 4-1 (a) 双极性涂层的结构示意图；(b) 阻隔机制示意图

2. 改性蒙脱土优化环氧树脂涂层技术

在进行改性蒙脱土优化环氧树脂涂层之前，针对环氧树脂耐热性较差的特点，首先添加不同量的酚醛环氧树脂 F51，研究其对环氧树脂涂层耐热性能和力学性能的影响，以此确定 E51/F51 的最佳比例。如图 4-2 所示，随着 F51 含量的提高，涂层耐热性能明显提高。当基体中只有 E51 时，涂层玻璃化

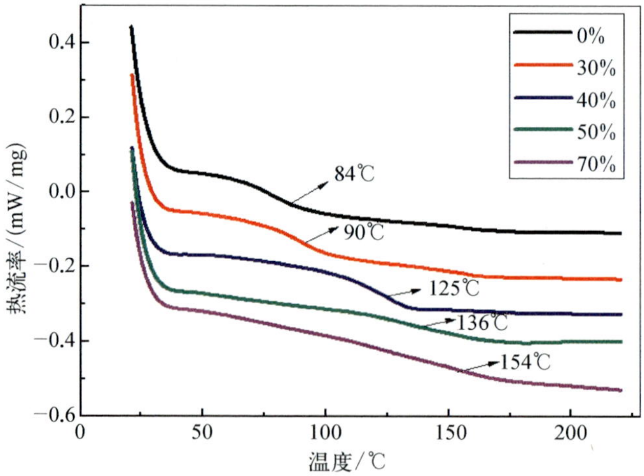


图 4-2 F51 含量对涂层玻璃化转变温度的影响结果

转变温度为 84℃，而当 F51 的含量分别为 40%和 70%时，涂层玻璃化转变温度分别提高到 125℃和 154℃。但酚醛树脂 F51 存在两个缺点：一是黏度太大，二是所得涂层硬度太高并且过脆，抗冲击韧性差。如表 4－1 所示，当 F51 的含量为 0 时，环氧树脂涂层的抗冲击韧性最好，但当 F51 含量为 70%时，环氧树脂涂层的抗冲击韧性只有 20 cm。因此，结合 F51 含量对环氧树脂耐热性和抗冲击韧性的影响进行综合考虑，最佳的 F51 含量为 40%，即基体树脂选定为 E51/F51＝6∶4。

**表 4－1　F51 含量对 E51/F51 体系清漆涂层力学性能的影响**

| F51 含量/% | 0 | 30 | 40 | 50 | 70 |
|---|---|---|---|---|---|
| 抗冲击韧性/cm | 40 | 35 | 35 | 25 | 20 |
| 硬度 | 3H | 3H | 3H | 4H | 4H |

另外，利用蒙脱土的片层结构特点，通过选用不同的改性剂改性钠基蒙脱土(Na－MMT)，提高其在环氧树脂内部的分散性和插层效果，从而改善环氧树脂的防腐能力。通过测试钠基蒙脱土改性后的层间距变化(结果如表 4－2 所示)，发现 $Ca^{2+}$、$Fe^{3+}$ 比 $Li^{+}$、$Al^{3+}$ 的改性效果好，其原因可能是 $Ca^{2+}$ 和 $Fe^{3+}$ 的直径相对较大。

**表 4－2　不同改性剂对 Na－MMT 改性后的层间距变化**

| 样　品 | Na－MMT | Li－MMT | Ca－MMT | Al－MMT | Fe－MMT |
|---|---|---|---|---|---|
| 层间距/Å① | 11.9 | 12.2 | 14.9 | 12.1 | 14.9 |
| 增加百分比/% | — | 2.5 | 25.2 | 1.7 | 25.2 |

在其他条件相同的情况下(蒙脱土含量均为 3%)，不同蒙脱土改性剂对涂层耐热性能的影响结果如图 4－3(a)所示。结果表明，添加 Ca－MMT 的环氧树脂涂层的耐热性能最好，其玻璃化转变温度达到 142℃，高于未添加蒙脱土改性剂及添加 Fe－MMT、Al－MMT、Li－MMT 的环氧树脂涂层。除此之

① 1 Å＝$10^{-1}$ nm。

外，将耐热性能最优的两种涂层，即添加 Ca－MMT 和 Fe－MMT 的环氧树脂涂层，分别在 150℃的 5％的 HCl 溶液中浸泡 48 h，分析腐蚀前后涂层耐热性能的影响结果，如图 4－3(b)所示。经腐蚀后，涂层耐热性能均有所下降，Ca－MMT/Ep 涂层的玻璃化转变温度由腐蚀前的 142℃下降至 125℃，而 Fe－MMT/Ep 涂层的玻璃化转变温度由腐蚀前的 139℃下降至 99℃，添加 Ca－MMT 对环氧树脂涂层的防腐效果提升最佳。

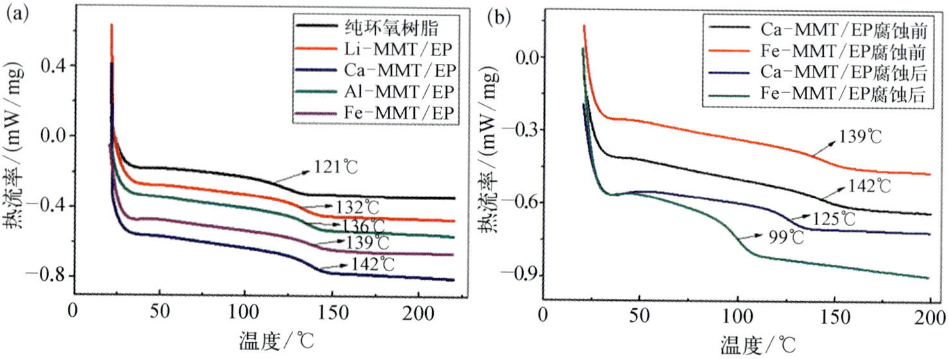


**图 4－3 (a)添加不同蒙脱土改性剂后的涂层玻璃化转变温度结果；(b) 涂层腐蚀前后的玻璃化转变温度结果**

图 4－4 为不同蒙脱土含量的 Ca－MMT/EP 涂层阻抗模值随浸泡时间的变化趋势。结果表明在浸泡初期，Ca－MMT 含量为 3％、5％、7％时的阻抗模

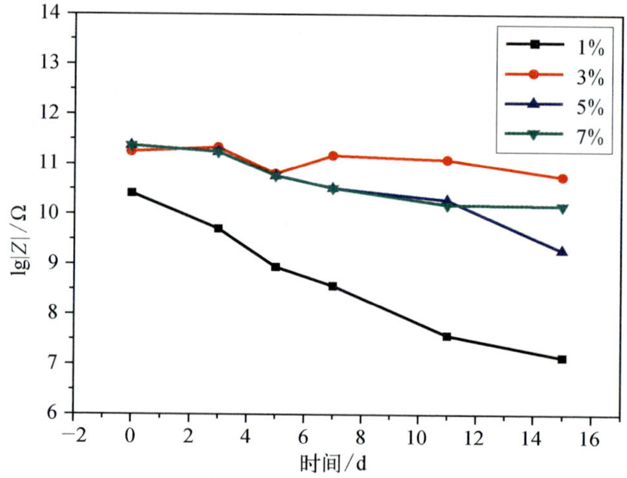


**图 4－4 不同蒙脱土含量的 Ca－MMT/EP 涂层阻抗模值随浸泡时间的变化趋势**

值差别均不大，且明显大于 Ca-MMT 含量为 1%时的阻抗模值。当 Ca-MMT 含量为 1%时，Ca-MMT 粒子添加量过少，蒙脱土阻隔性能并没有发挥出来，阻挡作用相对较弱；随着 Ca-MMT 含量增加到 3%时，纳米粒子在涂层中的分散性好，涂层缺陷小，粒子阻挡作用达到最佳；而随着含量的继续增加，即 Ca-MMT 含量为 5%和 7%时，纳米粒子容易在涂层中团聚，给涂层造成缺陷，阻挡作用下降。

因此，选择使用含有 3%的改性蒙脱土的环氧树脂涂层在不同工况条件下进行高压釜腐蚀试验，具体条件如表 4-3 所示，并对涂层的腐蚀形貌进行表征，结果如表 4-4 所示。

**表 4-3　高压釜模拟工况试验条件**

| | 温度/℃ | 总压/MPa | $H_2S$ 分压/MPa | $CO_2$ 分压/MPa | 腐蚀介质 | 备注 |
|---|---|---|---|---|---|---|
| 工况 1 | 90 | 2 | 0.4 | 1.6 | 5%的 KCl 溶液 | 除氧 |
| 工况 2 | 135 | 2 | 0.4 | 1.6 | 5%的 KCl 溶液 | 除氧 |

**表 4-4　高压釜模拟工况中涂层腐蚀宏观形貌**

| | 腐蚀前 | 腐蚀 5 d(90℃) | 腐蚀 5 d(135℃) |
|---|---|---|---|
| 环氧树脂涂层 |  |  | 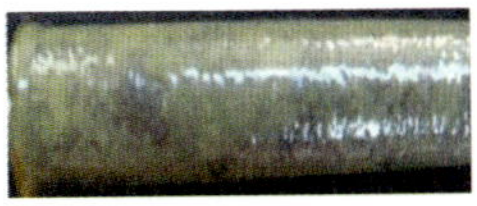 |
| Ca-MMT/环氧树脂涂层 | 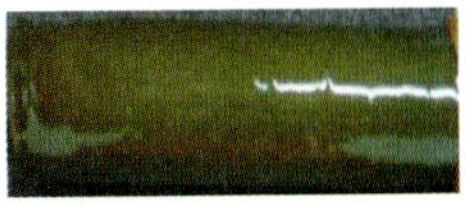 |  |  |

目测未腐蚀试样的涂层颜色呈绿色，均匀平整，未见有流淌、气泡、垂滴、针孔等明显缺陷。在高压釜模拟工况中腐蚀 5 d 后将试样取出，发现在 90℃条件下，纯环氧树脂涂层腐蚀前后颜色变化明显，而含有改性蒙脱土的环氧树脂涂层颜色稍有变化，腐蚀后涂层外观平整，没有气泡。而在 135℃条件下，纯环氧树脂涂层经腐蚀后表面出现明显鼓泡现象，用手指触压后涂层很容易从

金属表面脱落，去除该涂层后金属表面也已存在明显腐蚀，而含有改性蒙脱土的环氧树脂涂层的表面并没有发生鼓泡现象，涂层表面出现黑色斑点，涂层存在一定程度的降解，但整体完整性良好。

3. 聚氨酯优化环氧树脂涂层技术

环氧树脂广泛应用于涂层领域，具有优异的附着力和较低的收缩率，且对各种类型的腐蚀性介质均有良好的耐蚀性和抗渗透性[5-7]。因固化剂种类繁多，使环氧树脂在不同的施工条件下都能良好成膜，而且还能与各种填料、树脂和助剂良好地混溶，制备满足各种用途的防腐涂料。另外，单一的聚氨酯涂层在耐水性、光泽度、硬度等方面均还不够理想。为满足使用需要，提高涂层性能，将环氧树脂与聚氨酯并用可以开发出性能优异的防腐涂层。

首先，对不同配比的环氧树脂与聚氨酯涂层的性能进行测试，结果如表4-5所示。环氧树脂涂层在20 cm的高度冲击下，涂层与基体脱落，冲击韧性为50 cm。而随着聚氨酯的加入，涂层性能得到一定程度的提升，当环氧树脂与聚氨酯的配比为9∶1时，涂层的耐冲击性能大幅提升，耐冲击强度提高到了50 cm，且在所有配比中性能最佳。环氧树脂涂层的耐划伤性能也比较差，添加聚氨酯有效提升了复合涂层的耐划伤性能，其中环氧树脂和聚氨酯的配比为9∶1时的复合涂层，性能最佳。对不同涂层进行划伤试验的结果如图4-5所示。

**表4-5 不同配比的环氧树脂与聚氨酯涂层的性能测试结果**

| | 环氧树脂涂层 | 环氧树脂∶PTMEG=9∶1 | 环氧树脂∶PTMEG=3∶1 | 环氧树脂∶PTMEG=2∶1 | 环氧树脂∶PTMEG=1∶1 |
|---|---|---|---|---|---|
| 涂层厚度/mm | 289.4 | 287.6 | 358.4 | 324.9 | 387.3 |
| 耐冲击强度/cm | 19 | 50 | 34 | 38 | 32 |
| 铅笔硬度 | 5H | 5H | 3H | 3H | 2H |
| 划伤宽度/um | 247.3 | 63 | 134.9 | 248.7 | 353.1 |

将普通环氧树脂涂层与环氧树脂和聚氨酯的复合涂层(配比为9∶1)分别在$CO_2$环境中进行腐蚀，并观察其表面形貌在腐蚀前后的区别，结果如图4-6所示。图4-6的腐蚀结果表明复合涂层具有更强的耐$CO_2$腐蚀性能。

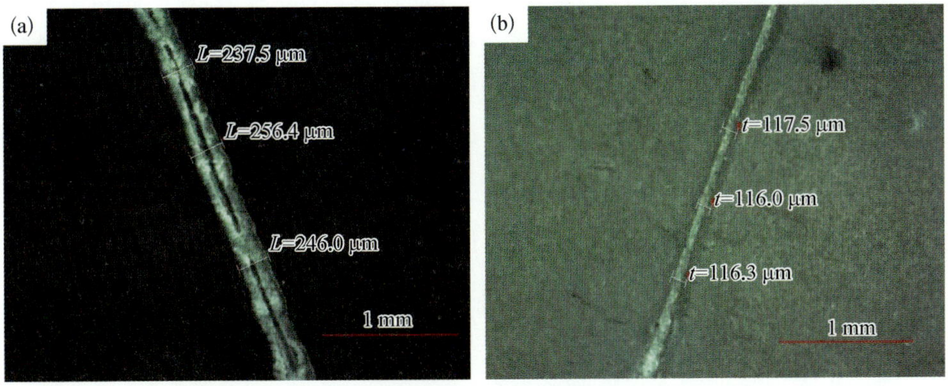


**图 4-5　划伤试验照片：(a) 环氧树脂底漆＋环氧树脂面漆；(b) 环氧树脂底漆＋复合树脂(环氧树脂：聚氨酯＝9：1)面漆**

(a) 环氧树脂底漆+环氧树脂面漆　　(b) 环氧树脂底漆+复合树脂(环氧树脂:聚氨酯=9:1)面漆

**图 4-6　不同涂层在 $CO_2$ 环境中(3%的 NaCl 溶液,80℃,3 MPa)的腐蚀前后的照片**

4. $CO_2$ 运输环境下兼具防腐防垢功能的类金刚石镀膜

应用等离子体全浸镀膜技术可实现复杂表面及长管道内壁的类金刚石镀膜的制备,镀层结构致密且与基体结合力高。类金刚石(DLC)镀膜一般为碳元素与氢元素形成的局部四面体键合,呈现非晶态结构,其硬度极高,可达天然金刚石的 20%～30%,具有良好的化学惰性,不易腐蚀[8,9]。DLC 实际上是介于金刚石与石墨之间的一种材料,由 $sp^3$ 和 $sp^2$ 键合混杂构成,呈现无序状态,因此 DLC 也常称作非晶碳。

本节采用等离子体全浸镀膜技术在普通管线钢(20 号钢)表面制备一种多层复合类金刚石镀膜，并详细考察了该镀层在模拟 $CO_2$ 运输环境中的腐蚀行为。对 DLC 镀膜的截面进行了微观结构表征，其扫描电子显微镜照片如图 4-7 所示。其中，图片底部为镀膜与金属基体的界面，表现出非常好的平整度，界面结合性能良好。根据镀层厚度方向碳元素和硅元素的 EDS 线扫能谱分析，该镀层由内而外的构成为 SiC 打底层、DLC 薄层、SiC 过渡层、DLC 薄层、SiC 过渡层、DLC 厚层，总膜厚度约为 10 μm。经拉曼光谱分析，DLC 镀膜中 $sp^3$ 键的比例约为 56%，属于典型的 ta-C：H 型类金刚石镀膜。总体上看，镀层中无可见的微米尺度缺陷或孔隙。

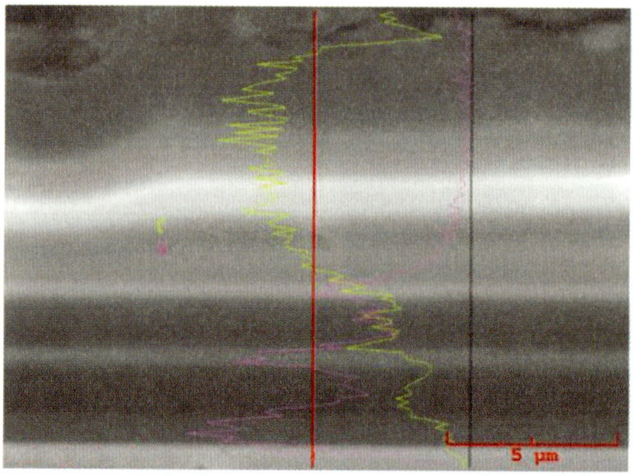


**图 4-7　多层复合 DLC 镀膜的结构与成分分布**

对 DLC 镀膜、20 号钢和 316 L 不锈钢在 1.0 MPa($CO_2$ 分压)、60℃、100 r/min 的条件下于高温、高压釜中进行测试，其腐蚀速率结果如图 4-8 所示。20 号钢的腐蚀速率为 1.2 mm/a，316 L 不锈钢的腐蚀速率为 0.01 mm/a，而普通碳钢的腐蚀速率为 0.3～5 mm/a。对于 DLC 镀膜，三个平行样测得的腐蚀速率分别为 1.2 μm/a、3.0 μm/a、4.9 μm/a，均小于 316 L 不锈钢的腐蚀速率。由此可见，DLC 镀膜具有很好的耐 $CO_2$ 腐蚀能力。高温、高压腐蚀试验结束后，样品表面经显微镜观察，并无脱落或局部腐蚀情况发生，这与前人报道的 DLC 镀膜在含 $CO_2$ 介质中经长期腐蚀后未发生破坏的结果相吻合。DLC 镀层界面质量高、无缺陷，同时具备多层复合结构，使得 DLC 镀膜具有较好的耐高压 $CO_2$ 腐蚀性能。

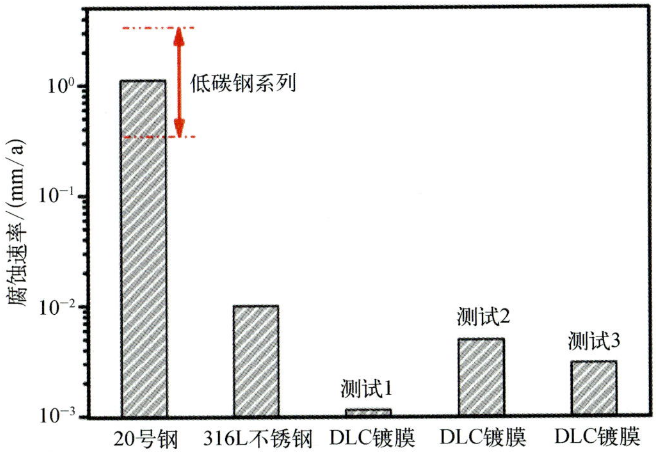


**图 4-8　高温、高压釜中的腐蚀测试结果(1.0 MPa 的 $CO_2$ 分压)**

为了深入理解 DLC 镀膜在富 $CO_2$ 模拟液中的长期耐蚀行为，对其开展 $CO_2$ 充气条件下的电化学测试。结果表明，DLC 镀膜在富 $CO_2$ 模拟液中的开路电位平均值为−0.7 V vs. SCE，与 20 号钢的开路电位平均值−0.735 V vs. SCE 接近。这一现象表示 DLC 镀膜在保护 20 号钢免受腐蚀性介质侵蚀的同时，还有利于减缓镀层与基体之间的局部电偶腐蚀。对 DLC 镀膜、20 号钢、316 L 不锈钢在富 $CO_2$ 模拟液中进行极化测试，获得的极化曲线如图 4-9 所示。显然，DLC 镀膜的腐蚀电流最低，分别比 316 L 不锈钢和 20 号钢的测试

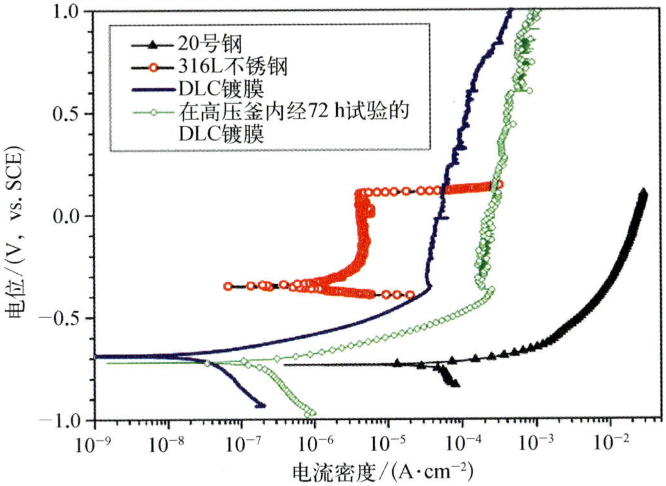


**图 4-9　20 号钢、316L 不锈钢、DLC 镀膜在富 $CO_2$ 模拟液中的极化曲线**

结果低 2 和 3 个数量级，超低的腐蚀电流也表明 DLC 镀膜对基体具有非常好的保护能力。

从 DLC 镀膜的极化曲线来看，当电位低于－0.35 V(vs. SCE)时，极化曲线处于活性溶解阶段，在－0.35 V(vs. SCE)时，腐蚀电流达到最大值，随后腐蚀电流随电位增加而降低至较低数值。当电位继续增加时，腐蚀电流随之增大。极化电位高于－0.35 V(vs. SCE)的阶段并非对应于表面钝化行为，这一电位区间的腐蚀电流要远高于 316 L 不锈钢的钝化电流。可见，该电位区间是由于较高电位下 DLC 镀膜中离子渗透增强，离子扩散控制的基体发生溶解。然而，DLC 镀层中并无可见缺陷或孔隙，那么，离子透过 DLC 镀膜的渠道是什么呢？其实，沉积涂镀层中存在纳米尺度或亚微米尺度的细小缺陷和非连续性孔隙。当电位较高时，这些缺陷很容易被激活，溶液中的阴离子(如 $Cl^-$、$HCO_3^-$)在电场的作用下透过这些微小缺陷向金属基体界面扩散。所以外加电位越高，离子扩散越容易，DLC 镀膜和金属基体界面处会发生更剧烈的电化学反应，此过程受控于腐蚀性离子在镀层内的扩散速率。经过 72 h 高压釜腐蚀试验后，DLC 镀膜的极化曲线整体向右移动，这表明 DLC 镀膜的保护性能减弱。由于 DLC 镀膜几乎不发生溶解，且电化学腐蚀主要发生在 DLC 镀膜金属界面处，因此，在经过 72 h 浸泡腐蚀后，金属界面处的腐蚀产物有可能进入部分微孔，从而降低离子在 DLC 镀膜内的传输。极化曲线中腐蚀电流的增加可能是由于前期腐蚀导致界面处腐蚀加剧。

为了测试 DLC 镀膜的抗结垢性能，选取了两种溶液，在不同的 $CO_2$ 环境下进行了挂片试验，溶液环境如表 4－6 所示。其中溶液Ⅰ的矿化度(TDS)为 16 954 mg/L，溶液Ⅱ的矿化度为 25 080 mg/L。溶液Ⅰ和Ⅱ中的条件为 1.0 MPa($CO_2$ 分压)，60℃。

**表 4－6 DLC 镀膜抗结垢性能实验研究的两种溶液环境**

| 溶液序号 | NaCl 的浓度/(mmol/L) | $MgCl_2$ 的浓度/(mmol/L) | $CaCl_2$ 的浓度/(mmol/L) | $Na_2SO_4$ 的浓度/(mmol/L) | $NaHCO_3$ 的浓度/(mmol/L) | TDS/(mg/L) | $CO_2$ 分压/MPa | 温度/℃ |
|---|---|---|---|---|---|---|---|---|
| Ⅰ | 171 | 10.5 | 19.6 | 5.8 | 48.4 | 16 954 | 1.0 | 60 |
| Ⅱ | 171 | 10.5 | 19.6 | 5.8 | 211.6 | 25 080 | 1.0 | 60 |

试验中选取 316 L 不锈钢及 20 号钢与 DLC 镀膜进行对比研究，结果如图 4－10 所示。在溶液Ⅰ中，表面结垢量由高到低分别为 316 L 不锈钢、20 号钢和 DLC 镀膜。而在溶液Ⅱ中，DLC 镀膜的结垢量明显低于 316 L 不锈钢和 20 号钢。可见，在 $CO_2$ 驱替环境中，碳钢表面的 DLC 镀膜不仅有助于提高其耐蚀性能，也明显抑制表面盐垢的形成。因此，DLC 镀膜将是 $CO_2$ 运输管路实现防腐防垢功能的备选镀层材质。

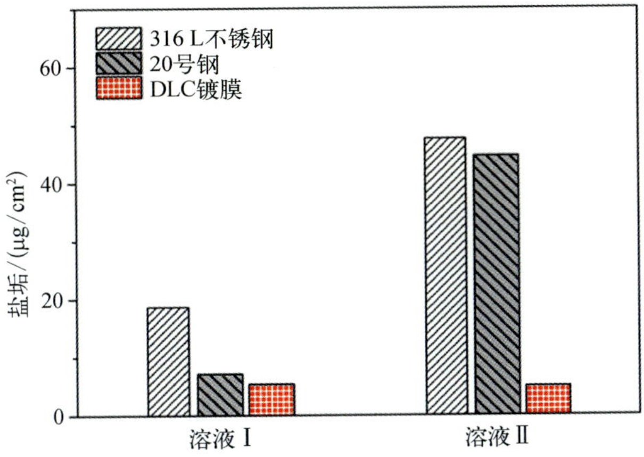


**图 4－10　20 号钢、316 L 不锈钢、DLC 镀膜在两种模拟 $CO_2$ 溶液中的结垢情况**

总的来说，双极性涂层具有良好的离子阻隔性能，在双极性涂层中添加片状防腐填料（如蒙脱土等）或改性颜填料会增强涂层的防腐效果。Ca－MMT 对环氧树脂涂层的防腐效果较好，底漆、面漆为纯环氧树脂膜时，膜的力学性能较差，容易开裂导致缺陷，从而鼓泡剥离。面漆中添加聚氨酯可显著改善其力学性能，消除涂层本体开裂，从而提高抗腐蚀性能。添加流变助剂后，涂层表面较平整，抗流挂性能变好。多层复合类金刚石镀膜在模拟 $CO_2$ 运输环境中具有较好的耐蚀和防结垢性能。在 1.0 MPa 的 $CO_2$ 环境中，DLC 镀膜可保护普通碳钢管线免受腐蚀，其耐蚀性要优于 316 L 不锈钢。对比高压釜试验前后 DLC 镀膜的电化学行为可知，DLC 镀膜具有长期稳定性。由于阴离子透过镀层内的亚微米缺陷向内扩散，高电位下的腐蚀破坏将发生于金属基体与 DLC 镀膜的界面处。因此，对于高含水率的 $CO_2$ 驱油集输系统的腐蚀防护，DLC 镀膜技术可以提供有效的保护性涂镀层，从而使普通碳钢管线免受腐蚀，同时也可极大地降低管线结垢的风险。

## 4.3 耐 $CO_2$ 腐蚀高效缓蚀剂

耐 $CO_2$ 腐蚀缓蚀剂目前已在 $CO_2$ 运输管路中得到广泛应用[10-12]。吸附成膜型缓蚀剂作为一种制备简单、用量少且高效抑制腐蚀的缓蚀剂，在油气田钻采设备及集输管线腐蚀防护等方面得到了广泛的应用。缓蚀剂的开发应用不仅要注重高效性，同时要考虑其环境友好性、经济节约性和普遍适用性。吸附成膜型缓蚀剂中的杂原子(N、O、S、P)及 π 键等含有自由电子，易与金属的空 d 轨道形成相互作用键与反作用键。这种吸附作用的持久性与稳定性受环境温度、压力、pH、流速及缓蚀剂的添加浓度等因素的影响。

针对 $CO_2$ 地质利用与封存项目 $CO_2$ 运输设备及管线中存在水性多变、腐蚀性介质的腐蚀性增强和水质的不稳定变化较大等问题，缓蚀剂需要持久发挥效果并保证性能稳定。然而由于金属腐蚀环境的复杂性，缓蚀剂与其他物质复配增效成为缓蚀剂研究中的一个重要内容。复配增效的协同效应要求一种缓蚀剂的缓蚀性能可因其他物质的加入而得到增强或改善。故通过缓蚀剂与添加剂之间的协同效应，可提高缓蚀剂在金属表面的吸附过程，提高其适用腐蚀环境的多样性和持久稳定性。一方面，复配的添加剂可以加快缓蚀剂的吸附速率；另一方面，复配的添加剂可提高缓蚀剂的有效吸附量，且自身也可与金属表面发生吸附，使有效覆盖面积增加且吸附得更加持久稳定。

咪唑啉衍生物由于独特的环境友好性和生物可降解性，被认为是“绿色”有机物，可对 $CO_2$ 腐蚀环境中管线钢的腐蚀起到较好的抑制作用。根据缓蚀剂复配的协同增效作用，将缓蚀剂与其他添加剂复配后进行不同工况介质下的模拟研究，预期可获得吸附成膜均匀、稳定，普遍适用性较好且绿色经济高效的缓蚀剂。

咪唑啉缓蚀剂的合成路径如下。

将油酸和二乙烯三胺按照物质的量之比 1∶1.2 加入烧瓶中；加入 50 mL 的二甲苯作携水剂，持续通入氮气；升温至 120～150℃，反应 1 h；升温至 180～240℃，反应 2 h；升温至 270℃，继续反应，当分水器中无水滴滴下时反应结束(此反应中分离出的水的质量为 40 g),得到咪唑啉中间体化合物Ⅰ。

之后,根据合成化学方程式(图 4－11),在 500 mL 装有回流冷凝管、温度计和分水器的四口烧瓶中加入中间体化合物Ⅰ和醇,在回流状态下分别加入 2.63 g 甲酸(与中间体化合物Ⅰ的物质的量之比为 2∶1)和 1.72 g 甲醛(与中间体化合物Ⅰ的物质的量之比为 2∶1),在 75℃下回流反应 1 h,得到黄色或棕色液态中间体化合物Ⅱ。

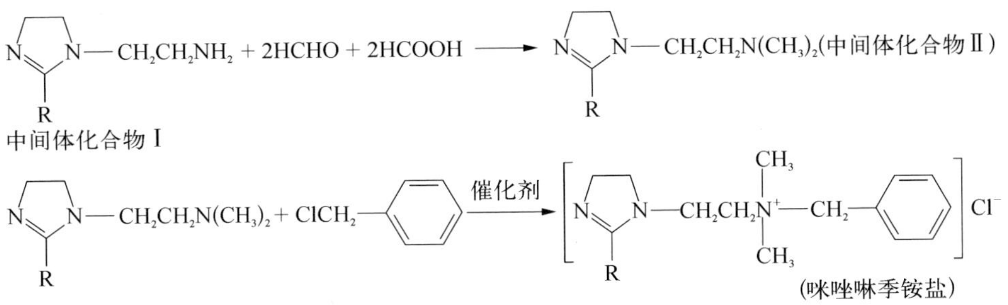


图 4－11　咪唑啉季铵盐合成化学方程式

在 500 mL 装有回流冷凝管、温度计和分水器的四口烧瓶中加入中间体化合物Ⅱ、5.44 g 氯化苄(与中间体化合物Ⅱ的物质的量之比为 1.5∶1)和催化剂,在 110～125℃反应 2～4 h,得到棕色或棕红色液态咪唑啉季铵盐。

采用溶剂法合成的咪唑啉缓蚀剂的形态如图 4－12(a)所示,添加缓蚀剂助剂和溶剂复配后的缓蚀剂形态如图 4－12(b)所示,可见,复配前后的咪唑啉缓蚀剂均呈褐色、均一透明且稳定的状态,无沉淀物析出。

针对运输管路富含 $CO_2$ 的现状,采用动态挂片失重法对 20 号钢试样在不同腐蚀工况和缓蚀剂添加浓度等条件下进行缓蚀性能测试。实验室模拟实际腐蚀环境温度、压力、流速及 $CO_2$ 和 $Cl^-$ 腐蚀环境,对缓蚀剂的性能指标进行评价,重点评价腐蚀速率和缓蚀效率,具体试验条件如下。

(1) 试验溶液:自配现场凝析水样品;

(2) 试验材料:20 号钢(液态环境下每组三片平行试样);

(3) 试验温度:60℃;

(4) $CO_2$ 分压:1 MPa;

**图 4-12　复配前后的咪唑啉缓蚀剂：(a) 复配前；(b) 复配后**

（5）腐蚀环境：如表 4-6 所示；

（6）转速：100 r/min；

（7）实验周期：7 d。

前期未添加缓蚀剂的 20 号钢的腐蚀速率为 0.430 mm/a。当添加 50 ppm 复配咪唑啉缓蚀剂时，20 号钢的腐蚀速率为 0.164 mm/a，缓蚀效率为 61.86%。添加 100 ppm 复配咪唑啉缓蚀剂后，20 号钢的腐蚀速率为 0.135 mm/a，缓蚀效率达 68.60%。随着缓蚀剂添加浓度的增加，缓蚀效率呈增加趋势。因此，复配咪唑啉季铵盐可对 20 号钢起到很好的保护作用（图 4-13）。

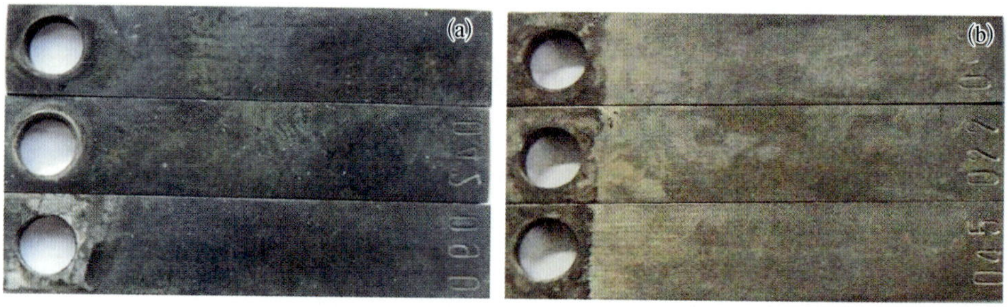


**图 4-13　20 号钢在 1 MPa($CO_2$ 分压)、60℃、100 r/min、100 ppm 复配咪唑啉缓蚀剂条件下试样表面的宏观形貌图：(a) 清除前；(b) 清除后**

对复配咪唑啉缓蚀剂进行 XPS 分析，结果如图 4-14 和图 4-15 所示。复配咪唑啉缓蚀剂中咪唑啉衍生物的亲水基团为其主要活性吸附作用中心，

OP 中的羟基基团作为活性吸附基团，易于在金属表面相互作用成键，形成多位点吸附在金属表面形成一层保护膜，进而减缓腐蚀。由图 4-16 和图 4-17 所示的咪唑啉衍生物和 OP 外层电子轨道可知，活性位点位于咪唑啉衍生物的亲水基团和 OP 中的羟基基团。总体而言，复配咪唑啉缓蚀剂的缓蚀性能可以达到控制腐蚀的要求，但单一阳离子型咪唑啉缓蚀剂对于防止缝隙腐蚀及局部腐蚀有一定局限。通过复配小分子表面活性剂及阴离子型活性剂可有效抑制缝隙腐蚀和局部腐蚀。

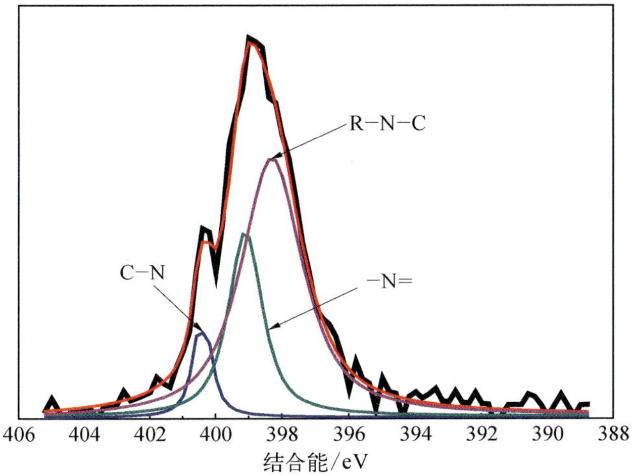


**图 4-14　复配咪唑啉缓蚀剂 XPS 测试结果 N 元素分峰图**

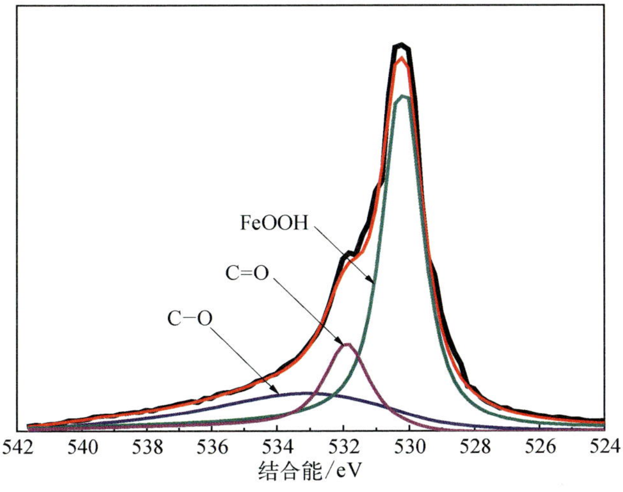


**图 4-15　复配咪唑啉缓蚀剂 XPS 测试结果 O 元素分峰图**

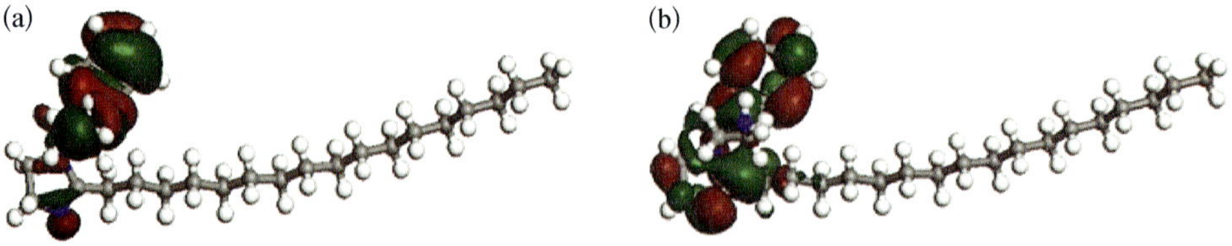


图 4-16　咪唑啉衍生物外层电子轨道：(a) HOMO；(b) LUMO

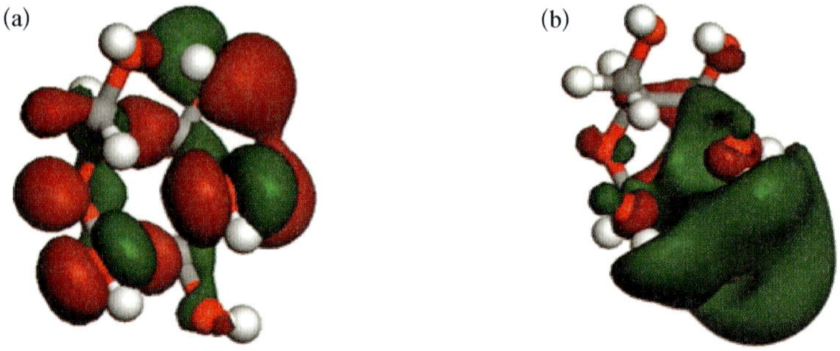


图 4-17　OP 外层电子轨道：(a) HOMO；(b) LUMO

## 4.4　本章小结

目前主要应用于 $CO_2$ 运输管路的防腐技术是使用防腐涂层和缓蚀剂。环氧树脂广泛应用于防腐涂料领域，有优异的附着力和较低的收缩率，对各种类型的腐蚀性介质均有良好的耐蚀性和抗渗透性。环氧树脂固化剂在不同的施工条件下都能良好成膜并且能与各种填料、树脂和助剂良好地混溶，可制备满足各种用途的防腐涂料。然而由于纯环氧树脂固化后呈三维网络结构，其交联密度较高，因而存在抗冲击韧性差、性脆、耐疲劳性差等缺点。当涂层受到外界的冲击应力作用时，容易发生应力开裂现象。聚氨酯的主要原料异氰酸酯性质十分活泼，不仅能与羟基树脂结合，还能与底材中的羟基结合，形成牢固的化学键和氢键，可增强与底材之间的结合力，这让它具有极好的通用性和优异的使用效果。然而单一的聚氨酯涂料在耐水性、光泽度、硬度等方面还不够理想。采用环氧树脂与聚氨酯并用可以开发出性能优异的防腐涂层。

吸附成膜型缓蚀剂在油气田钻采设备及集输管线腐蚀防护等方面得到了

广泛应用，这主要是因为吸附成膜型缓蚀剂制备简单、用量少且能高效抑制腐蚀。然而缓蚀剂的开发应用不仅要注重高效性，同时要考虑其环境友好性、经济节约性和普遍适用性。吸附成膜型缓蚀剂中的杂原子(N、O、S、P)及 π 键等含有自由电子，易与金属空 d 轨道成相互作用键与反作用键，这种吸附作用的持久性与稳定性受环境温度、压力、pH、流速及缓蚀剂添加浓度的影响。针对 $CO_2$ 运输设备及管线中存在水性多变、腐蚀性介质的腐蚀性增强和水质的不稳定变化较大等问题，缓蚀剂的作用持久性与稳定性成为研究的重点。缓蚀剂与其他物质复配增效是缓蚀剂研究中的一个重要内容，这主要是由于金属腐蚀环境的复杂性。协同效应要求一种缓蚀剂的缓蚀性能会因其他物质的加入而得到增强或改善，促进缓蚀剂在金属表面的吸附过程，提高其适用腐蚀环境的多样性和持久稳定性。一方面，复配的添加剂可以加快缓蚀剂的吸附速率；另一方面，复配的添加剂不但能促进缓蚀剂有效吸附量增大，而且自身也能够与金属表面发生吸附，使有效覆盖面积增加且吸附得更加持久稳定。

咪唑啉衍生物具有优越的环境友好性和生物可降解性，对 $CO_2$ 腐蚀环境中管线钢的腐蚀可起到较好的抑制作用。根据缓蚀剂复配的协同增效作用，可获得吸附成膜均匀、稳定，普遍适用性较好且绿色经济高效的缓蚀剂。

## 参考文献

[1] 肖博，王碧辉，岑栋梁，等. 镍基合金 Inconel 617 在高温超临界 $CO_2$ 下的腐蚀特性研究[J]. 动力工程学报，2023，43(4)：406－413.

[2] 姚莹，杨柏俊，张锁德，等. 铁基非晶合金和 13Cr 不锈钢在超临界 $CO_2$ 环境的腐蚀行为[J]. 中国表面工程，2023，36(1)：85－94.

[3] Liang Z Y, Gui Y, Wang Y G, et al. Corrosion performance of heat-resisting steels and alloys in supercritical carbon dioxide at 650℃ and 15 MPa[J]. Energy, 2019, 175: 345－352.

[4] Guo S Q, Xu L N, Zhang L, et al. Corrosion of alloy steels containing 2% chromium in $CO_2$ environments[J]. Corrosion Science, 2012, 63: 246－258.

[5] 徐晓园，丁永乐，王梦豪，等. 硅油改性环氧树脂防腐涂层抗硅藻附着及减阻性能研究[J]. 涂料工业，2023，53(10)：8－14.

[6] 赵婧，顾程文，蹇锡高，等. 厚朴酚基环氧树脂防腐涂层的制备及性能评价[J]. 化工学报，2023，74(7)：3010－3017.

[7] 刘娴，沈婷，程欢. 环氧树脂防腐涂层的研究进展[J]. 塑料科技，2021，49(9)：96－100.

[8] 陈林林. 类金刚石薄膜制备工艺与特性研究[D]. 北京：中国科学院大学，2013.

[9] 柳翠. 类金刚石碳膜制备工艺及掺杂性能研究[D]. 大连：大连理工大学，2006.
[10] 刘福国. 油田钻具、管道系统腐蚀规律及缓蚀剂缓蚀性能和机制研究[D]. 青岛：中国海洋大学，2008.
[11] 李佳航，王丹，谢飞，等. 油气管道的 $CO_2$ 腐蚀及防护研究进展[J]. 表面技术，2021，50(4)：172－183.
[12] 胡耀强，何飞，鲍文，等. $CO_2$ 输送管道腐蚀研究进展[J]. 表面技术，2016，45(8)：14－21.

# 第 5 章

# $CO_2$ 地质利用与封存井的井筒腐蚀监测与控制技术

## 5.1 $CO_2$ 地质利用与封存井的井筒油套管腐蚀监测与控制技术

### 5.1.1 井筒油套管 $CO_2$ 腐蚀监测方法

#### 5.1.1.1 概述

井筒油管和套管是井筒体系的关键组成部分。油管提供井筒中流体的运移通道，而套管负责固定并支撑井孔壁，防止地下水和围岩侵入井筒。因此，油套管的完整性对于井筒的整体稳定至关重要。然而，在 $CO_2$ 地质利用与封存条件下，由于复杂的地下环境、高温、高压及井下化学物质的影响，井筒油套管容易受到腐蚀的侵害，可能导致井筒被破坏并产生安全事故。因此，需要对井筒油套管的腐蚀情况进行监测。

井筒油套管的腐蚀监测旨在及时发现并评估井筒油套管发生腐蚀破坏的严重程度，以确保井筒的安全运行。传统的监测方法主要依赖于周期性的人工检查和检测，然而，这种方式存在无法及时发现问题、对井下生产干扰较大等弊端。新一代井筒油套管腐蚀监测技术通常通过使用各种先进的传感器和监测装置，实时监测井筒油套管的腐蚀情况，并提供准确的监测数据，从而对井筒油套管腐蚀破坏进行分析和评估。新一代井筒油套管腐蚀监测技术的出现，使得腐蚀监测更加全面、精确，有力地提升了 $CO_2$ 地质利用与封存井的安全性和稳定性。

新一代井筒油套管腐蚀监测技术的核心在于传感器的应用。这些传感器通常采用先进的材料和技术，能够在极端的井下条件下稳定运行，并实时收集有关井筒油套管表面腐蚀程度的数据。常见的传感器包括超声波传感器、电化学传感器、电磁传感器等，它们能够以高精度、高灵敏度的方式监测井筒油套管的腐蚀情况。利用这些传感器采集的数据，监测系统能够生成详细的腐蚀位置和腐蚀深度信息并提供趋势分析报告，为 $CO_2$ 地质利用与封存井的管理和维护提供科学依据。

除了传感器的应用，新一代井筒油套管腐蚀监测技术还依赖于先进的数据处理技术和分析手段。监测系统通过采用人工智能等先进技术，可实现对大量的监测数据进行快速准确的分析，识别潜在的腐蚀问题并进行预测。这种智能化的监测系统大大提高了对井下设备状态的实时了解和管理水平，使得 $CO_2$ 地质利用与封存井的运营更加智能高效。

对于 $CO_2$ 地质利用与封存工程，井筒油套管腐蚀监测技术的应用范围涉及工程的选址勘探、注入井钻井、$CO_2$ 注入、注入完成后的持续监测等多个环节。在工程的选址勘探和注入井钻井阶段，井筒油套管腐蚀监测技术可以帮助工程师更好地了解井下地质情况，准确评估腐蚀风险，在钻井过程中提前采取腐蚀防控措施，从而为后续的防腐完井工作提供支持。在 $CO_2$ 注入阶段，井筒油套管腐蚀监测技术可以实时监测井下设备和油套管的状态，及时发现腐蚀问题，减少因设备和油套管失效导致的 $CO_2$ 注入中断和安全事故。在注入完成后的持续监测阶段，井筒油套管腐蚀监测技术可以帮助管理人员进行设备维护并制订修复计划，最大限度地延长井筒油套管的使用寿命，提高 $CO_2$ 地质利用与封存井的服役年限。通过延长井筒油套管的使用寿命，减少了对油套管生产原材料的需求，有助于提高资源的利用效率。此外，井筒油套管腐蚀监测技术的发展还为环境保护提供了支持。通过准确监测井筒油套管的腐蚀状况，可以避免因油套管失效导致的 $CO_2$ 泄漏和环境污染，保护地下水资源和生态环境。

#### 5.1.1.2 主要监测方法

在工程实践中，主要的井筒油套管 $CO_2$ 腐蚀监测方法如下。

**1. 挂片法**

挂片法是一种常用的腐蚀监测方法。挂片法将与油套管材料一致的金属试片悬挂在井筒中，经过一段时间后取出试片，观察其表面腐蚀情况。通过这种方法可以了解 $CO_2$ 地质利用与封存井中不同部位、不同时间点的腐蚀情况。在进行挂片法监测时，需要选择具有代表性的监测位置，考虑井筒内部不同深度导致的温度和压力改变，以获得更准确的监测数据。挂片法通常用于油管内部的腐蚀监测和腐蚀程度分析。

2. 井下摄像头监测法

井下摄像头监测法是一种实时监测油管和套管腐蚀情况的方法。摄像头通常与钢缆相连，通过绞车下入井中。摄像头将井壁的图像信号转化为电信号后，经由井下放大驱动电路，将信号放大到传输所需要的幅度，再通过电缆或光缆将视频电信号传到井上，由井上的显示与回放设备显示或由记录设备记录存档[1]。多数井下摄像头可以在透明的流体中运行，可以实时提供 360°的井壁高分辨率图像，从而可观察到管道内部的腐蚀情况。通过这种方法可以及时发现腐蚀问题，并采取相应的措施进行处理。但该方法成本较高，且摄像头发生损坏的风险也较大。

3. 超声波监测法

超声波监测法是一种无损监测方法，通过发射超声波到油管或套管内部，利用超声波的反射和传播特性，监测管道内部的腐蚀情况。这种方法可以监测到管道内部的缺陷和损伤，并提供准确的尺寸和形状信息。

4. 电极监测法

电极监测法是一种用于监测油管和套管腐蚀过程的技术，它基于电化学原理和腐蚀电流的测量。金属的电化学性质可以用来检测金属油套管的腐蚀情况，这是因为电化学腐蚀会导致在金属表面产生腐蚀电流。在油管和套管表面，当金属与介质发生化学反应时，会产生电化学腐蚀，导致电子流动。通过在管道系统中安装电极，可以测量这些电流的强度，从而了解腐蚀的程度。通过监测电流的强度和变化，工程师可以进行数据分析，以评估金属油套管腐蚀的速率和已腐蚀的程度。这些数据有助于预测油套管的服役寿命，制订维护计划，并采取必要的措施来防止进一步的腐蚀。选择合适的电极材料对于监测是至关重要的，因为它们需要在恶劣的环境条件下稳定运行，并且不应影响被监测金属的腐蚀行为。电极监测法具有快速、灵敏、准确等优点，但需要注意测试条件和环境因素的影响。电极监测法通常与其他腐蚀监测技术（如超声波检测法、磁粉探伤等)联合使用,以提供更全面的金属油套管健康状况评估。目前,采用电极监测法对油管和套管的腐蚀过程进行监测已在 $CO_2$ 地质利用与封存项目中广泛应用。

5. 智能清管器监测法

智能清管器是一种用于管道内部检测的设备,可以在管道内部进行移动和扫描。通过在智能清管器上安装传感器和测量装置,可以测量管道内部的尺寸、形状、温度、压力等参数,并记录管道内部的腐蚀情况。采用这种方法可以全面了解管道的内部情况,并提供准确的测量数据。

6. 放射性射线监测法

放射性射线监测法是一种利用 X 射线穿透金属材料的方法。通过将 X 射线照射到金属表面,可以监测出金属内部的缺陷和损伤。这种方法可以提供准确的测量数据和清晰的图像,但需要注意 X 射线的剂量和使用安全问题。

7. 光纤传感器监测法

采用光纤对井下油管和套管的腐蚀过程进行监测是一项近年来迅猛发展的先进技术。光纤传感器是一种利用光纤传输信号的传感器,具有抗干扰能力强、灵敏度高、传输距离远等优点。在油气井中布置光纤传感器,可以实时监测油管和套管的腐蚀情况。光纤传感器主要有光纤布拉格光栅传感器、光纤振动传感器等。当油管或套管发生腐蚀时,金属的体积可能发生变化,导致表面产生应变,这种应变会引起光纤传感器中光纤长度或形状的微小变化。光纤传感器会感应这些微小的变化,并将其转化为光学信号。光学信号可以通过光谱分析技术或其他技术进行监测和测量。通过相应的算法深入分析光纤传感器的信号变化,就可以判断出腐蚀的类型和程度。

光纤传感器监测法的主要优势概述如下。

(1) 光纤腐蚀监测系统能够实时提供油管和套管的表面腐蚀信息。这使得现场操作人员在油套管腐蚀的初始阶段就能够及时采取措施,从而减少损害。

(2) 光纤传感器的高灵敏度和精确度使其能够测量微小的应变变化,从而更准确地评估腐蚀的程度和发展趋势。

(3) 光纤传感器可以覆盖较长的管道长度，因此适用于需要长距离监测的深井系统。

(4) 光纤传感器的材料通常具有较强的耐腐蚀性，使其在恶劣环境下具有长期稳定性。

(5) 光纤传感器监测和其他监测技术具有良好的兼容性，通常与其他腐蚀监测技术结合使用，以提供更全面的管道健康状况评估。

(6) 光纤传感器监测不需要外部提供电力，设备本身耐腐蚀，不易损坏。信号传输灵敏，信号精度高。

光纤传感器监测法提供了一种高效、实时、精确的监测手段，用于监测油管和套管的腐蚀情况，有助于提前预警并采取适当的维护措施，确保油气管道系统的安全运行。

尽管井筒油套管腐蚀监测技术在石油工业中取得了显著的成果，但仍然面临一些挑战和问题。首先，极端的井下环境是监测技术正常运行面临的环境考验，这对传感器的稳定性和耐久性提出了较高的要求。因此，如何设计和选择适应井下条件的传感器材料，是井筒油套管腐蚀监测技术发展的一个关键问题。其次，进行高效的存储、传输和处理监测数据，要求监测系统的数据管理和分析能力更强。如何构建高效的数据处理平台，提升监测系统的智能化水平，是当前亟须解决的问题之一。

此外，井筒油套管腐蚀监测技术还需要与其他相关技术相结合，以形成一套完整的监测和维护体系。例如，与无人机技术结合，可以实现对井筒油套管的高效巡检；与远程监控技术结合，可以实现对井下设备的远程实时监测。提高监测效果，减少人力投入，实现更加智能化的井下设备管理，这些都是上述综合应用带来的优势。

总的来说，推动井筒油套管腐蚀监测技术发展是保障 $CO_2$ 地质利用与封存项目安全运行的关键之一。通过应用先进的传感器、数据处理和分析技术，监测系统能够实时准确地获取井筒油套管的腐蚀情况，为 $CO_2$ 注入井、采出井和监测井的管理和运维提供科学依据。尽管面临一些挑战，但随着技术的不断进步和创新，井筒油套管腐蚀监测技术将在 $CO_2$ 地质利用与封存领域发挥更加重要的作用，为行业的可持续发展做出更大的贡献。

### 5.1.2 井筒油套管 $CO_2$ 腐蚀防护技术

在 $CO_2$ 地质利用与封存系统中，使用缓蚀剂是一种常用的防护手段，它可以降低 $CO_2$ 对金属的腐蚀。但是，超临界 $CO_2$ 的物理性质发生了较大的变化，有着类似于液体的密度，以及类似于气体的扩散系数及黏度。在这种情况下，传统的缓蚀剂可能无法在超临界 $CO_2$ 中稳定存在，从而失去了防护效果。因此，超临界 $CO_2$ 缓蚀剂的研发对 $CO_2$ 注采环境的腐蚀防护具有重要意义。另外，高性能的涂层研发也是 $CO_2$ 地质利用与封存系统防腐的重要举措之一。

开发超临界 $CO_2$ 缓蚀剂、明确其作用机理及抑制腐蚀的有效性对 $CO_2$ 注采环境的防腐具有重要意义。超临界 $CO_2$ 缓蚀剂往往通过吸附于金属表面起到缓蚀作用。不同种类的缓蚀剂特点不同，工业上存在不同种类的缓蚀剂复配，从而进一步抑制腐蚀的先例。常见的超临界 $CO_2$ 缓蚀剂有咪唑啉类、季铵盐类、有机胺类、有机酸类、硫代硫酸盐类、脂肪酸盐类（挥发性）等多个种类，其结构式见图 5-1，其优缺点见表 5-1[2]。

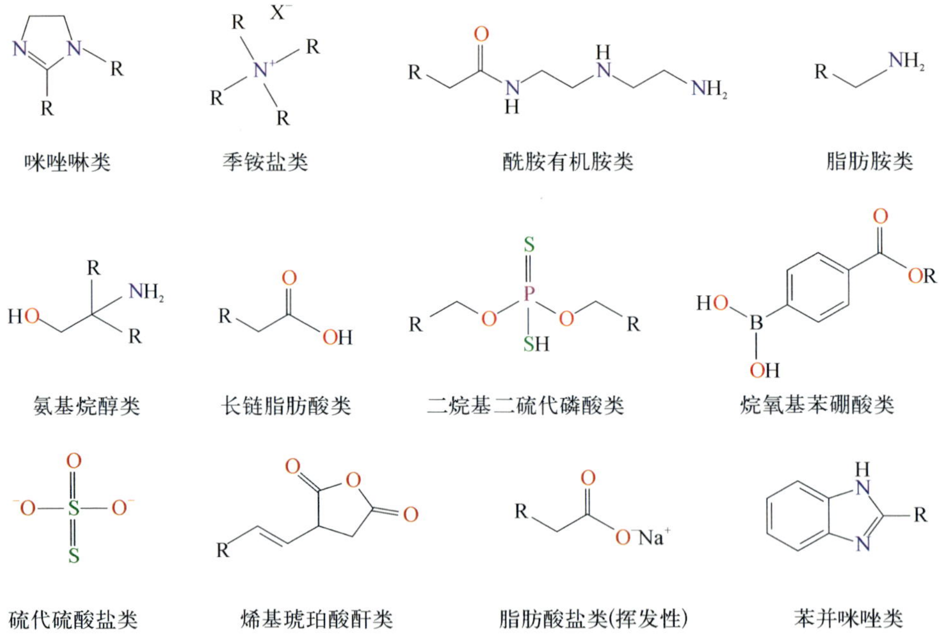


**图 5-1 超临界 $CO_2$ 缓蚀剂结构式**

**表 5-1　部分超临界 $CO_2$ 缓蚀剂的优缺点**

| 缓蚀剂种类 | 优　　点 | 缺　　点 |
|---|---|---|
| 咪唑啉类 | 最常用;静态缓蚀效果好 | 低毒;流动状态缓蚀效果一般 |
| 季铵盐类 | 流动状态缓蚀效果好 | 静态缓蚀效果一般 |
| 有机胺类 | 对不锈钢的缓蚀效果好 | 对碳钢的缓蚀效果一般 |
| 有机酸类 | 在 pH=4 的盐溶液中缓蚀效果好 | 超临界 $CO_2$ 分压大于 7.5 MPa 时,性能减弱 |
| 硫代硫酸盐类 | 与咪唑啉类复配,促进咪唑啉类吸附 | 钝化膜不稳定,较长暴露时间会降低性能 |
| 脂肪酸盐类(挥发性) | 吸附目标金属的效果好 | 含毒性的挥发性缓蚀剂对环境不友好 |

Xiang 等[2]发现哌嗪在含有 $SO_2$、$NO_2$ 和 $O_2$ 杂质的超临界 $CO_2$ 中具有一定的缓蚀效果,最高缓蚀效率可达 86%。Choi 等[3]研究发现,在含少量(200 ppm)和不含 $H_2S$ 的超临界 $CO_2$ 中,咪唑类缓蚀剂可使碳钢的腐蚀速率降低至 0.1 mm/a 以下。这些结果均表明在超临界 $CO_2$ 相中使用超临界 $CO_2$ 缓蚀剂抑制金属腐蚀是可行的。

目前,超临界 $CO_2$ 缓蚀剂的研发仍面临以下挑战。

(1) 已有的研究工作相对较少,现对缓蚀剂的研究多集中在低 $CO_2$ 分压,而 CCS 中 $CO_2$ 分压高,高 $CO_2$ 分压的研究相对较少。

(2) 我国的 CCUS 工程实践相对较少,与美国等发达国家相比,CCUS 技术的发展和应用起步较晚,因此在许多工程问题和基础科学问题上还缺乏深入的认识和研究。

(3) 杂质是否会影响缓蚀剂的性能仍然未知,杂质很有可能导致现有的成熟的缓蚀剂体系失效。

(4) 需要开发更多高效绿色的缓蚀剂,现如今大多数关于超临界 $CO_2$ 缓蚀剂的研究集中在以咪唑啉为主要成分的缓蚀剂,对于绿色无毒及现代类型的缓蚀剂的研究较少。

向勇等[4]首次提出并科学定义了超临界相缓蚀剂的概念:超临界相缓蚀

剂是指在超临界流体环境中能对金属腐蚀起有效抑制作用的化学物质的总称。该概念是对传统气相和液相缓蚀剂概念的拓展。对超临界相缓蚀剂的研究还相对较少，对缓蚀剂在该环境下的适用性评价还比较有限。有研究表明，一种季铵盐类缓蚀剂十六烷基三甲基溴化铵能有效降低材料在超临界 $CO_2$ 饱和水中的腐蚀速率。然而，在超临界 $CO_2$ 相中，尤其是在含有杂质气体的超临界 $CO_2$ 相中，该缓蚀剂的缓蚀效果还不明确。

合金镀层可提升 $CO_2$ 环境下的防护性能。以金属 Ni－P 镀层为例，Sun 等[5]在含 $H_2O-O_2-NO_2$ 杂质的超临界 $CO_2$ 环境下对金属 Ni－P 镀层的防腐性能进行研究发现，在不同的气体环境下其腐蚀抑制率均能达到 80%以上，且镀层具有较好的化学稳定性、热稳定性和机械强度，防护效果较好，耐腐蚀性能有较明显的提升。另外，通过研究其防腐机理发现，在金属表面形成 Ni－P 镀层可以将严重的点蚀转变为均匀腐蚀，降低了穿孔的风险。Ni－P 镀层在超临界 $CO_2$ 环境下的防护机理如图 5－2 所示。

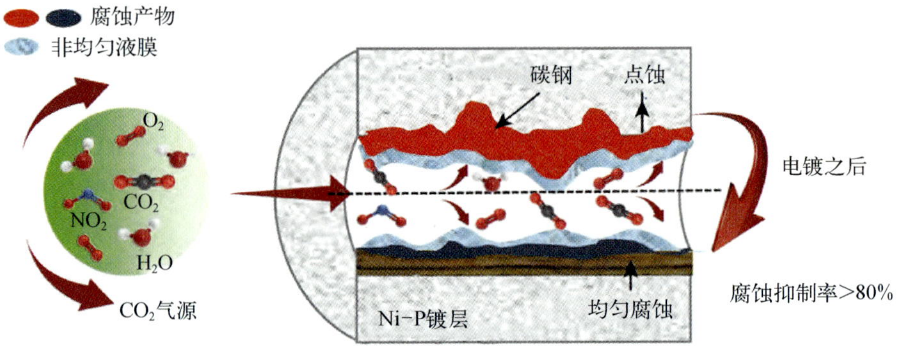


**图 5－2 Ni－P 镀层在超临界 $CO_2$ 环境下的防护机理**[6]

值得注意的是，Ni－W 镀层虽然在室内挂片的耐腐蚀能力相对于碳钢提高 2～5 倍，但 Ni－W 镀层与碳钢基体的电位差大于等于 400 mV（超过 250 mV 安全值），存在电偶腐蚀风险。特别是高 $CO_2$ 分压腐蚀环境下，镀层的微针孔、各类井下作业等对套管内镀层造成的破损或上部套管在拉应力下的镀层微裂纹，都会短时间发生严重局部腐蚀、穿孔。2021 年起，对某厂的 5 口回注井先后开展了镀镍层内防腐油管试验，有 4 口井在管体、丝扣部位都发现穿孔、断脱（下井周期为 1.8～2.4 年）。Ni－P 镀层、渗氮或渗铝、类金刚石镀层等类型的表面处理技术，与 Ni－W 镀层的主体工艺、基本防腐机理都相同，在室内小样评价时，都显示出较高的硬度、较好的耐磨性和耐腐蚀能力，但都可能在放大应用时存在问题，具体说明如下。

(1) 若丝扣部位镀镍钨，则由于硬度增大，导致丝扣连接强度降低，极易发生脆断。此外，接箍上扣后，丝扣部位的薄涂层易被破坏，进而引起电偶腐蚀和缝隙腐蚀的叠加，加速穿孔。

(2) 若丝扣部位采用防渗剂，不镀镍钨，则应力集中部位成为宏观电偶腐蚀电池的阳极，也会加速腐蚀而穿孔。

$CO_2$ 驱油注采井处于高腐蚀风险环境下，使用 Ni－W 镀层时需对镀层进行全面的腐蚀评价后再考虑应用。该镀层应用在油管内表面是相对成熟的，但应用在环空等环境需做进一步的评价实验和改性研究。

在有机聚合物涂层方面，Wang 等[7]利用酚醛环氧树脂、改性石墨烯及其他助剂和颜填料制备防腐涂层，并研究了其在较高温度且富含 $CO_2$ 和 $H_2S$ 的采出水环境下的防腐效果，结果显示其在特定水环境中能保持稳定，有良好的耐蚀性能。不过，在超临界 $CO_2$ 环境中，由于超临界 $CO_2$ 具有很强的有机物溶解能力和快速扩散能力，涂层中的有机物会被二氧化碳抽出，导致涂层内部形成空洞。这导致有机聚合物涂层在超临界 $CO_2$ 环境中失效。超临界 $CO_2$ 与涂层接触后，有机物被萃取出来，造成涂层内部产生空缺，因此对超临界 $CO_2$ 环境的腐蚀耐受性差是有机聚合物涂层的短板。

在电化学保护方面，在井下也有用短接阳极块来保护油套管免受腐蚀的实践，如图 5－3 所示。防腐短接材质与油套管相连构成一个新的原电池，此负电极是新电池的阳极，而油套管则成为阴极，从阳极体上通过电解质向油套管提供一个阴极电流，使油套管进行阴极极化，实现阴极保护。王华等[8]在油套管扶正器结构的基础上，通过将扶正器中的一部分材质进行替换，作为牺牲阳极的材质，既保证了常规扶正器的扶正功能，又使其在入井后可作为油套管本体的牺牲阳极。这样，在腐蚀发生时，

**图 5－3　短接防腐示意图**

这部分材质会优先被腐蚀，起到保护油套管本体的作用。

井筒材质的选择应根据不同的需求进行，常用的材质有 N80 钢、P110 钢、13Cr 钢、超级 13Cr 钢、15Cr 钢和 22Cr 钢等。在超临界 $CO_2$ 环境中，一些耐蚀合金材质，如 13Cr 钢、超级 13Cr 钢、X46Cr13 钢、S42000 钢等，表现出优异的耐蚀性能。这些耐蚀合金材质中通常添加了 Cr、Mn、Mo 等金属元素，其中 Cr 可与内部的 Fe 形成 Fe－Cr 固溶体。当 Cr 与腐蚀环境中的 $CO_2$ 相遇时，Cr 极易形成 $Cr(OH)_3$，并以产物膜的形式覆盖在材料表面，从而对基体起到一定的保护作用。

## 5.2 $CO_2$ 地质利用与封存井的固井水泥腐蚀监测与控制技术

### 5.2.1 井筒固井水泥 $CO_2$ 腐蚀监测方法

井筒固井水泥腐蚀监测是 $CO_2$ 地质利用与封存领域中的一项关键技术，其目的在于有效监测和评估井下井筒固井水泥的腐蚀状况。井筒固井水泥是油井中的重要组成部分，其主要功能包括固定井壁、隔离地层、支撑井身结构及防止地下水和有害物质的迁移。然而，由于油井工作环境的极端条件，如高温、高压、酸碱性介质等，井筒固井水泥容易受到腐蚀性介质的侵蚀，从而影响井筒的完整性和稳定性，甚至引发安全隐患。

为了应对这一挑战，需要对井筒固井水泥的腐蚀程度进行监测。监测主要借助先进的传感器和监测装置，实时监测井筒固井水泥的腐蚀情况，并提供准确的数据用于分析和评估。传统的监测方法主要依赖于周期性的人工检查和检测，然而，这种方式存在着无法及时发现问题、对井下环境影响较大等弊端。而井筒固井水泥腐蚀监测技术的出现，使得监测更加全面、精确，为井筒的安全运行和长期稳产提供了可靠的技术支持。

井筒固井水泥腐蚀监测技术还需要与其他相关技术相结合，形成一套完整的监测和维护体系。例如，与先进的成像技术结合，可以实现对井下设备的高分辨率成像，更全面地了解腐蚀情况；与远程监控技术结合，可以实现对井下设备的远程实时监测。这些综合应用有助于提高监测效果，减少人力投入，实现更加智能化的井下设备管理。

目前在现场应用最广的井筒固井水泥腐蚀监测技术是水泥胶结测井(cement bond log，CBL)。CBL 是一种用于评估井筒固井质量的测井工具，它主要用于检测井筒中固井水泥环的质量，包括水泥环本身的完整性和水泥环与套管和围岩的胶结质量。当固井水泥发生腐蚀破坏时，固井水泥与井筒套管和围岩的胶结会受到影响，导致胶结面出现裂隙和环空，CBL 可以方便地监测到上述破坏。CBL 使用超声波技术，向井内发送超声波信号，通过测量超声波反射回来的信号，分析水泥环的声学特性，包括声阻抗、声速和衰减情况等。当水泥环的质量良好时，超声波能够有效地穿过水泥，并在固井胶结良好的区域产生清晰的信号。然而，如果水泥环存在腐蚀或缺陷，超声波会在问题区域发生反射或散射，导致信号的改变。CBL 的监测记录通常以图形形式展示，工程师通过解释这些记录来评估水泥环的质量。腐蚀通常表现为反射或散射的异常特征，这些特征可以用来识别可能存在的问题。通过分析 CBL 的监测记录，工程师可以确定腐蚀或缺陷的位置和程度，从而制订相应的修复计划。这可能包括重新注水泥或采取其他修复措施。定期使用 CBL，可以监测水泥环质量随时间的变化。这有助于预测固井水泥环的寿命，提前识别潜在问题。

用电化学方法监测固井水泥腐蚀在现场也有应用。电化学方法是一种通过测量固井水泥在腐蚀介质中的电化学性质来评价其腐蚀情况的方法。这种方法可以通过测量固井水泥的电导率、极化电阻等电化学参数来评价其抗腐蚀性能。此外，电化学方法还可以通过在固井水泥表面施加保护层等方法来提高其抗腐蚀性能。电化学方法具有快速、准确、灵敏度高等优点，但需要专业的设备和操作人员，且对测量环境和条件有一定的要求。

尽管在现场采用 CBL 可以监测到固井水泥的腐蚀破坏特征，但因 CBL 成本高昂，每次测井需中断 $CO_2$ 注入，因此在现场开展高频次的 CBL 监测是十分困难的。光纤传感器监测等手段用于监测井筒油套管的腐蚀成效显著，但监测固井水泥环的腐蚀需把光纤传感器布设在套管外表面，固井时传感器会直接固结在水泥中，这容易导致传感器的损坏。因为上述在现场进行固井水泥的腐蚀监测的局限性，很多 $CO_2$ 地质利用与封存项目通过在实验室内模拟与现场一致的腐蚀环境，测定固井水泥样品短期的腐蚀速率（可通过酚酞染色、扫描电子显微镜观察、CT扫描等手段量化腐蚀区的推进深度），再通过数据拟合预测水泥的长期腐蚀行为，从而实现固井水泥腐蚀的间接监测。表5-2展示了前人在实验室中进行固井水泥腐蚀间接监测方面的研究成果[9]。由表5-2可知，不同团队获得的固井水泥腐蚀结果差异很大，即使是同一种水泥类型，在不同的腐蚀环境下也会获得截然不同的腐蚀结果。因此，水泥长期腐蚀行为的预测必须基于模拟实际工程项目腐蚀环境的实验数据，不能照搬文献结果。

**表5-2　固井水泥腐蚀间接监测研究成果**

| 水泥类型 | 水泥碳化深度或碳化速率的监测结果 | 基于监测结果预测的腐蚀30年后的水泥碳化深度 |
|---|---|---|
| H级油井水泥，W/C=0.38 | 0.24 mm/d（pH=2.4，50℃）<br>0.066 mm/d（pH=3.7，20℃） | 2 630 mm（pH=2.4，50℃）<br>723 mm（pH=3.7，20℃） |
| H级水泥，W/C=0.38，腐蚀位置：水泥-围岩界面 | $L(\mathrm{mm})=0.039\,5t^{1/2}+0.184$（pH=3，20℃）<br>$L(\mathrm{mm})=0.008\,48t^{1/2}+0.241$（pH=5，20℃）<br>$L(\mathrm{mm})=0.042\,9t^{1/2}+0.401$（pH=3，50℃）<br>$t$的单位为月 | 0.93 mm（pH=3，20℃）<br>0.40 mm（pH=5，20℃）<br>1.21 mm（pH=3，50℃） |
| 硅酸盐水泥+消泡剂+分散剂+缓凝剂+纯净水 | 超临界$CO_2$：$L(\mathrm{mm})=0.26t^{1/2}$<br>$CO_2$饱和水溶液：$L(\mathrm{mm})=0.22t^{1/2}$<br>$t$的单位为h | 133 mm(超临界$CO_2$)<br>113 mm($CO_2$饱和水溶液) |
| H级油井水泥，W/C=0.38 | 超临界$CO_2$：$L(\mathrm{mm})=0.0161t^{1/2}$<br>$CO_2$饱和水溶液：$L(\mathrm{mm})=0.09\ln t+0.171$<br>$t$的单位为d | 1.68 mm(超临界$CO_2$)<br>1.00 mm($CO_2$饱和水溶液) |
| 普通波特兰水泥(水泥等级不详)，W/C=0.33 | $CO_2$饱和水溶液：1个月～1 mm，5个月～3.5 mm(0.02 mm/d) | 219 mm($CO_2$饱和盐水) |
| G级油井水泥 | $L(\mathrm{mm})=0.139\,9\ln t+0.129\,6$(高迂曲度)<br>$L(\mathrm{mm})=0.316\,5\ln t+0.341\,7$(低迂曲度)<br>$t$的单位为d | 1.43 mm(高迂曲度)<br>3.3 mm(低迂曲度) |

综上所述，井筒固井水泥腐蚀监测技术的发展对于 $CO_2$ 地质利用与封存项目的安全运行至关重要。同时，还需要加强固井水泥耐腐蚀材料的研究和应用，以提高其抗腐蚀性能和使用寿命。尽管面临一些挑战，但随着技术的不断进步和创新，井筒固井水泥腐蚀监测技术将在 $CO_2$ 地质利用与封存现场的实践中发挥越来越重要的作用。

### 5.2.2　井筒固井水泥 $CO_2$ 腐蚀控制技术

#### 5.2.2.1　抗 $CO_2$ 腐蚀胶乳水泥浆体系

胶乳实际上是直径为 200～500 nm 的聚合物球形颗粒分散在黏稠的胶体体系中的一种乳化聚合物，同时加入表面活性剂以防止聚合物颗粒聚结。其固体含量通常为 50%，乳液密度为 1.02 kg/L。市场上只有约 5%的胶乳可用于油井水泥外加剂。胶乳根据所用乳化剂种类的不同，可分为阳离子型（带正电）、阴离子型（带负电）和非离子型（不带电）。

胶乳在防窜、防腐、提高水泥石力学性能等方面具有明显的优势，在国外已经得到广泛应用，在国内的应用也在持续增加。由于丁苯胶乳的耐温性能好，其可用于高温深井固井，在国内外得到了较多的研究与应用。为防止胶乳在水泥浆中絮凝，通常需要加入胶乳稳定剂，主要是各种表面活性剂。目前，国内外的研究主要集中在胶乳稳定剂、新型抗盐耐温胶乳体系的开发，以及如何选择或开发配套的外加剂（如降失水剂、分散剂、缓凝剂、消泡剂等）以形成实用的胶乳水泥浆体系。姜宏图等[10]针对某油田油气层具有埋藏深、井底温度高和目的层多等特点，研制出了适用于深井固井的抗高温新型水泥浆，即丁苯胶乳高温防窜水泥浆。实验中首先将 G 级油井水泥和 35%的石英砂混合配制水泥浆，通过加入一定量的胶乳后测定它的常规性能及胶凝强度，然后利用高温高压流变仪测定胶乳水泥浆的流变性能，最后对比了 G 级加砂水泥石与胶乳水泥石的显微结构分析及防气窜评价结果。研究得出，胶乳水泥浆可耐 220℃的高温，失水量低（小于 50 mL），在高温下流动性好，不易起泡，抗压强度高，稠化时间可调，能够满足深井固井施工的要求。胶乳水泥浆的胶凝强度曲线成直角，过渡时间短，自由水含量为零，能够防止油气水窜的发生；能够实现水泥浆在较低返速下的紊流顶替，有助于提高深井固井顶替效率，并满足深井固井施工的要求。

程康康[11]研制了一种防腐防窜环保型胶乳水泥浆体系，能防止高温井油气水窜的发生。该体系中添加了防腐、防窜及抑泡环保型添加剂。该体系具有优良的防气窜特性。实验材料主要有G级水泥、微硅粉、铁矿粉、硅粉、石英砂、漂珠、分散剂KCM012、多功能胶乳KCM028、胶乳稳定剂KCM018A、缓凝剂KCM026A、防腐剂KCM029等。首先配制水泥浆，再测定它的密度、抗压强度、稠化时间、流变性能、静失水量、自由水、渗透率等参数，最后又进行了$H_2S$腐蚀实验和防气窜实验。室内实验表明，该体系具有稠化曲线成直角及低滤失量等特点，能满足含$H_2S$或$CO_2$等腐蚀性气体的高温井的生产需求。

魏浩光、桑来玉等[12]针对伊朗雅达油田Fahliyan油层尾管固井技术的难点，优选出防腐防窜胶乳水泥浆体系。他们利用伊朗本地的原材料，通过添加配套的外加剂，提出防腐防窜胶乳水泥浆体系：德黑兰G级水泥+35%硅粉+10%防腐剂DC206+3%降失水剂FSAM+12%胶乳DC200+1.5%胶乳稳定剂SD-2+1.5%分散剂DZS+0.8%流型调节剂SD-3+0.7%缓凝剂DZH+1.0%消泡剂DZX+61%$H_2O$①，并按API标准的要求，进行了防腐防窜胶乳水泥浆体系常规性能、防窜性能、抗冲击性能及防腐蚀性能的测试。室内测试分析表明：① 优选的防腐防窜胶乳水泥浆体系具有过渡时间短、零游离液、流变性好、强度高的特点。② 防腐防窜胶乳水泥浆体系在失重过程中没有气窜现象的发生，具有很好的防窜能力。③ 形成的水泥石的抗冲击能力强，强腐蚀条件下水泥石强度下降的幅度小，渗透率增加程度小，保持致密的微观孔隙结构，能满足高腐蚀条件下的固井需求。

李风[13]通过加入无机物、酸酐和多元醇等表面活性剂复配体系，反应生成树枝形网状结构，解决了胶乳在高钙离子浓度的影响下产生的破乳问题，可改善胶乳水泥浆的稳定性。实验材料主要有聚乙烯醇、十二烷基硫酸钠、OP-10、顺丁烯二酸酐、氨水、丙三醇、失水山梨酸、丁苯胶乳、G级水泥、分散剂、消泡剂等(水灰比为0.44)。通过对胶乳水泥浆体系进行常温稠化实验及抗腐蚀测定和评价，发现拟采用的改性方法效果良好，胶乳和水泥的复配体系的高温稳定性良好，在90℃条件下，可以满足固井施工要求。同时改性后的胶乳水泥石在高温、高压$CO_2$腐蚀条件下表现出良好的性能。

① 该体系中的百分含量是相对于德黑兰G级水泥计算的。

代丹、岳蕾等[14]针对深海钻井采油的工况，分别使用苯丙胶乳和环氧树脂乳液作为水泥添加剂，研究了聚合物水泥石的微观结构和水化产物。实验中使用G级油井水泥、苯丙胶乳和环氧树脂乳液（无固化剂），准备了3种硬化水泥浆体样品。它们分别为添加了15%的苯丙胶乳的水泥浆体（水胶比为0.4）、添加了5%的环氧树脂乳液的水泥浆体（水胶比为0.39），以及空白水泥浆体（水胶比为0.4）。通过分析腐蚀后的水泥石的腐蚀深度、微观形貌及水化产物，可知在同一腐蚀时间内，苯丙胶乳水泥石和环氧树脂水泥石的腐蚀深度小于空白水泥石的，腐蚀部分的水化产物受到溶蚀，硫含量增加，但水化产物的组成没有发生变化，也未生成硫化物或碳酸盐。水泥石被腐蚀的原因可能是 $S^{2-}$ 和 $CO_3^{2-}$ 等酸性离子被吸附于C-S-H内部，导致水化产物溶蚀。

熊生春、何英等[15]针对油田中后期开发中固井水泥的腐蚀、脆性破裂的问题，选用丁苯胶乳作为水泥添加剂，并进行了水泥石的抗腐蚀性分析、试件抗压强度和抗折强度实验，研究了胶乳水泥石的抗腐蚀性和韧性改善机制。结果表明，丁苯胶乳与水泥石整体致密结构的形成，在一定程度上降低了水泥石的渗透率，阻止了腐蚀水源的渗入，从而提高了胶乳水泥石的抗酸溶性及抗腐蚀性。适量加入丁苯胶乳可以增加水泥石的致密性，降低水泥石的渗透率。掺有丁苯胶乳的水泥石的抗压强度略有降低，但抗折强度增加，韧性提高。丁苯胶乳能有效地提高水泥石的抗腐蚀性和韧性，减小开发后期对水泥石的破坏，延长油井正常生产的时间。

陈大钧、焦利宾等[16]采用无皂乳液聚合法，合成了一种以苯乙烯（St）、甲基丙烯酸甲酯（MMA）、丙烯酸丁酯（*n*-BA）为单体，以2-丙烯酰胺基-2-甲基丙磺酸（AMPS）为乳化剂的无皂乳液JAS。通过粒径分析、Zeta电位分析、透射电子显微镜及热重分析法，考察了AMPS的用量对乳液粒径分布、Zeta电位值及乳液热稳定性等的影响。该乳液无须加入稳定剂，可直接用于油井水泥制备JAS胶乳水泥。实验结果表明，与基浆水泥石相比，JAS胶乳水泥石在养护72 h后的抗压强度和胶结强度分别提高了13.35 MPa和1.15 MPa。这表明JAS乳液可以显著改善油井水泥的性能。

赵张平、庄稼等[17]针对低压、易漏地层固井遇到的水泥抗 $CO_2$ 腐蚀性能差的问题，采用静态 $CO_2$ 酸性腐蚀的方法，对添加丁苯胶乳的低密度水泥石进行了腐蚀实验。实验材料包括嘉华G级油井水泥、硅粉（平均粒径为

0.15 μm，表面积为 15～25 $m^2/g$）、降失水剂 HS-2A、早强剂 CS-2、消泡剂 XP-1、水泥改性专用丁苯胶乳、乳化稳定剂 OP-10。通过对制备的样品进行体视显微镜、X 射线衍射、压力试验机测试后，对比分析了丁苯胶乳低密度水泥石腐蚀前后的内部形貌、表面形貌、腐蚀深度、质量变化及抗压强度的变化。结果显示，低于 120℃时，丁苯胶乳均匀地分散在水泥水化产物的周围，形成膜包覆结构，提高了低密度胶乳水泥石的抗 $CO_2$ 腐蚀能力，这表明在低密度水泥中掺入丁苯胶乳，可以改善低温水泥早期抗压强度低、抗酸性差的缺点；然而，高于 120℃时，丁苯胶乳薄膜的稳定性变差，导致 $CO_2$ 通过薄膜空隙进入水泥石内部，并与水化产物 $Ca(OH)_2$ 和 C-S-H 反应生成可溶性的 $Ca(HCO_3)_2$，从而破坏低密度水泥石的结构。

李早元[18]针对固井作业中固井水泥在地层中易受腐蚀的现实问题，开发了一种用于油井水泥浆的 SBR 胶乳，以实现防腐的效果。通过优选 SBR 胶乳水泥浆体系配套的稳定剂 SA、分散剂 DS-1、消泡剂 GR-1 及缓凝剂 HN-1，开发了高、中、低三种密度的 SBR 胶乳水泥浆体系及复合材料水泥浆体系。以正常密度的 SBR 胶乳水泥为例，考察了其对常规地层水离子的抗腐蚀能力，并结合 EDS 能谱、X 射线衍射等微观分析手段，探讨了 SBR 胶乳抗腐蚀的微观机制。结果表明，SBR 胶乳在油井水泥石内部孔隙间形成充填及聚集的网状结构，可有效提高水泥石的抗腐蚀能力。

杨衍云[19]针对深井、超深井油气田开采固井难度大的技术难题，自制了一种阴离子型丁苯胶乳 SDJR，其固体含量在 40%～45%。将 SDJR、稳定剂 SDW、分散剂 SWJZ、消泡剂 SDX、缓凝剂 SDH-2 加入固井水泥浆中，得到了耐腐蚀的胶乳水泥石。将得到的胶乳水泥石进行一系列耐腐蚀实验评价，结果表明，水泥石具有较强的耐酸腐蚀性能，有利于延长油井寿命。

1. 胶乳水泥浆的组成及其作用机理

（1）胶乳水泥浆的组成

胶乳是由丁二烯和苯乙烯两种单体按一定质量比，在配套助剂等的作用下进行无规共聚，得到的丁苯共聚物。胶乳水泥浆由胶乳与配套水泥外加剂组成。胶乳由无数橡胶粒子组成，将胶乳加入水泥浆中形成胶乳水泥浆。随着温度升高，橡胶粒子与水分子以氢键方式相互连接，形成网架结构；橡胶粒子间形成多条 C-C 键整体交联，交联结构聚集形成交联密度较高的 C-C

键；橡胶粒子本身存在不饱和双键，在高温、高压下不饱和双键被打开与水泥中的 $SiO_2$ 形成硅胶，与二氧化硫中的氧原子、硫原子形成氧桥和硫桥，构成网架结构。氢键、氧桥、C－C 键和硫桥聚结了比其他水泥外加剂高的能量。根据能量守恒定律，要破坏胶乳水泥浆的结构需要较高的能量，因此该水泥浆具有较好的耐高温性。

（2）胶乳水泥浆的防腐机理

胶乳用于油井水泥浆时，随着水泥水化反应的进行，环绕水泥颗粒的水被消耗，胶乳局部体积分数升高，产生颗粒聚集，形成空间网络状非渗透薄膜，部分覆盖于水泥水化产物 $Ca(OH)_2$ 表面，减少了腐蚀源与水泥石接触的概率。此外，从前面胶乳粒径分布测定结果可以看出，胶乳粒径远小于水泥粒径，其粒径分布较宽，易充填于水泥颗粒间空隙、水化产物不同粒径的孔隙及凝胶孔内，大大降低了水泥石的渗透率，阻止腐蚀源在水泥石内部扩散，起到很好的防腐作用。

2. 胶乳水泥浆体系防腐性能评价

为了对不同类型的胶乳水泥浆的防腐性能进行评价，按表 5－3 所示配方制备了 4 种水泥浆，将制备的水泥浆在 60℃的水浴箱中常压养护 3 d。将养护好的水泥石样品依次堆放在装置中的高温高压釜内，加入自来水，充入 $CO_2$ 加压至预定压力，设置预定温度。适时查看压力表，及时补充釜内的 $CO_2$ 以保持压力恒定。共进行了两组腐蚀实验，两组腐蚀实验的温度分别为 120℃、150℃，$p(CO_2)$ 为 5 MPa，总压为 10 MPa，腐蚀时间为 10 d。腐蚀实验装置如图 5－4 所示。

**表 5－3　拟测试的 4 种水泥浆配方**

| 配方 | 水泥类型 | 添加材料 | 水灰比 |
|---|---|---|---|
| 1 | G 级水泥 | 无 | 0.44 |
| 2 | G 级水泥 | 30％漂珠＋30％微硅＋1.6％CS－2<br>＋1.0％HS－2A＋0.5％XP－1 | 0.56 |
| 3 | G 级水泥 | 30％漂珠＋30％微硅＋10％丁苯胶乳＋1.5％CS－2<br>＋1.0％HS－2A＋0.5％XP－1＋1％OP－10 | 0.56 |
| 4 | G 级水泥 | 10％丁苯胶乳＋0.5％HS－2A<br>＋0.5％XP－1＋1％OP－10 | 0.44 |

注：表中的百分数是相对于 G 级水泥计算的。

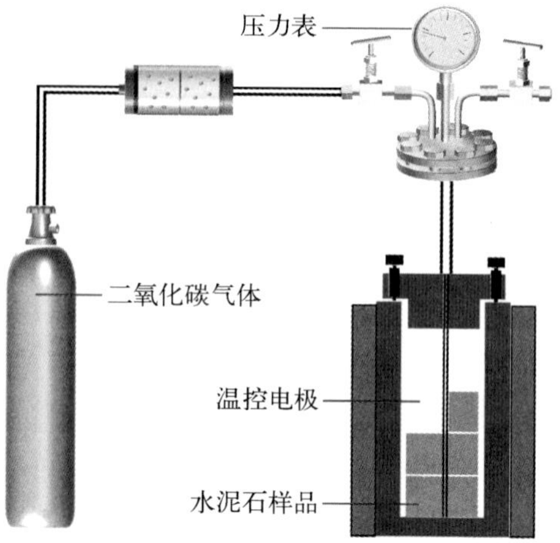


**图 5-4 腐蚀实验装置示意图**

(1) $CO_2$ 腐蚀前后的水泥石分析

为了对比各水泥石腐蚀前后的状况，了解其内部结构，用电子液压式压力机将水泥石压开，暴露出水泥石的内部结构。

腐蚀后的纯水泥石表面变成了土黄色，内部基色为灰褐色，在压力作用下发生四周片状剥落现象，而腐蚀前的纯水泥石内部是三维空间网状结构，经加压破坏后，水泥石表现为穿晶断裂。

腐蚀后的配方 2 水泥石不仅表面变成了褐色，内部颜色也发生了明显改变，呈浅褐色，内部附着有厚度不均匀且相互连接但呈疏松片状的松散腐蚀产物，这说明酸性腐蚀气体已经侵入水泥基体内部，并且与水泥石发生了反应，改变了水泥石的组成。由此可知，$CO_2$ 气体对低密度水泥石的腐蚀明显比常规水泥石严重。

配方 3 水泥石经 $CO_2$ 腐蚀后，表面和内部的颜色都发生了变化，表面为土黄色，内部变成了灰黄色，经抗压实验后水泥石四周有很多纵向裂纹及片状物，不过黏合较好，没有发生像配方 2 水泥石的片状剥落、结构疏松的现象，这说明胶乳在低密度水泥石中产生了一定的抗腐蚀作用。

腐蚀后的配方 4 水泥石除了表层发生腐蚀外，内部基本和腐蚀前一样，既无颜色变化，也没有结构变疏松的现象，经压力测试后仍旧是较完整的水泥石，这说明胶乳的加入改善了纯水泥石的组织结构和抗 $CO_2$ 腐蚀性能。

由以上结果可知，不同配方的水泥石抗腐蚀能力的顺序为丁苯胶乳水泥石＞丁苯胶乳低密度水泥石＞常规水泥石＞低密度水泥石。

（2）腐蚀前后水泥石的抗压强度变化

影响 $CO_2$ 对水泥腐蚀作用的主要因素包括水泥材质本身和环境条件两个方面，所以弄清环境条件对水泥石产生腐蚀的规律，是评价、优选和设计抗腐蚀水泥浆的重要依据。

图 5－5 为在不同温度（20℃、120℃或 150℃）、$CO_2$ 分压为 5 MPa 的条件下，水泥石腐蚀前后的抗压强度发展曲线图。

从图 5－5 可以看出，腐蚀前的各个配方的水泥石在温度升高的情况下，抗压强度都在增大，温度对水泥石的抗压强度影响明显；各配方水泥石腐蚀后的抗压强度在低温（20℃）下变化不大，而在高温（120℃和 150℃）下的降低程度则明显增加；在 150℃下，配方 2 水泥石腐蚀后抗压强度的降低程度最大，配方 3 和 4 水泥石抗压强度的降低程度较小，这说明低密度水泥石在高温下更易被腐蚀，在水泥浆中添加胶乳能够在一定程度上削弱 $CO_2$ 对水泥石的腐蚀程度。

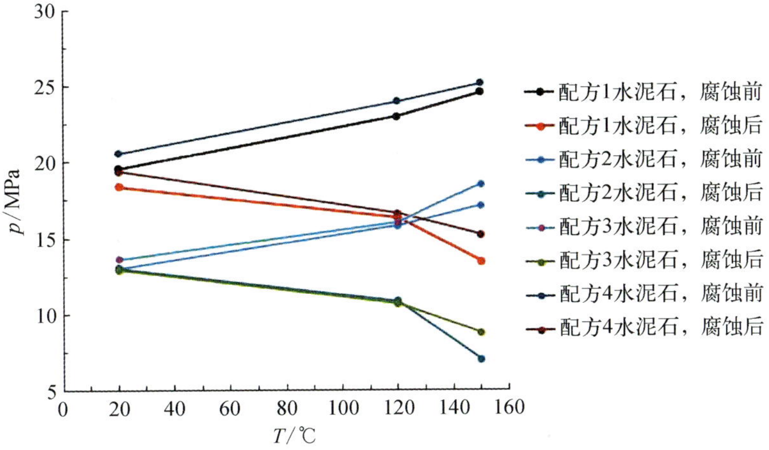


**图 5－5　水泥石抗压强度随温度的变化情况**

（3）$CO_2$ 对不同水泥石腐蚀深度的对比

通过测试 $CO_2$ 侵入水泥石内部的深度（即腐蚀深度），可以判断 $CO_2$ 对水泥石的破坏程度。低密度水泥石（配方 2 水泥石）被 $CO_2$ 腐蚀后的内部形貌见

**图 5-6 配方 2 水泥石被 $CO_2$ 腐蚀后的内部形貌**

图 5-6。从图 5-6 可以看出，腐蚀后水泥石外层、内部的颜色和组织明显不同，存在着明显腐蚀与未腐蚀的分界线，其中组织细而呈浅灰色的部分是 $CO_2$ 侵入水泥石内部发生反应后的产物，组织粗而呈深灰色的部分未被 $CO_2$ 腐蚀。

控制不同参数，获得的 2 组腐蚀实验水泥石的腐蚀深度见表 5-4。腐蚀深度采用游标卡尺测量。

由表 5-4 可以看出，配方 2 和配方 3 水泥石的腐蚀深度比较大，且腐蚀深度随温度的升高而增加，其中配方 3 水泥石的腐蚀深度明显比配方 2 水泥石的小，这说明添加一定量的胶乳能提高低密度水泥石的抗腐蚀性能。低密度水泥石的腐蚀深度大是因为漂珠、微硅的加入改变了水泥石的结构，使其内部的空隙和微裂纹增多，溶解于水的 $CO_2$ 更容易进入水泥石的内部，与水化产物 $Ca(OH)_2$ 和 C-S-H 发生淋滤反应。形成的 $Ca(HCO_3)_2$ 进入 $CO_2$ 腐蚀液中并流失，导致水泥石结构的破坏。

**表 5-4 水泥石的腐蚀深度**

| 配 方 | 表观腐蚀深度/cm | |
|---|---|---|
| | 第 1 组[120℃、$p(CO_2)$=7 MPa] | 第 2 组[150℃、$p(CO_2)$=7 MPa] |
| 1 | 不能测出 | 不能测出 |
| 2 | 0.992 | 1.210 |
| 3 | 0.699 | 1.113 |
| 4 | 不能测出 | 不能测出 |

(4) 水泥石腐蚀前后的质量变化

表 5-5 为各配方水泥石在 120℃和 150℃条件下，腐蚀 10 d 后的质量变化。从表 5-5 第 1 组实验的数据可以看出，不同配方的水泥石经过腐蚀实验后的质量变化是不同的。对于添加了漂珠、微硅的低密度水泥石，配方 2 水泥

石的质量变化最大(8.4 g)，其次是配方 3 水泥石(0.9 g)，腐蚀后质量均有所增加。对于常规水泥石，配方 1 水泥石的质量变化最大(−3.6 g)，其次是配方 4 水泥石(−1.0 g)，腐蚀后质量均有所减轻。这种差异在于腐蚀过程和机理的不同，减轻是由于 $CO_2$ 与水泥水化产物发生淋滤作用，生成的可溶性 $Ca(HCO_3)_2$ 从水泥石中流走，从而使得水泥石的质量降低；增重是由于在水泥水化初期，水化产物 $Ca(OH)_2$ 首先会和添加在水泥浆中的微硅反应生成水化硅酸钙，水化硅酸钙的生成可以降低水化产物 $Ca(OH)_2$ 的含量，减少 $Ca(HCO_3)_2$ 的生成，从而避免了水泥石质量的降低。这一点通过对腐蚀后的低密度水泥石表面上的水化产物进行 XRD 分析可以证实。

**表 5-5　水泥石腐蚀前后的质量变化(总压力为 10 MPa)**

| 配方 | 第 1 组[120℃、$p(CO_2)$=7 MPa] | | | 第 2 组[150℃、$p(CO_2)$=7 MPa] | | | $\lvert\Delta m_2-\Delta m_1\rvert$/g |
|---|---|---|---|---|---|---|---|
| | $m$/g | $m'$/g | $\Delta m_1$/g | $m$/g | $m'$/g | $\Delta m_2$/g | |
| 1 | 247.7 | 244.1 | −3.6 | 254.9 | 246.5 | −8.4 | 4.8 |
| 2 | 193.0 | 201.4 | 8.4 | 192.6 | 204.3 | 11.7 | 3.3 |
| 3 | 186.5 | 187.4 | 0.9 | 184.7 | 188.8 | 4.1 | 3.2 |
| 4 | 243.2 | 242.2 | −1.0 | 246.6 | 242.1 | −4.5 | 3.5 |

注：$m$、$m'$分别表示水泥石腐蚀前后的质量。

丁苯胶乳可以包覆在水化产物的周围，阻止相当数量的 $CO_2$ 进入水泥石内部，因此，配方 3 和配方 4 水泥石的质量变化程度都不大。分别对比配方 1 和配方 4 水泥石、配方 2 和配方 3 水泥石可以看出，配方 4 水泥石腐蚀后的质量变化明显比配方 1 小，配方 3 水泥石则比配方 2 水泥石小，这说明在常规水泥浆和低密度水泥浆中添加丁苯胶乳能够减少水泥石的孔隙和微裂纹，削弱 $CO_2$ 对水泥石的腐蚀作用。

从表 5-5 中第 2 组实验的数据(150℃条件下)可以看出，随着温度的升高，各配方水泥石的质量变化量都有不同程度的增加，腐蚀的程度普遍加重，特别是常规水泥石，其在 120℃的腐蚀温度下质量变化不太明显，而在 150℃的腐蚀温度下质量急剧变化，这说明常规水泥石在高温条件下更易被腐蚀。

配方 3 和配方 4 水泥石的质量变化程度明显，这说明丁苯胶乳在高温条件下对水泥石的抗 $CO_2$ 腐蚀性能作用不大。这是因为在高温条件下，水泥石的膨胀程度超出了丁苯胶乳的软化蠕变能力，丁苯胶乳形成的膜包覆水泥水化产物的结构被破坏，从而导致 $CO_2$ 对水泥石的腐蚀加剧。

3. 小结

在低密度水泥浆中掺入丁苯胶乳，可改善低温水泥石早期抗压强度低、抗酸性差的缺点，然而在不同温度下，丁苯胶乳低密度水泥石表现出不同的抗 $CO_2$ 腐蚀性能。在温度低于 120℃ 的条件下，添加在水泥浆中的丁苯胶乳穿插于水泥水化产物体系中，其颗粒交联形成的高分子膜包覆于水泥水化产物表面，既分散了水泥浆的应力，又增加了变形性，从而提高了水泥石的界面胶结强度、改善了水泥石的耐酸腐蚀性能，阻止 $CO_2$ 与水化产物直接接触，从而避免 $CO_2$ 对水泥石的腐蚀作用。在温度高于 120℃ 的条件下，丁苯胶乳薄膜在内部应力及水泥石体积膨胀的双重作用下破裂，从而使得形成的膜包覆结构遭到破坏，$CO_2$ 通过薄膜上的空隙进入水泥石的内部，破坏水泥的空间网状结构，导致低密度丁苯胶乳水泥石发生腐蚀。

5.2.2.2 抗 $CO_2$ 腐蚀纳米 $SiO_2$ 水泥浆体系

纳米 $SiO_2$（Nano - $SiO_2$）是一种具有纳米级尺寸的 $SiO_2$ 颗粒。$SiO_2$ 是一种常见的化合物，广泛存在于大自然（如石英、沙子和玻璃等物质）中。Nano - $SiO_2$ 的特殊之处在于其颗粒尺寸通常介于 1～100 nm 之间，比传统的粗颗粒二氧化硅更小。由于其纳米级尺寸，Nano - $SiO_2$ 具有较大的比表面积和高度分散性。这使其具备了许多独特的物理、化学和材料特性，因而在水泥浆体系中具有广泛的应用。

首先，Nano - $SiO_2$ 可以用作水泥浆体系的增稠剂。由于其特殊的微观尺寸和表面特性，Nano - $SiO_2$ 可以在水泥浆中形成稳定的三维网络结构，增加浆体的黏度和凝聚力，从而提高浆体的流变性能。

其次，Nano - $SiO_2$ 还可以用作水泥浆体系的填充剂和增强剂。它可以填充水泥浆中的微观孔隙，减少浆体的渗透和漏失问题，提高浆体的密实性和稳定性。此外，Nano - $SiO_2$ 还能够提供额外的力学强度，增强水泥浆体系的抗压强度和耐久性。

最后，Nano - $SiO_2$ 还可以通过与水泥中的反应产物发生化学反应，形成胶凝物质，增加水泥浆体系的凝结硬化速率，并改善其早期的强度发展性能。

综上所述，通过应用 Nano－$SiO_2$，可以改善水泥浆体系的流变性能、密实性、稳定性、力学性能和耐久性等。

徐迅、卢忠远[20]通过向硅酸盐水泥中掺入一定量的 Nano－$SiO_2$ 或硅灰与空白水泥组形成对比实验，利用微量热分析、X 射线衍射、差热分析、扫描电子显微镜分析和氮吸附等测试方法，研究了 Nano－$SiO_2$ 对硅酸盐水泥水化硬化的影响。结果表明，当 Nano－$SiO_2$ 的掺量为 5%（质量分数）时，其火山灰反应能大量吸收 $Ca(OH)_2$，促进水泥水化反应，提高水化初始的放热速率，并改善水泥浆体的微观结构，使得水泥石结构更加均匀和密实。此外，Nano－$SiO_2$ 的掺入导致水泥浆体的标准稠度需水量增加，凝结时间缩短，促进水泥石的抗压强度在中后期得到一定的增强。

王宝民[21]对掺入 Nano－$SiO_2$ 的高性能混凝土进行了性能与机理的研究，实验主要采用了水胶比为 0.25、0.29、0.34 的硅酸盐水泥、Nano－$SiO_2$、粗细骨料、拌合水及化学外加剂（高效减水剂、引气剂、超缓凝剂）进行试验。通过 X 射线衍射、扫描电子显微镜、混凝土压汞实验等微观测试方法，从微观角度对 Nano－$SiO_2$ 掺入混凝土的反应机理进行分析。研究发现，掺入 Nano－$SiO_2$ 后，净浆试件的显微结构密实度提高。Nano－$SiO_2$ 的掺入能够降低净浆中 $Ca(OH)_2$ 的含量，且大尺寸 $Ca(OH)_2$ 晶体被细化。另外，Nano－$SiO_2$ 的掺入还能够明显降低过渡界面中 $Ca(OH)_2$ 晶体的数量，并细化 $Ca(OH)_2$ 晶体的尺寸。与未掺 Nano－$SiO_2$ 的混凝土相比，掺入 Nano－$SiO_2$ 的混凝土的界面处 C－S－H 凝胶以更紧密堆积的簇状和致密的网状结构为主。总之，掺入 Nano－$SiO_2$ 后，通过界面改善效应、物理填充密实效应等方式，综合改善了浆体或混凝土的微观特性，从而提高了混凝土的性能。

徐庆磊[22]利用孔结构分析（压泵法）、微观形貌分析（SEM）和差热分析研究了掺入不同尺寸的 Nano－$SiO_2$ 对水泥浆性能的影响和作用机理。研究发现，Nano－$SiO_2$ 的掺入可以降低水泥净浆的总孔隙率，使平均孔径和临界孔径减小。在相同掺量下，15 nm 的 $SiO_2$ 对孔径的细化效果优于 50 nm 的 $SiO_2$。此外，纳米 $SiO_2$ 的掺入还能够降低水泥净浆中的 $Ca(OH)_2$ 的取向指数，并细化 $Ca(OH)_2$ 的尺寸。15 nm 的 $SiO_2$ 对取向指数的降低程度比 50 nm 的 $SiO_2$ 更加明显。这对提高水泥的抗腐蚀能力具有一定作用。

孔德玉、杜祥飞等[23]为避免纳米粒子比表面积大、表面原子比率和羟基覆盖率很高导致粒子间极易团聚的问题，研究比较了团聚粒径很大的沉淀 $SiO_2$ 和团聚粒径较小的 Nano－$SiO_2$ 对水泥水化硬化特性的影响。结果表明，与 Nano－$SiO_2$ 相比，$SiO_2$ 团聚粒径虽然很大，后期火山灰活性较低，但其早期火山灰活性较大，对水泥水化的促进作用也更明显。扫描电子显微镜分析表明，Nano－$SiO_2$ 和 $SiO_2$ 的火山灰反应产物的胶结作用有限，其与水泥水化产物本体之间甚至存在明显的界面过渡区。压汞分析表明，掺入 $SiO_2$ 和 Nano－$SiO_2$ 均可有效降低硬化水泥石的毛细孔率。与掺入 $SiO_2$ 相比，掺入 Nano－$SiO_2$ 对减小 20 nm～10 $\mu$m 的凝胶孔和毛细孔体积更有利。掺入 Nano－$SiO_2$ 对硬化水泥石微观结构的影响主要由团聚颗粒对水泥分散体系的填充效应和吸水效应所致，与晶核效应无关。

赵金东[24]针对盐渍土中含有易溶盐，混凝土具有明显的腐蚀性的背景，采用 1%的纳米碳酸钙单掺，1%的纳米碳酸钙分别和 1%、3%的 Nano－$SiO_2$ 复掺，使用 X 射线工业 CT 分析不同混凝土的性能差异。CT 扫描结果表明，普通混凝土中的孔最多；单掺 1%的纳米碳酸钙的混凝土中的孔较少，但存在大孔，孔面积较大；而复掺 1%的纳米碳酸钙和 3%的 Nano－$SiO_2$ 的混凝土含孔少而且孔的面积小，从而具有很好的抗腐蚀性能。

徐晶、王先志[25]研究了在宏观和微观尺度上，Nano－$SiO_2$ 改性对混凝土早龄期界面过渡区(ITZ)力学行为的影响，测试了混凝土的强度及弹性模量，并采用纳米压痕技术，结合统计手段来表征 ITZ，同时，从两个尺度层面上建立了模型进行分析。研究结果显示，掺入 Nano－$SiO_2$ 能有效提高早龄期混凝土的综合力学性能，主要是增强了 ITZ 的力学性能，使 ITZ 与混凝土基体的模量比从 50%提升到 80%。Nano－$SiO_2$ 改性机制主要通过加速水化反应实现，并在早期大量生成水化产物，尤其是低密度水化硅酸钙凝胶，填充微孔，改善 ITZ 的微观组织结构，从而进一步降低孔隙率，提高抗腐蚀能力。

李振东、孟丹等[26]系统研究了 Nano－$SiO_2$ 对混凝土渗透性能的影响，通过采用快速氯离子迁移系数(RCM)法测定了混凝土水化 28 d 的抗氯离子渗透性能。研究发现，随着 Nano－$SiO_2$ 掺量的增加，在相应的水化阶段，Nano－$SiO_2$ 的尺寸效应可以提高凝胶体含量，增加混凝土的致密性，最终在宏观上体现为降低了非稳态氯离子的迁移系数，从而提高了混凝土的抗渗透性能。

通过 SEM 微观结构分析，发现 Nano - $SiO_2$ 掺量的不断增加，可促进水泥的水化反应进程，水泥石的致密程度也相应增加。同时，Nano - $SiO_2$ 的掺入会使水化产物含有更多的 C - S - H 凝胶，这些凝胶相对丰富地填充在孔洞和缝隙中，形成更致密的结构。这说明掺入一定量的 Nano - $SiO_2$ 促进了水泥的水化反应，增加了改性水泥浆的水化产物生成量，减少了孔隙，从而提高了水泥整体的致密性，达到了提高抗腐蚀性能的效果。

徐迅、卢忠远[27]为提高水泥基材料的密实度，研究将 Nano - $SiO_2$ 掺入水泥基材料后对混合体系粉体性能的影响，探讨混合体系内的颗粒附着、填充情况。研究表明，数量众多的 Nano - $SiO_2$ 颗粒包围在水泥熟料颗粒周围，使得水泥标准稠度用水量大幅增加，同时显著缩短了凝结时间；掺入 Nano - $SiO_2$ 的水泥基材料的堆积密实度达到 54%，能够获得更密实的水泥基材料，进而更好地提升强度和抗腐蚀能力。

刘嘉源、张宏亮等[28]为了获得具有良好分散性、填充性和阻隔性的纳米材料，同时将其作为填料以提升环氧树脂涂层对水泥砂浆试件的防护能力，制备了纳米聚多巴胺六方氮化硼-二氧化硅（PDABN - f$SiO_2$）/环氧树脂涂层，并将其涂覆于水泥砂浆试件表面，研究涂层对试件的防护效果。首先，利用由盐酸多巴胺（DA）自聚合形成的聚多巴胺（PDA）与偶联剂（KH550），分别修饰纳米六方氮化硼（HBN）与 Nano - $SiO_2$，获得纳米聚多巴胺六方氮化硼（PDABN）与功能化的 $SiO_2$（f$SiO_2$）；然后，经聚合以制备纳米 PDABN - f$SiO_2$；最后，将其作为填料改性环氧树脂，并涂覆于水泥砂浆表面。通过 FT - IR、SEM - EDS 和 XPS 等微观表征，观察研究了纳米材料的微观特征，并开展碳化试验和涂层透气性试验，分析纳米 PDABN - f$SiO_2$ 对环氧树脂涂层的改性效果。结果表明，制备的纳米 PDABN - f$SiO_2$ 具有“片层＋颗粒”的特殊结构，且在涂层中具有良好的分散性，可有效减缓涂层中 $CO_2$ 的渗透；与无填料涂层相比，涂覆有纳米 PDABN - f$SiO_2$/环氧树脂涂层的水泥砂浆试件，在碳化 7 d、14 d 和 28 d 时的碳化深度分别下降了 68.7%、72.9%和 64.8%，其涂层在 48 h 时的透气性降低了 34.7%。因此，纳米 PDABN - f$SiO_2$ 掺入环氧树脂涂层后，明显地提高了水泥砂浆的抗碳化能力，并降低了环氧树脂涂层的透气性。

S. M. Lim、H. S. Lee 等[29]通过聚焦离子束逐层研磨样品，并通过扫描电子显微镜对每个表面层进行 2D 成像。成像结果显示，有三种类型的孔（大毛细管孔、中等毛细管孔和凝胶孔)可以被观察到。从这些2D图像中选取1 000个有代表性的分层扫描结果,重建2D孔隙结构模型,从中可以计算孔隙率和孔径分布。比较了掺入Nano - $SiO_2$ 和 $SiO_2$ 的水泥浆,发现孔隙率和孔径随着Nano - $SiO_2$ 的加入而减小。此外,还观察到毛细管孔的减少和凝胶孔的增加。

樊晓霞[30]为解决纯水泥石韧性差、孔隙率高、易腐蚀的缺点,将Nano - $SiO_2$ 掺入油井水泥中,研究了Nano - $SiO_2$ 对油井水泥石腐蚀前后抗压强度的影响及Nano - $SiO_2$ 对油井水泥石腐蚀深度的影响。通过XRD和SEM研究了Nano - $SiO_2$ 对油井水泥石腐蚀前后的形貌和物相的影响,以及在应力和二氧化碳腐蚀的耦合作用下Nano - $SiO_2$ 对油井水泥石性能的影响。结果表明,油井水泥石的抗 $CO_2$ 腐蚀能力可以被Nano - $SiO_2$ 提高;虽然Nano - $SiO_2$ 对油井水泥石腐蚀前后的物相没有影响,但对腐蚀后油井水泥石的微观形貌有影响;Nano - $SiO_2$ 对应力与 $CO_2$ 腐蚀耦合作用下的油井水泥石性能的改善效果更加明显。

1. Nano - $SiO_2$ 水泥浆的组成及其作用机理

(1) Nano - $SiO_2$ 水泥浆的组成

Nano - $SiO_2$ 水泥浆通常主要由水、水泥、骨料(用于增加水泥浆的体积,通常使用细粒度的砂、石料或其他填料。骨料可以影响浆体的流变性、密实性和强度等性能)、添加剂[包括各种化学物质,用于改善水泥浆的性能。常见的添加剂有减水剂(用于降低浆体的黏稠度)、增稠剂(用于增加浆体的黏度和凝聚力)、防水剂(用于降低浆体的渗透性等)]和Nano - $SiO_2$ 组成,这些组成部分会根据具体的应用需求和配方设计的要求进行调整。通过合理的配比和处理,可以获得具有良好性能和适合特定工程要求的Nano - $SiO_2$ 水泥浆体系。

(2) Nano - $SiO_2$ 水泥浆的抗腐蚀机理

通过向水泥浆中添加Nano - $SiO_2$ 材料,可以填充水泥石内部的微观孔隙。因为水泥石中最关键的水化产物C - S - H本身具有纳米结构,并含有大量的胶凝凝胶,其中90%以上的凝胶是纳米级的,因此当掺入的Nano - $SiO_2$ 被良好分散后,可以从纳米尺度开始填充和改善水泥石中的孔隙结构,显著降低水泥石的孔隙率和渗透率,从而提高水泥石的致密性和强度。此外,Nano - $SiO_2$ 具有与水泥石中的碱性水化产物 $Ca(OH)_2$ 发生火山灰反应的活性。由于Nano - $SiO_2$ 具有巨大的比表面积和表面能量,使得Nano - $SiO_2$ 与火山灰质外加剂(如微硅、粉煤灰)相比具有更高的反应活性。火山灰反应一方面能够降低水泥石的碱度,提高其抗酸性介质腐蚀的能力;另一方面,还可以增加控制水泥石强度的 C-S-H 含量,从而提高水泥石的强度。Nano-$SiO_2$ 除了能够与 $Ca(OH)_2$ 发生火山灰反应外,还能与 C-S-H 产物发生反应,生成具有 Si/Ca 比较高的次级 C-S-H,进一步提高水泥石水化产物的 Si/Ca 比,从而改善其抗腐蚀能力。

2. 纳米微硅水泥防腐体系评价

本研究所使用的 Nano-$SiO_2$ 由上海麦克林生化科技股份有限公司生产,为亲水性、无晶形 Nano-$SiO_2$,具有 3 种粒径,分别为 10 nm、50 nm、100 nm。不同粒径的 Nano-$SiO_2$ 形貌如图 5-7 所示,呈白色粉末状。

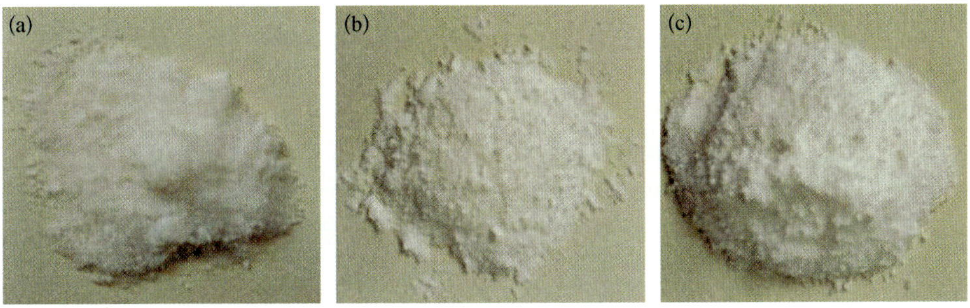


**图 5-7　不同粒径的 Nano-$SiO_2$ 形貌:(a) 10 nm;(b) 50 nm;(c) 100 nm**

Nano-$SiO_2$ 在水中的分散程度良好,可以在水中均匀地分散,分散溶液为白色乳液[图 5-8(a)]。图 5-8(b)为 Nano-$SiO_2$ 的 X 射线衍射谱图,由

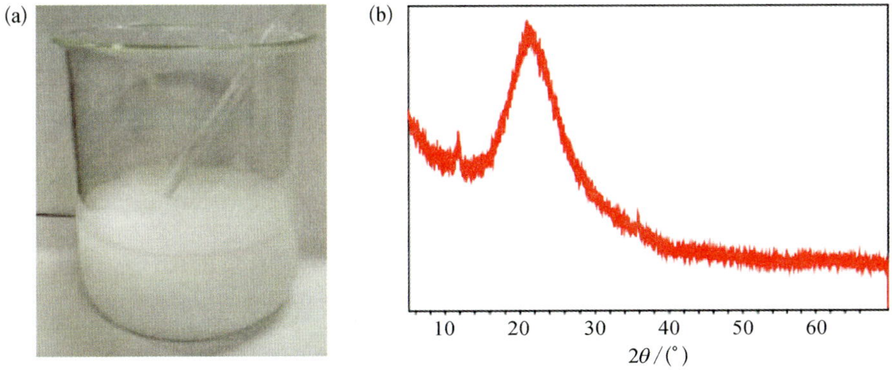


**图 5-8　Nano-$SiO_2$ 在水中的分散情况(a)和 X 射线衍射谱图(b)**

图可以看出 $2\theta$ 为 20°左右时出现了一个弥散峰，这表明本研究中的 Nano - $SiO_2$ 为无晶形、无定形态。

选择水灰比为 0.44 的基础配方，如表 5 - 6 所示。

**表 5 - 6 基础配方**

| G 级水泥 | G33S(BWOC) | SXY - 2(BWOC) | 水灰比 | 密度/($g \cdot cm^{-3}$) |
|---|---|---|---|---|
| 98.3% | 1.5% | 0.2% | 0.44 | 1.91 |

(1) Nano - $SiO_2$ 对水泥石孔隙率的影响

为研究 Nano - $SiO_2$ 对水泥石孔隙率的影响，将方模放入高温高压养护釜中养护，养护温度为 60℃，压力为 20.7 MPa，养护 1 周后取出，取芯，将水泥石浸泡吸水达到饱和状态后，利用核磁共振对水泥石的孔隙率进行测量，测量结果如表 5 - 7 所示。

**表 5 - 7 不同粒径的 Nano - $SiO_2$ 对水泥石孔隙率的影响**

| 编　号 | 粒径/nm | 掺量/%(质量分数) | 养护温度/℃ | 孔隙率/% |
|---|---|---|---|---|
| 1# | 0 | 0 | 60 | 34.25 |
| 2# | 15 | 0.25 | 60 | 33.13 |
| 3# | 15 | 0.5 | 60 | 29.56 |
| 4# | 15 | 1 | 60 | 28.9 |
| 5# | 50 | 1 | 60 | 31.84 |
| 6# | 100 | 1 | 60 | 32.25 |

由表 5 - 7 可以看出，粒径均为 15nm 时，Nano - $SiO_2$ 的掺量越大，水泥石的孔隙率越小；当掺量达到 1% 时，水泥石的孔隙率比空白样品降低了 15.62%，由此可以看出 Nano - $SiO_2$ 可以起到填充剂的作用，改善水泥石的孔隙性能，使水泥石更加致密。对比 4#、5# 和 6# 水泥石可以得到，在掺量同为 1%时，粒径越小，则水泥石的孔隙率越小，与空白样品相比，掺入 15 nm、50 nm、100 nm 的 Nano - $SiO_2$ 后的水泥石的孔隙率分别降低了 15.62%、

7.04%、5.84%，则粒径较小时，可以更好地充填水泥石中的孔隙，使水泥石变得更加致密。

水泥石中的孔径分布不同，则对水泥石的力学性能和流体流通性能的影响不同。当水泥石中大孔隙分布较多时，水泥石的力学性能必将受到损害，流体易在水泥石中流窜，可能导致水泥石失去分隔油气水层的能力。同时，腐蚀流体的流窜也会加剧腐蚀程度。

图 5－9 为含不同掺量的 Nano－$SiO_2$（粒径为 15 nm）的水泥石在 60℃下养护 7 d 后的孔隙分布（根据水泥石的核磁共振 T2 曲线图计算得出）。

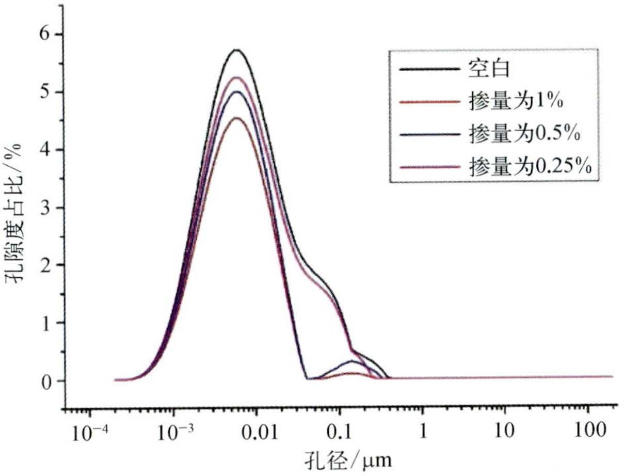


**图 5－9　Nano－$SiO_2$ 掺量对水泥石孔隙分布情况的影响**

由图 5－9 可以看出，掺入 Nano－$SiO_2$ 后，水泥石中的总孔隙量降低。由孔隙分布图可以看出，水泥石中的微孔和大孔数量较少，大多为介孔。微孔是指孔径小于 2 nm 的孔隙，介孔为孔径大于等于 2 nm 小于等于 50 nm 的孔隙，大孔为孔径大于 50 nm 的孔隙，而介孔中小于 20 nm 的为无害孔，大于等于 20 nm 小于等于 50 nm 的为少害孔，大孔都为有害孔。空白水泥石中的介孔和大孔较丰富，当掺入 0.25%的 Nano－$SiO_2$ 时，水泥石中的介孔数量明显降低，大孔数量也有一定程度的降低；当掺量达到 0.5%时，水泥石中的大孔和介孔数量都有了明显的降低。当掺量达到 1%时，水泥石中的大孔和介孔数量降低得更加明显。由此可知，在水泥石中掺入 Nano－$SiO_2$ 后，水泥石中的孔隙率明显降低，无害孔和少害孔的数量降低，大孔数量也会有明显的降低，则水泥石的孔隙结构更加致密，即 Nano - $SiO_2$ 可以改善水泥石的孔隙结构。

图 5 - 10 为掺入 1%不同粒径的 Nano - $SiO_2$ 时，水泥石的核磁共振 T2 曲线。由图 5 - 10 可以看出，掺入 1%的 Nano - $SiO_2$ 后，水泥石中的大孔数量明显降低，掺入 100 nm 的 Nano - $SiO_2$ 后，水泥石中的大孔数量明显降低，但介孔数量有一定的升高，掺入 50 nm 的 Nano - $SiO_2$ 后，水泥石中的介孔数量也有了明显降低，掺入 15 nm 的 Nano - $SiO_2$ 后水泥石中的介孔数量明显降低。这说明 Nano - $SiO_2$ 的粒径较大时，可以化大孔为介孔，降低大孔数量；当 Nano - $SiO_2$ 的粒径较小时，对大孔和介孔都有一定的充填作用。由此可以说明，在掺量相同时，Nano - $SiO_2$ 的粒径越小，对水泥石的孔隙结构的改善效果越明显。

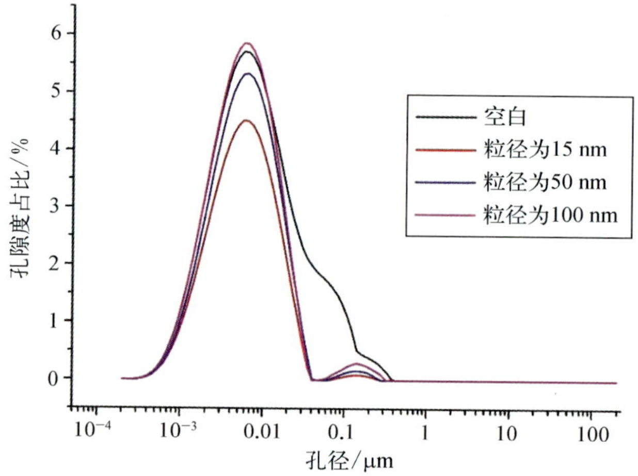


**图 5 - 10　Nano - $SiO_2$ 粒径对水泥石孔隙分布情况的影响**

Nano - $SiO_2$ 可以降低水泥石的孔隙率，粒径越小，水泥石的孔隙率越小。掺入 Nano - $SiO_2$ 后，水泥石的孔隙结构得到改善。

(2) Nano - $SiO_2$ 对水泥石腐蚀前后抗压强度的影响

水泥石在 60℃的水浴锅中养护 14 d 后被脱模并洗净表面的油，在 $CO_2$ 分压为 5 MPa、湿度为 60℃、总压为 10 MPa 的反应釜中腐蚀 14 d，掺入不同粒径的 Nano - $SiO_2$ 的水泥石的抗压强度如图 5 - 11 所示。

由图 5 - 11 可以看出，腐蚀 14 d 后的水泥石的抗压强度较腐蚀前有所升高，并没有出现水泥石被腐蚀而强度降低、结构被破坏的情况。这是因为水泥

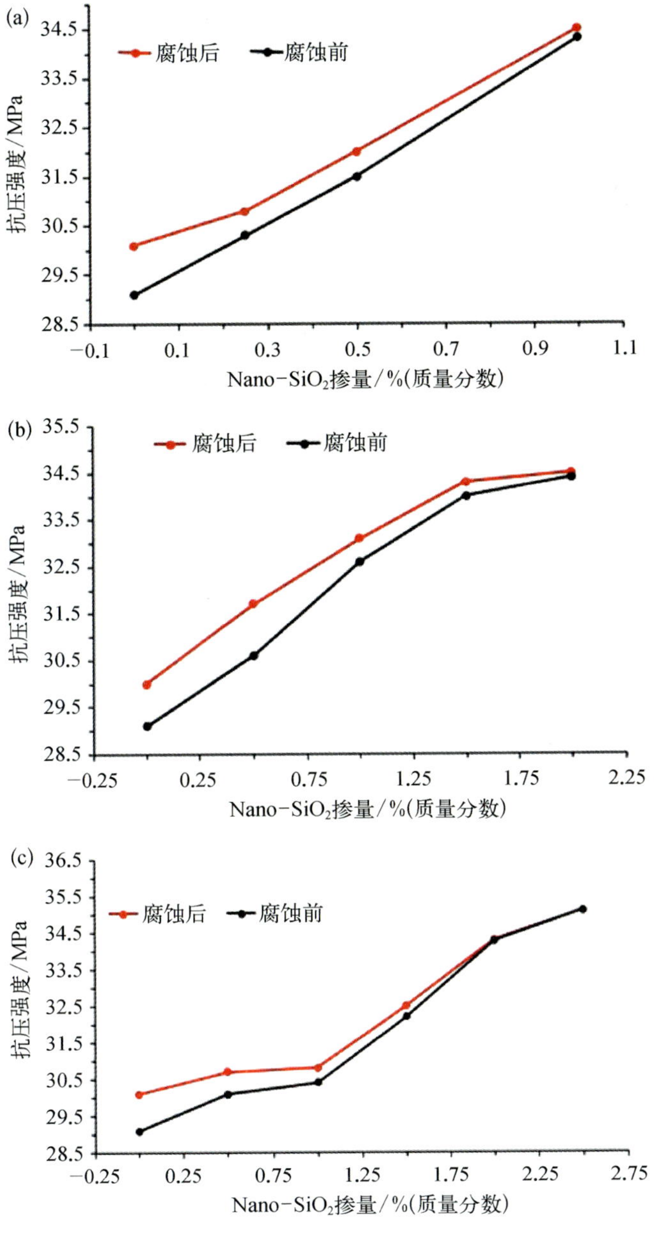


**图 5－11　不同粒径的 Nano－$SiO_2$ 对水泥石腐蚀 14 d 后抗压强度的影响：(a) 掺入 15 nm 的 Nano－$SiO_2$ 的水泥石腐蚀前后的抗压强度；(b) 掺入 50 nm 的 Nano－$SiO_2$ 的水泥石腐蚀前后的抗压强度；(c) 掺入 100 nm 的 Nano－$SiO_2$ 的水泥石腐蚀前后的抗压强度**

石腐蚀的时间为 14 d 时，由于腐蚀时间较短，水泥石在腐蚀过程中只发生了 $Ca(OH)_2$ 的碳化作用，生成了大量的 $CaCO_3$，而 $CaCO_3$ 在水中不溶解，会充填于水泥石的孔隙中，使水泥石的强度有所提升。与空白样品相比，掺入 Nano-$SiO_2$ 后的水泥石腐蚀前后的抗压强度的变化较小，这说明水泥石的腐蚀程度在掺入 Nano-$SiO_2$ 后变小，Nano-$SiO_2$ 可以改善水泥石的抗腐蚀能力。

为了进一步研究 Nano-$SiO_2$ 对水泥石抗腐蚀能力改善的程度，对腐蚀 14 d 后水泥石的抗压强度衰退率进行了计算，计算结果如图 5-12 所示。

由图 5-12 可以看出，腐蚀 14 d 后，水泥石的抗压强度衰退率为负数，这说明水泥石短时间腐蚀后的抗压强度有所增加，且掺入 Nano-$SiO_2$ 后水泥石的抗压强度增加量小于未掺入 Nano-$SiO_2$ 的对照组，这是因为水泥石在短时间腐蚀后生成大量 $CaCO_3$，$CaCO_3$ 填充了部分孔隙，使水泥的强度增加。

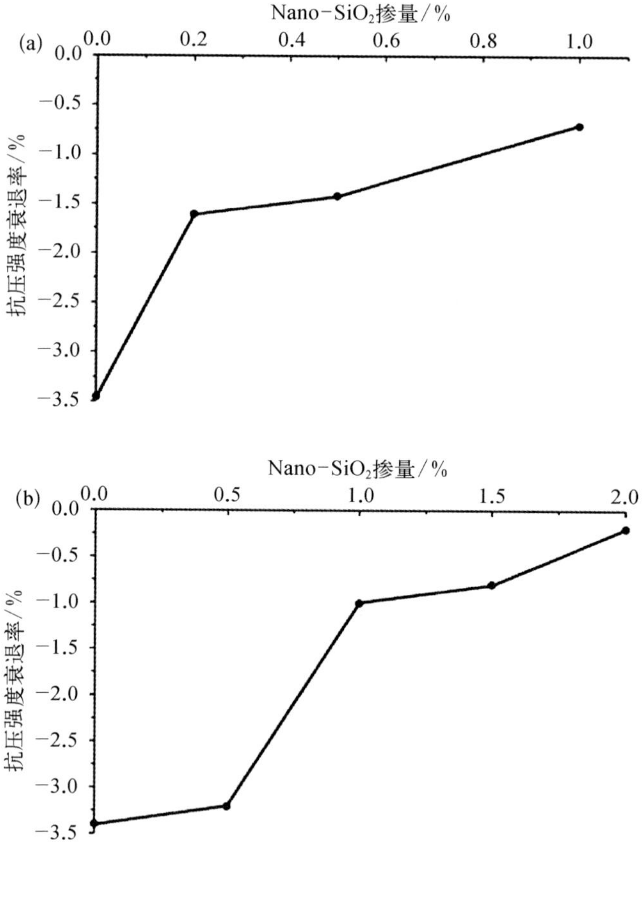

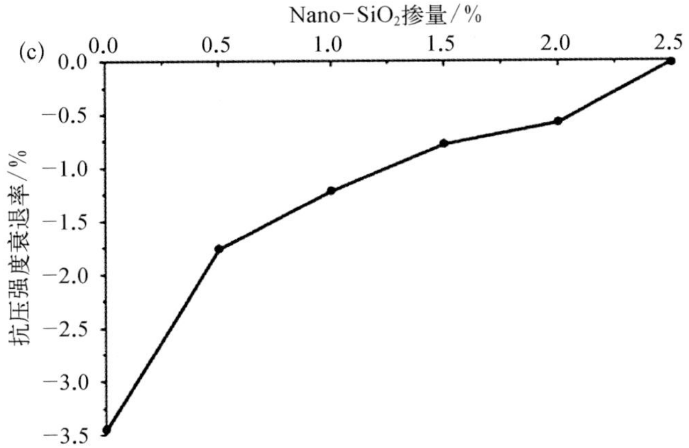


**图 5-12　腐蚀 14 d 后水泥石的抗压强度衰退率：(a) 掺入 15 nm 的 Nano-$SiO_2$ 的水泥石的抗压强度衰退率；(b) 掺入 50 nm 的 Nano-$SiO_2$ 的水泥石的抗压强度衰退率；(c) 掺入 100 nm 的 Nano-$SiO_2$ 的水泥石的抗压强度衰退率**

将在 60℃的水浴锅中养护 14 d 后的水泥石脱模，洗净表面的油后，在温度为 60℃、总压为 10 MPa、$CO_2$ 分压为 5 MPa 的反应釜中腐蚀 30 d 后，掺入不同粒径 Nano-$SiO_2$ 的水泥石的抗压强度测试结果如图 5-13 所示。

由图 5-13 可以看出，腐蚀 30 d 后，水泥石的抗压强度降低，出现了抗压强度衰退现象，这是由于水泥石的腐蚀时间较长时，水泥石在腐蚀过程中发生了淋滤作用，即前期反应产生的大量 $CaCO_3$ 继续参与腐蚀反应，生成 $Ca(HCO_3)_2$。由于 $Ca(HCO_3)_2$ 是一种可溶于水的物质，随着腐蚀反应时间的延长，$Ca(HCO_3)_2$ 不断生成、溶解并且向外运移，使水泥石中的孔隙逐渐变大。这使得更多的 $CO_2$ 进入水泥石内部，从而导致水泥石的抗压强度逐渐降低，结构也会受到破坏。因此，在长时间腐蚀后，水泥石的力学强度呈下降趋势。与空白样品相比，掺入 Nano-$SiO_2$ 后，水泥石腐蚀前后的抗压强度变化较小，水泥石的腐蚀程度变小，这说明 Nano-$SiO_2$ 可以改善水泥石的抗腐蚀能力。

进一步对腐蚀 30 d 后水泥石的抗压强度衰退率进行了计算，计算结果如图 5-14 所示。

由图 5-14 可以看出，腐蚀 30 d 后，水泥石的抗压强度衰退率为正数，则水泥石腐蚀后的强度降低，掺入 Nano-$SiO_2$ 后水泥石的抗压强度衰退率逐渐

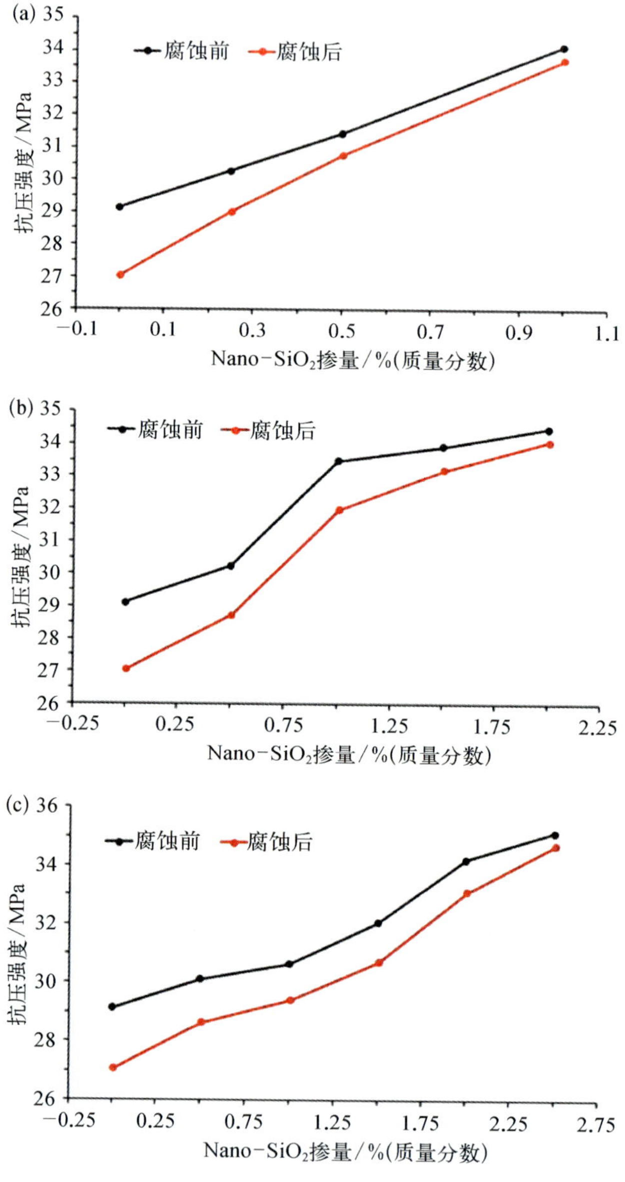


**图 5-13　不同粒径的 Nano-SiO$_2$ 对水泥石腐蚀 30 d 后的抗压强度的影响：(a) 掺入 15 nm 的 Nano-SiO$_2$ 的水泥石腐蚀前后的抗压强度；(b) 掺入 50 nm 的 Nano-SiO$_2$ 的水泥石腐蚀前后的抗压强度；(c) 掺入 100 nm 的 Nano-SiO$_2$ 的水泥石腐蚀前后的抗压强度**

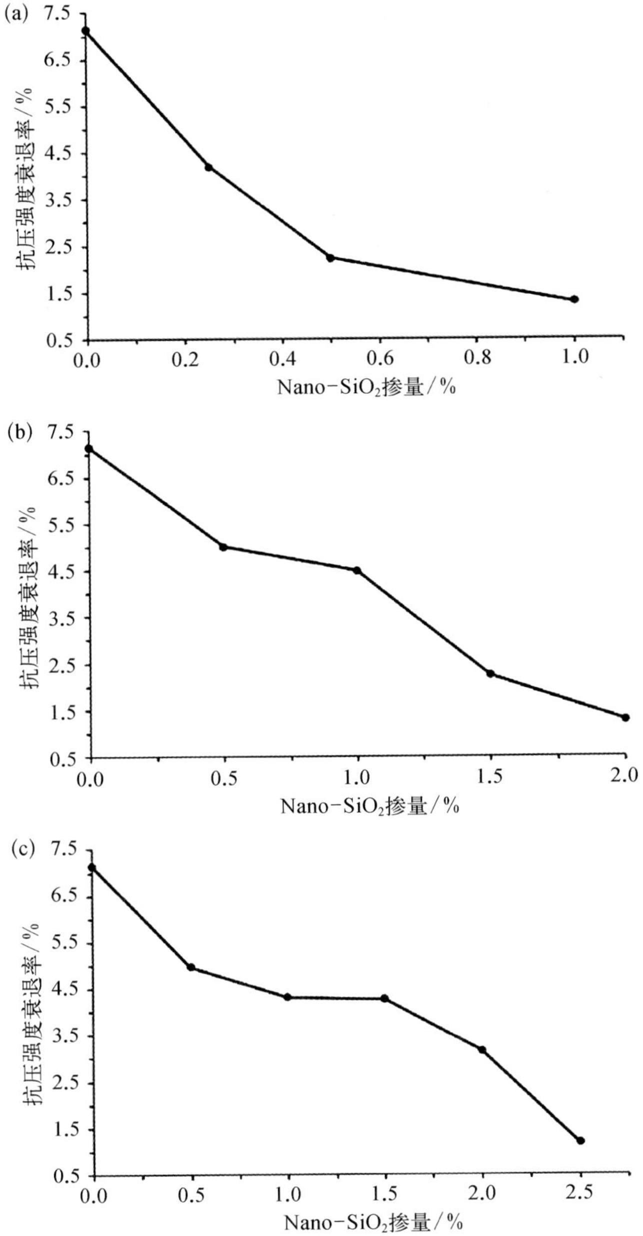


**图 5-14 腐蚀 30 d 后水泥石的抗压强度衰退率：(a) 掺入 15 nm 的 Nano-$SiO_2$ 的水泥石的抗压强度衰退率；(b) 掺入 50 nm 的 Nano-$SiO_2$ 的水泥石的抗压强度衰退率；(c) 掺入 100 nm 的 Nano-$SiO_2$ 的水泥石的抗压强度衰退率**

降低，在掺入 1%的 15 nm 的 Nano - $SiO_2$ 后，水泥石的抗压强度衰退率为 1.29%，在掺入 2%的 50 nm 的 Nano - $SiO_2$ 后，水泥石的抗压强度衰退率为 1.28%，在掺入 2.5%的 100 nm 的 Nano - $SiO_2$ 后，水泥石的抗压强度衰退率为 1.19%。抗压强度衰退率随着 Nano - $SiO_2$ 掺量的增加而逐渐减小，则水泥石的腐蚀程度逐渐降低。上述结果表明，Nano - $SiO_2$ 的掺入可以提高水泥石的抗腐蚀能力。

（3）Nano - $SiO_2$ 对水泥石腐蚀深度的影响

水泥石的腐蚀深度可以直观地反映水泥石受二氧化碳气体腐蚀的情况。将腐蚀后的水泥石切割后，利用酚酞溶液检测其腐蚀深度。在新鲜断面上涂酚酞溶液，待干燥后，任意选取 5 个点，利用游标卡尺测量这 5 个点处的腐蚀深度，取平均值即为腐蚀深度。酚酞溶液是一种常用的检测碱性的试剂，未腐蚀的水泥石是一种碱性物质，遇酚酞溶液后会呈现出粉色；而被二氧化碳腐蚀后的水泥石中的碱性物质参与了腐蚀反应，使水泥石变为中性，因此遇酚酞溶液后不变色。利用酚酞溶液染色后的腐蚀水泥石的断面如图 5 - 15 所示。

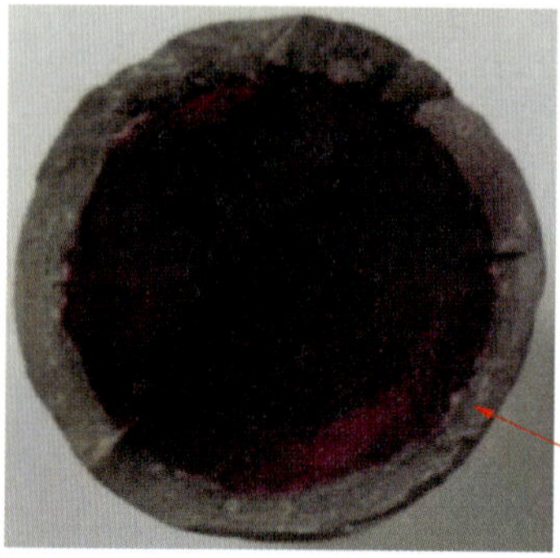


**图 5 - 15　用酚酞溶液检测腐蚀深度**

将掺入 Nano - $SiO_2$ 的水泥石腐蚀后，通过酚酞染色法测量其腐蚀深度。图 5 - 16 为掺入 Nano - $SiO_2$ 的水泥石的腐蚀深度测量结果。

由图 5 - 16 可以看出，腐蚀时间不同时，水泥石的腐蚀程度也不同。随着腐蚀时间的变长，水泥石的腐蚀深度逐渐加深，掺入 1%粒径为 15 nm 的 Nano - $SiO_2$ 后，水泥石腐蚀 7 d、14 d 和 30 d 的腐蚀深度分别为 1.88 mm、3.84 mm 和 6.02 mm。与空白水泥石相比，掺入 Nano - $SiO_2$ 后水泥石的腐蚀深度变小。随着 Nano - $SiO_2$ 掺量的增加，水泥石腐蚀深度变小，但当掺量增加到一定值后，Nano - $SiO_2$ 掺量进一步增加时，水泥石的腐蚀深度会出现变大的趋势。掺入 1.5%粒径为 15 nm 的 Nano - $SiO_2$ 后，水泥石的腐蚀深度会大于掺入 1%粒径为 15 nm 的 Nano - $SiO_2$ 的水泥石，这是由于掺量较大时，Nano - $SiO_2$ 会聚集，不能较好地分散于水泥中，从而破坏水泥石的结构，

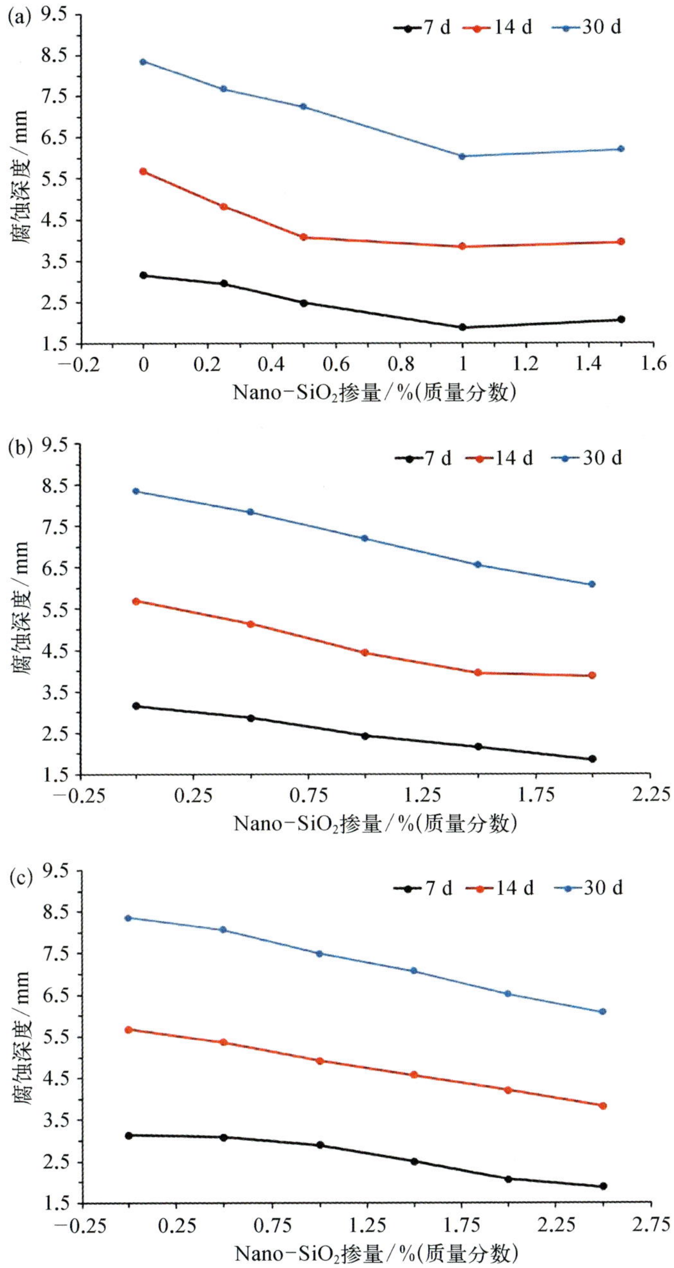


**图 5－16　掺入 Nano－$SiO_2$ 的水泥石的腐蚀深度：(a) 掺入 15 nm 的 Nano－$SiO_2$ 的水泥石的腐蚀深度；(b) 掺入 50 nm 的 Nano－$SiO_2$ 的水泥石的腐蚀深度；(c) 掺入 100 nm 的 Nano－$SiO_2$ 的水泥石的腐蚀深度**

使得水泥石中产生大量孔隙，更多的二氧化碳气体进入水泥石内部，从而使水泥石的腐蚀深度变大。

(4) 腐蚀前后水泥石的形貌变化及物相分析

水泥石被二氧化碳腐蚀后，采用 SEM 和 TG 分析手段，分析了水泥石的微观形貌和物相。

① 微观形貌分析

为了分析水泥石腐蚀前后的微观结构变化，更好地观察腐蚀后水泥石的内部产物结构变化，对腐蚀 14 d 后的空白样品水泥石和掺入 1%的粒径为 15 nm 的 Nano - $SiO_2$ 的水泥石的腐蚀界面进行扫描电子显微镜实验，结果如图 5 - 17 所示。图 5 - 17(a)为空白样品水泥石的腐蚀界面的扫描电子显微镜图，上半部分为腐蚀区域，下半部分为未腐蚀区域。由图 5 - 17(a)可以看出，腐蚀后的水泥石表面更加平整致密，裂缝较少，没有出现片状的 $Ca(OH)_2$，而未腐蚀的水泥石中出现了大量片状的 $Ca(OH)_2$，表面相较腐蚀后的水泥石更加疏松。这是由于腐蚀时间较短，水泥石中发生了 $Ca(OH)_2$ 的碳化作用，生成了大量的 $CaCO_3$，在水中不溶解的 $CaCO_3$ 充填于水泥石的孔隙中，使水泥石的整体结构更加致密。这也是腐蚀 14 d 后，水泥石的强度有所提升的原因。图 5 - 17(b)为掺入 1%的粒径为 15 nm 的 Nano - $SiO_2$ 的水泥石的腐蚀界面的扫描电子显微镜图，左边为腐蚀后的水泥石，右边为未腐蚀的水泥石。由图可以看出，腐蚀后的水泥石结构更加致密，而未腐蚀的水泥石结构较为疏松，且表面有一些片状的 $Ca(OH)_2$ 出现。其结果基本与空白样品水泥石相似。

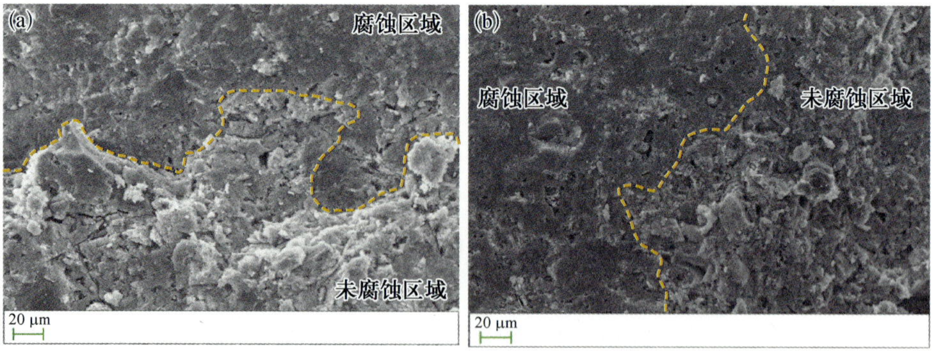


**图 5 - 17　水泥石腐蚀后的界面对比图：(a) 空白样品水泥石腐蚀前后界面对比图；(b) 掺入 Nano - $SiO_2$ 的水泥石腐蚀前后界面对比图**

但是对比图 5－17(a)和图 5－17(b)可以发现，与空白样品水泥石相比，掺入1%的粒径为 15 nm 的 Nano－$SiO_2$ 的水泥石腐蚀前后的结构变化较小，而空白样品水泥石腐蚀前后的结构变化较大，这也充分说明了 Nano－$SiO_2$ 可以改善水泥石的抗腐蚀能力。

② 物相分析

掺入 1%的粒径为 15 nm 的 Nano－$SiO_2$ 的水泥石腐蚀 14 d 后，取其表面腐蚀层，进行 XRD 测试。图 5－18 为掺入 1%的粒径为 15 nm 的 Nano－$SiO_2$ 的水泥石腐蚀前后的 XRD 图。

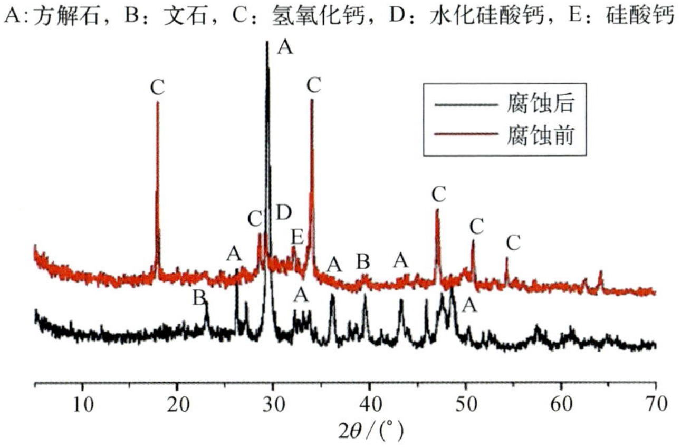


**图 5－18　掺入 1%的粒径为 15 nm 的 Nano－$SiO_2$ 的水泥石腐蚀前后的 XRD 图**

由图 5－18 可以看出，腐蚀前，水泥石中的主要产物有氢氧化钙、水化硅酸钙、硅酸钙和方解石。腐蚀后，水泥石中氢氧化钙、水化硅酸钙和硅酸钙的特征峰消失，主要产物变成了方解石和文石。空白样品水泥石和掺入 1%的粒径为 15 nm 的 Nano－$SiO_2$ 的水泥石腐蚀 14 d 后，取其表面腐蚀部分做 XRD 分析，分析结果如图 5－19 所示。

由图 5－19 可以看出，腐蚀后水泥石中的主要产物为方解石和文石。掺入 Nano－$SiO_2$ 后，水泥石中没有出现新的腐蚀产物。

3. 小结

Nano－$SiO_2$ 可以提高水泥石的力学性能，降低水泥石的孔隙率，改善水泥石的孔隙结构。Nano－$SiO_2$ 的粒径越小，对水泥石力学性能和孔隙性能的改善作用越明显。Nano－$SiO_2$ 可以提高水泥石的抗 $CO_2$ 腐蚀能力，对腐蚀后

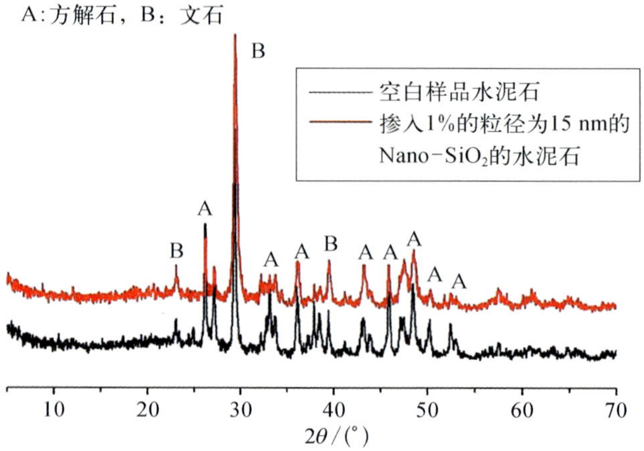


**图 5-19　水泥石腐蚀后的 XRD 图**

水泥石的微观形貌有一定的影响，但对物相没有影响；Nano-$SiO_2$ 对应力与 $CO_2$ 腐蚀耦合作用下的水泥石的性能改善效果更加明显。

5.2.2.3　非硅酸盐水泥体系

非硅酸盐水泥通常指的是不包含硅酸盐类成分的水泥。非硅酸盐水泥主要包括铝酸盐水泥、硫铝酸盐水泥和铁铝酸盐水泥等，这些非硅酸盐水泥对 $CO_2$ 腐蚀大多具有良好的抵抗作用。

铝酸盐水泥浆是由铝酸盐水泥和适量的水混合而成的流体，常用于各种建筑和工程项目中。铝酸盐水泥浆体系可用于井下钻井、井下固井、岩石地质勘探和其他地质工程项目，包括石油和天然气开采、地热能生产和地下水提取等领域。

硫铝酸盐水泥是一种特殊类型的水泥，通常用于特殊用途，如抗硫酸盐侵蚀的相关应用。硫铝酸盐水泥的主要成分为硫铝酸盐胶凝材料，其通常由氧化铝和硅酸铝等组成。这些成分使其具有出色的耐化学侵蚀的性能。硫铝酸盐水泥常用于建筑和工程项目中，特别是需要抗硫酸盐侵蚀的环境，如化工厂、废水处理设施、污水处理厂等。硫铝酸盐水泥因其成分的特殊性质，能够抵抗硫酸盐等化学物质的侵蚀，使其在腐蚀性环境中具有优势。硫铝酸盐水泥的制备过程相对复杂，通常需要高温煅烧和研磨等步骤，以确保其特殊的化学成分组成和性能。

铁铝酸盐水泥是另一种特殊类型的水泥，适用于特殊的工程和建筑。

铁铝酸盐水泥的主要成分为铁铝酸盐胶凝材料，其通常由氧化铁和氧化铝等组成。这些成分赋予了铁铝酸盐水泥优异的耐热性和抗蚀性。铁铝酸盐水泥常被用于高温环境，例如冶金工业中的窑炉衬里材料、耐火材料的制备等。其耐热性和抗蚀性使其在这些应用中备受青睐。铁铝酸盐水泥因其特殊的成分而具有卓越的耐高温性能，这使其能够应用在极端的温度条件下，例如应用在冶炼和热处理过程中。铁铝酸盐水泥是一种应对高温和腐蚀挑战的特殊水泥，其在特殊工业和建筑领域中发挥着重要作用。

因为铝酸盐水泥应用最广泛，所以下面只介绍铝酸盐水泥的组成、机理及其性能等。

1. 非硅酸盐水泥浆的组成及其作用机理

(1) 铝酸盐水泥浆的组成

铝酸盐水泥浆的主要成分为铝酸盐胶凝材料，通常由氧化铝和硅酸铝（这些成分在制备水泥浆时起到胶凝作用，帮助形成坚固的结构）、水、掺合材料（根据具体需要，可以添加一些掺合材料，如硅粉、矿物粉末或其他特殊材料，以改善水泥浆的特性，如流动性、耐久性或硬化时间）、添加剂（某些情况下，添加剂如减水剂、延缓剂或加速剂可以用于调整水泥浆的性能，以满足特定施工要求）等组成。铝酸盐水泥浆的精确配方会因应用而异，以满足项目的要求。这些成分的比例将根据需要进行调整，以获得所需的性能特性，如强度、流动性和化学稳定性。

(2) 铝酸盐水泥浆的主要性能及机理

铝酸盐水泥石的耐化学腐蚀性能与其水化产物有关，这些水化产物在特定的化学环境下能够与腐蚀性物质发生反应，形成稳定的化合物，从而减轻腐蚀的影响。铝酸盐水泥石的微观结构中包含较少的孔隙，这减少了水分的渗透。此外，水化产物可有效填充水泥中的孔隙，进一步减少渗透。

2. 非硅酸盐水泥浆防腐体系评价

经过优选，拟使用表 5 - 8 所示配方开展非硅酸盐水泥浆防腐体系的评价。

**表 5-8 非硅酸盐水泥浆防腐体系配方**

| 编号 | 配 方 配 比 |
| --- | --- |
| 1 | 铝酸盐水泥＋30％矿渣(KZ-Ⅲ)＋1.0％低黏型 G33S＋0.52％缓凝剂 PS＋水 |
| 2 | 铝酸盐水泥＋30％矿渣(KZ-Ⅲ)＋1.5％低黏型 G33S＋0.52％缓凝剂 PS＋水 |
| 3 | 铝酸盐水泥＋30％矿渣(KZ-Ⅲ)＋1.5％低黏型 G33S＋0.45％缓凝剂 PS＋水 |

注：表中的质量分数是相对于铝酸盐水泥计算的。

（1）水溶 $CO_2$ 环境中改性铝酸盐水泥石的抗压强度

实验考察了水溶 $CO_2$ 环境对改性铝酸盐水泥石抗压强度的影响。将在低温 50℃下养护 7 d 的改性铝酸盐水泥石置于高温高压反应釜中进行 $CO_2$ 腐蚀实验，腐蚀温度为 50℃，$p(CO_2)=2.0$ MPa、$p(N_2)=4.0$ MPa，腐蚀时间为 7 d、14 d、21 d 和 28 d。图 5-20 为水溶 $CO_2$ 环境中改性铝酸盐水泥石腐蚀 28 d 的试样经抗压强度测试前后的破型状态。由图 5-20(b)(c)可以观察到改性铝酸盐水泥石试样最外层剥落的碎片与内部颜色有较大差异，疑似碳化腐蚀区域，初步判断水溶 $CO_2$ 环境对改性铝酸盐水泥石的腐蚀作用效果较为明显，后续实验将对改性铝酸盐水泥石腐蚀内外层进行物相组成分析及微观形貌观察。

**图 5-20 水溶 $CO_2$ 环境中改性铝酸盐水泥石腐蚀 28 d 的试样经抗压强度测试前后的破型状态**

图 5-21 为水溶 $CO_2$ 环境中改性铝酸盐水泥石的抗压强度变化。由图 5-21 可知，碳化腐蚀时间在 28 d 内时，随着腐蚀时间的延长，改性铝酸盐水泥石的抗压强度反而增加，抗压强度表现为线性增长趋势。

对照组改性铝酸盐水泥石在低温 50℃水浴条件下养护 7 d 后，其抗压强度为 22.29 MPa。将其置于腐蚀温度为 50℃的水溶 $CO_2$ 环境中腐蚀 7 d，改性

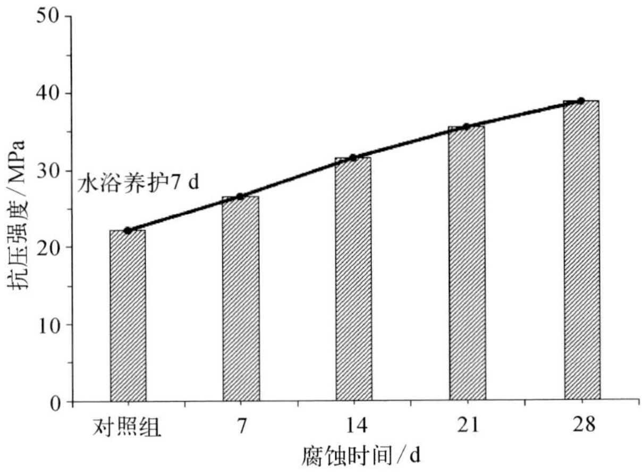


**图 5-21　水溶 $CO_2$ 环境中改性铝酸盐水泥石的抗压强度变化**

铝酸盐水泥石的抗压强度为 26.52 MPa；当腐蚀时间为 28 d 时，改性铝酸盐水泥石的抗压强度增加为 38.78 MPa。由此可以得出，在腐蚀温度为 50℃的水溶 $CO_2$ 环境下，改性铝酸盐水泥石的抗压强度不降反升，这说明 $CO_2$ 腐蚀环境促进了改性铝酸盐水泥石的强度增加。初步分析改性铝酸盐水泥石抗压强度不降反升的原因包括以下两点：① 改性铝酸盐水泥石自身的水化进程随着水化时间延长而持续加深。② 碳化腐蚀环境对改性铝酸盐水泥石的物相组成和微观形貌不产生破坏效应。

（2）水溶 $CO_2$ 环境中改性铝酸盐水泥石的物相组成

实验考察了水溶 $CO_2$ 环境对改性铝酸盐水泥石物相组成的影响。将在低温 50℃水浴条件下养护 7 d 的改性铝酸盐水泥石置于高温高压反应釜中进行腐蚀实验，腐蚀温度为 50℃，$p(CO_2)=2.0$ MPa、$p(N_2)=4.0$ MPa，腐蚀时间为 7 d 和 28 d。物相组成的分析结果如图 5-22 所示。由图 5-22(a)可知，低温 50℃水浴条件下养护 7 d 的改性铝酸盐水泥石（对照组）的主要物相组成为 $C_2AS$、$C_3A$、$C_3AH_6$、$AH_3$、$C_3ASH_4$ 和 $C_2ASH_8$。然而，当改性铝酸盐水泥石在 50℃水溶 $CO_2$ 环境中腐蚀 7 d 后，其主要物相组成除了 $C_3A$、$AH_3$、$C_2AS$、$C_3ASH_4$、$C_2ASH_8$ 之外，腐蚀外层还可检测到腐蚀产物 $CaCO_3$，而腐蚀内层出现了腐蚀产物铝水方解石[$CaAl_2(CO_3)_2(OH)_4\cdot 3H_2O$]。由图 5-22 可知，在低温 50℃条件下水溶 $CO_2$ 腐蚀环境对改性铝酸盐水泥石物相组成的影响相对较小，水化产物中只出现了少量的碳化腐蚀产物。这是因为铝酸盐水泥石的主要矿物为低碱性铝酸钙，水化时只析出少量游离 $Ca(OH)_2$。另外，改性铝酸盐水泥石水化硬化时生成的铝胶能够使水泥石的组织结构更加致密，抗渗性提升，从而阻止或延缓腐蚀性介质的侵入。

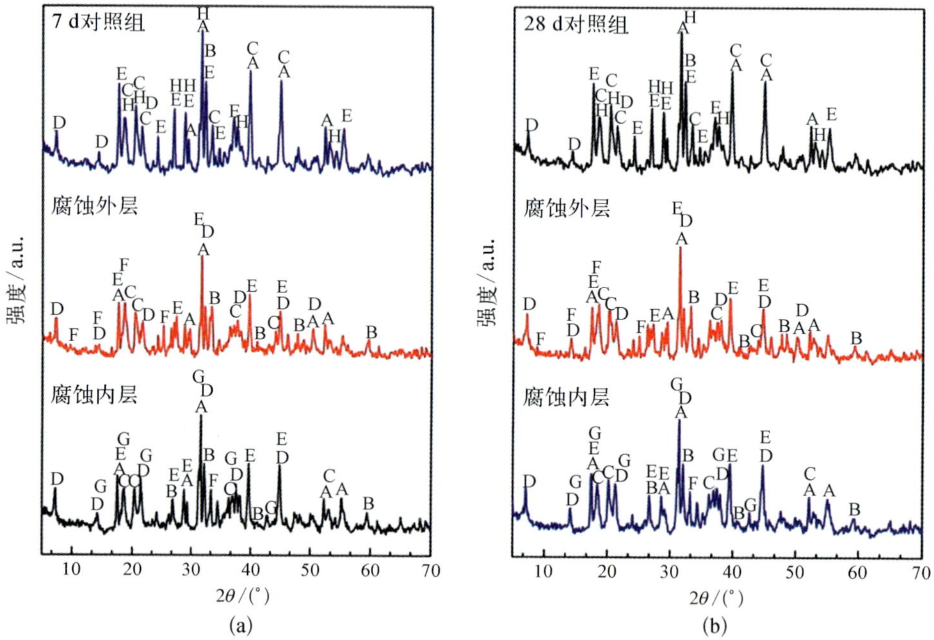


**图 5－22　腐蚀 7 d、28 d 后改性铝酸盐水泥石的物相组成**

A—$C_2AS$；B—$C_3A$；C—$AH_3$；D—$C_2ASH_8$；E—$C_3ASH_4$；F—$CaCO_3$；
G—$CaAl_2(CO_3)_2(OH)_4\cdot 3H_2O$；H—$C_3AH_6$

改性铝酸盐水泥石腐蚀 28 d 的物相组成如图 5－22(b)所示。在低温 50℃水溶 $CO_2$ 腐蚀环境下，随着腐蚀时间由 7 d 延长至 28 d，改性铝酸盐水泥石试样腐蚀内外层的腐蚀产物组成未发生变化，只是部分腐蚀产物的衍射峰略有增强，这说明改性铝酸盐水泥石长期抗水溶 $CO_2$ 腐蚀的能力较强。

(3) 水溶 $CO_2$ 环境中改性铝酸盐水泥石的微观形貌

实验考察了水溶 $CO_2$ 环境对改性铝酸盐水泥石微观形貌的影响。将在低温 50℃水浴条件下养护 7 d 的改性铝酸盐水泥石置于高温高压反应釜中进行腐蚀实验，腐蚀温度为 50℃，$p(CO_2)=2.0$ MPa，$p(N_2)=4.0$ MPa，腐蚀时间为 28 d。实验结果如图 5－23 所示。

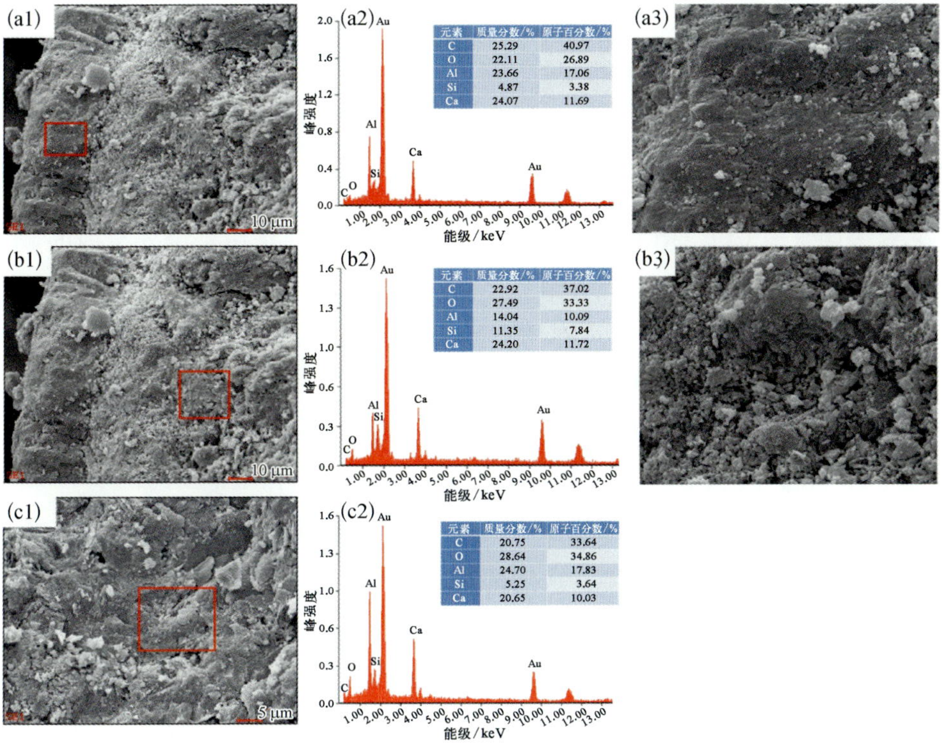


**图 5-23　水溶 $CO_2$ 腐蚀环境中改性铝酸盐水泥石的微观形貌：(a1) 腐蚀外层；(a2) 腐蚀外层 EDS 分析结果；(a3) 腐蚀外层局部放大(×5 000)；(b1) 腐蚀过渡层；(b2) 腐蚀过渡层 EDS 分析结果；(b3) 腐蚀过渡层局部放大(×5 000)；(c1) 腐蚀内层；(c2) 腐蚀内层 EDS 分析结果**

根据碳化腐蚀程度，将腐蚀后的改性铝酸盐水泥石试样分为腐蚀外层、腐蚀过渡层和腐蚀内层。从图 5-23(a1)可观察到明显的碳化腐蚀界面，在低温 50℃水溶 $CO_2$ 腐蚀环境下，改性铝酸盐水泥石的腐蚀界面较为清晰。如图 5-23(a3)所示，腐蚀界面左侧(腐蚀外层)的微观形貌较为致密，该致密区域像一层保护膜覆盖在水化产物表面，腐蚀产物的沉积引发的钝化作用会阻止腐蚀性溶液继续与水化产物接触反应，从而减缓水泥基体的进一步腐蚀，这有利于改性铝酸盐水泥石保持较低的渗透性。

随着碳化腐蚀作用继续进行，水化产物腐蚀过渡层组织结构的致密度降低，如图 5-23(b3)所示。随着空间位置向样品内部继续深入，改性铝酸盐水泥石腐蚀内层的微观组织结构又变得致密，可观察到腐蚀内层出现大量层片状水化产物，如图 5－23(c1)所示。

另一方面，根据图 5－23(a2)(b2)(c2)中的 EDS 分析结果，追踪改性铝酸盐水泥石中碳元素含量的变化，可以发现，随着碳化腐蚀作用的深入，改性铝酸盐水泥石水化产物中碳元素的质量百分比变化为 25.29%(腐蚀外层)→22.92%(腐蚀过渡层)→20.75%(腐蚀内层)，碳化腐蚀产物的含量呈递减趋势，这表明水溶 $CO_2$ 环境对改性铝酸盐水泥石的腐蚀作用是由外至内的，水泥石试样内层受到的 $CO_2$ 腐蚀最为轻微。

综上所述，低温水溶 $CO_2$ 环境能够对改性铝酸盐水泥石产生一定程度的腐蚀作用，但其作用效果有限。改性铝酸盐水泥石的微观结构并未遭到显著破坏，其力学性能随腐蚀时间的延长仍可以稳定发展。

(4) 高温气态 $CO_2$ 环境中改性铝酸盐水泥石的抗压强度

实验考察了高温气态 $CO_2$ 环境对改性铝酸盐水泥石抗压强度的影响。将在低温 50℃水浴条件下养护成型的改性铝酸盐水泥石置于高温(500℃)气态 $CO_2$ 环境中进行 $CO_2$ 腐蚀实验，腐蚀时间为 7 d、14 d、21 d 和 28 d。

图 5－24 为高温气态 $CO_2$ 环境中改性铝酸盐水泥石腐蚀 28 d 后的试样经抗压强度测试前后的破型状态。由图 5－24(b)(c)可以发现，改性铝酸盐水泥石试样外层剥落的碎末与内层颜色差异不大，初步判断高温气态 $CO_2$ 环境对改性铝酸盐水泥石的腐蚀作用效果较小。

**图 5－24　高温气态 $CO_2$ 环境中改性铝酸盐水泥石腐蚀 28 d 后的试样经抗压强度测试前后的破型状态**

图 5－25 为高温气态 $CO_2$ 环境中改性铝酸盐水泥石的抗压强度。由图 5－25 可知，改性铝酸盐水泥石(对照组)在高温(500℃)环境下保温 7 d 后的抗压强度为 31.5 MPa。同时，将改性铝酸盐水泥石置于高温(500℃)气态

$CO_2$ 环境中，可发现改性铝酸盐水泥石的抗压强度随着腐蚀时间的延长而略有增大，但增大的幅度较小。腐蚀时间为 7 d 时，改性铝酸盐水泥石的抗压强度为 30.36 MPa，当腐蚀时间延长为 28 d 时，改性铝酸盐水泥石的抗压强度变为 35.2 MPa。

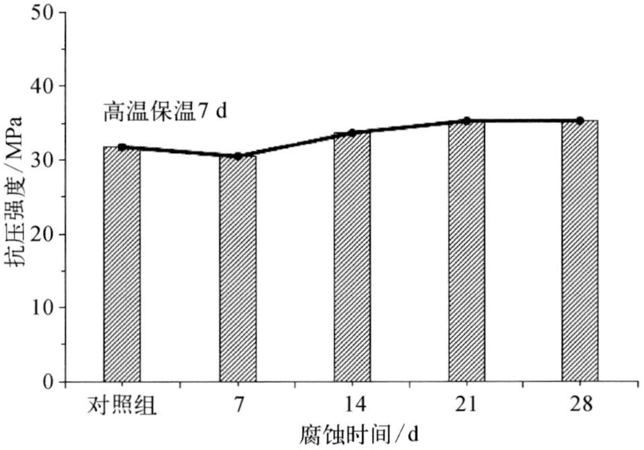


**图 5-25　高温气态 $CO_2$ 环境中改性铝酸盐水泥石的抗压强度**

(5) 高温气态 $CO_2$ 环境中改性铝酸盐水泥石的物相组成

实验考察了高温气态 $CO_2$ 环境对改性铝酸盐水泥石物相组成的影响。将在低温 50℃水浴条件下养护 7 d 的改性铝酸盐水泥石置于高温(500℃)气态 $CO_2$ 环境中进行腐蚀实验，腐蚀时间为 28 d。改性铝酸盐水泥石的物相组成如图 5-26 所示。

由图 5-26 可知，在对照组高温(500℃)环境中(不含 $CO_2$)改性铝酸盐水泥石的主要物相组成为 $C_2AS$ 和 $C_{12}A_7$。随着实验环境的转换，高温气态 $CO_2$ 环境中改性铝酸盐水泥石试样腐蚀内外层的主要物相皆为 $C_2AS$ 和 $C_{12}A_7$，改性铝酸盐水泥石的物相组成未发生变化，只是某些物相特征衍射峰的峰强略有不同。这说明高温(500℃)气态 $CO_2$ 环境对改性铝酸盐水泥石的物相组成无显著影响，有利于改性铝酸盐水泥石的各项性能指标保持稳定。

(6) 高温气态 $CO_2$ 环境中改性铝酸盐水泥石的微观形貌

实验考察了高温气态 $CO_2$ 环境对改性铝酸盐水泥石微观形貌的影响。将在低温 50℃水浴条件下养护 7 d 的改性铝酸盐水泥石置于高温(500℃)气

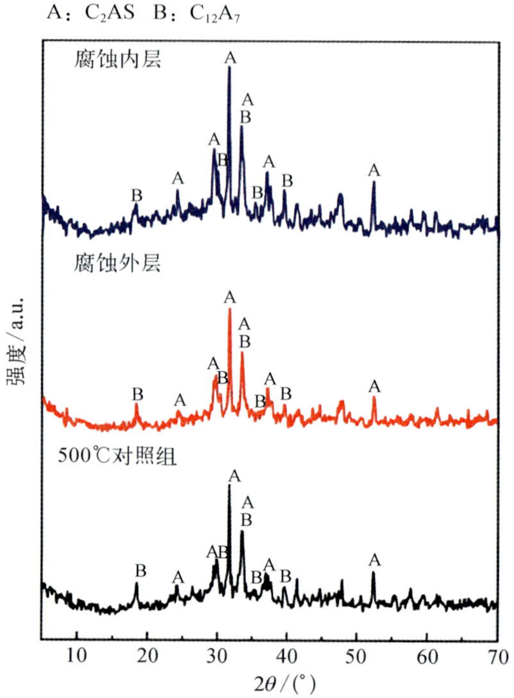


**图 5-26 高温气态 $CO_2$ 环境中改性铝酸盐水泥石的物相组成**

态 $CO_2$ 环境中进行腐蚀实验，腐蚀时间为 28 d。改性铝酸盐水泥石的微观形貌如图 5-27 所示。

由图 5-27(a)(c)可以观察到少量的片层状和颗粒状水化产物，在高温气态 $CO_2$ 环境中，改性铝酸盐水泥石的微观形貌中未出现明显的腐蚀性区域或碳化腐蚀界面，同时结合 EDS 分析结果，并未发现水泥石中存在碳化腐蚀产物，这表明高温(500℃)气态 $CO_2$ 环境对改性铝酸盐水泥石的腐蚀作用微乎其微，可以忽略不计。

3. 小结

改性铝酸盐水泥石由于其特有的物相组成和微观结构，在 $CO_2$ 环境中展现出较强的抗腐蚀能力。在 50℃水溶 $CO_2$ 环境下，随着腐蚀时间的延长，改性铝酸盐水泥石的抗压强度不降反增。试样腐蚀内外层分别出现腐蚀产物 $CaAl_2(CO_3)_2(OH)_4 \cdot 3H_2O$ 和 $CaCO_3$，但腐蚀产物总量较少。此外，微观形貌中出现较为清晰的腐蚀界面，腐蚀外层组织结构致密，腐蚀产物的沉积抑制

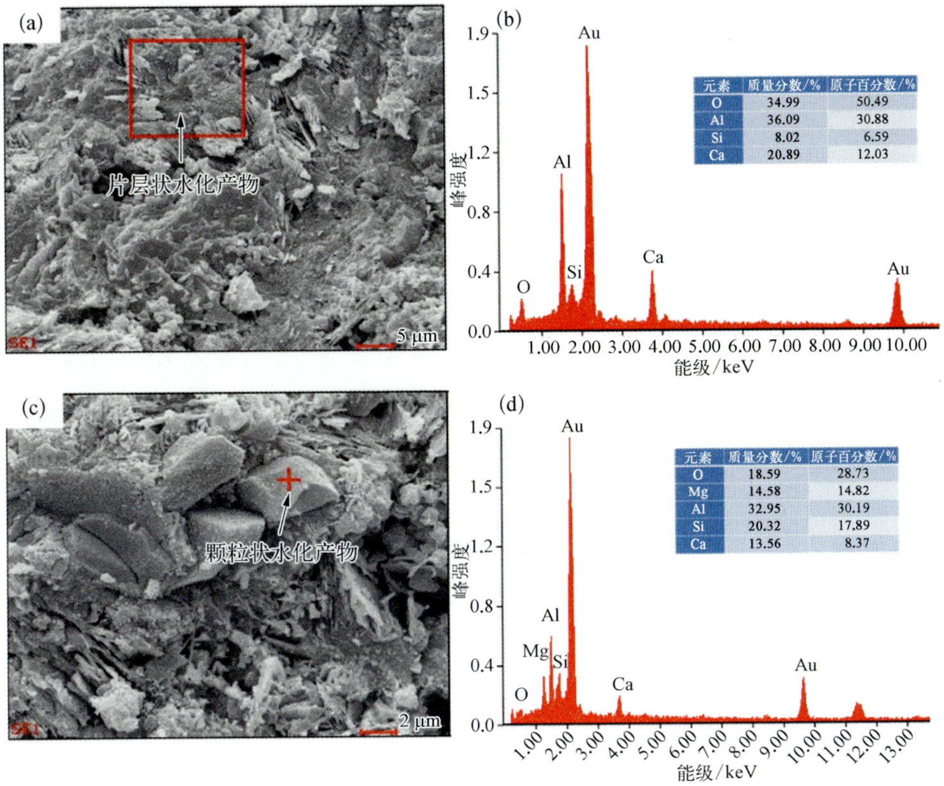


**图 5－27　高温(500℃)气态 $CO_2$ 环境中改性铝酸盐水泥石的微观形貌**

(a) 腐蚀后水泥石表面形貌，展示了片层状水化产物的形成；(b) 图(a)中红框区域的 EDS 分析结果；(c) 腐蚀后水泥石表面形貌，展示了颗粒状水化产物的形成；(d) 图(c)中十字区域的 EDS 分析结果

了腐蚀性溶液继续与水化产物接触反应，从而减缓了水泥基体的进一步腐蚀。在高温(500℃)气态 $CO_2$ 环境下，$CO_2$ 对改性铝酸盐水泥石的腐蚀作用微乎其微，可忽略不计。改性铝酸盐水泥石的抗压强度随着腐蚀时间的延长略有增大，试样腐蚀内外层的物相组成未发生变化，其主要物相组成为 $C_2AS$ 和 $C_{12}A_7$，同时，水泥石腐蚀后的微观形貌中未出现明显的腐蚀性区域及碳化腐蚀界面。

## 5.3　本章小结

针对井筒腐蚀监测这一挑战，多种先进的监测技术被引入井筒腐蚀监测中。对于井筒油套管腐蚀监测,有代表性的监测方法包括挂片法、井下摄像头监测法、超声波监测法、电极监测法、智能清管器监测法、放射性射线监测法、光纤传感器监测法等;对于井筒固井水泥腐蚀监测,目前主要的方法是水泥胶结测井(CBL)。多数监测方法可以提供实时的腐蚀监测数据,为井筒腐蚀破坏风险评估提供决策依据。在井筒腐蚀控制方面,井筒油套管腐蚀控制的技术路径与井筒固井水泥腐蚀控制的技术路径存在差异。井筒油套管腐蚀控制主要采用缓蚀剂、耐腐蚀表面涂层、电化学腐蚀抑制等方法,以及使用耐腐蚀金属合金制作油套管等手段。而井筒固井水泥腐蚀控制主要采用向固井水泥中添加腐蚀抑制剂、选用耐腐蚀的非硅酸盐水泥体系等手段。此外,定期的井筒检测与维修也是防止腐蚀加剧的重要手段。

## 参考文献

[1] 宋永强. 井下电视成像技术研究[D]. 大庆:大庆石油学院,2003.

[2] Xiang Y, Xu M H, Choi Y S. State-of-the-art overview of pipeline steel corrosion in impure dense $CO_2$ for CCS transportation: Mechanisms and models[J]. Corrosion Engineering, Science and Technology, 2017, 52(7): 485-509.

[3] Choi Y S, Hassani S, Vu T N, et al. Corrosion inhibition of pipeline steels under supercritical $CO_2$ environment[C]. NACE corrosion, 2017.

[4] 向勇,侯力,杜猛,等. 中国 CCUS-EOR 技术研究进展及发展前景[J]. 油气地质与采收率,2023,30(2): 1-17.

[5] Sun C, Sun J B, Wang Y, et al. Effect of impurity interaction on the corrosion film characteristics and corrosion morphology evolution of X65 steel in water-saturated supercritical $CO_2$ system [J]. International Journal of Greenhouse Gas Control, 2017, 65: 117-127.

[6] Zhang Y C, Gao K, Schemitt G. Inhibition of steel corrosion under aqueous supercritical $CO_2$ conditions [C]. NACE corrosion, 2011.

[7] Wang Q Y, Wu W, Li Q, et al. Under-deposit corrosion of tubing served for injection and production wells of $CO_2$ flooding [J]. Engineering Failure Analysis, 2021, 127: 105540.

[8] 王华,马磊,艾正青,等. 套管扶正器式防腐短接在塔里木油田台盆区的开发及应用[C]. 第 32 届全国天然气学术年会,2020.

[9] Zhang L W, Dzombak D A, Kutchko B G. Wellbore cement integrity under geologic carbon storage conditions[J]// Shi F, Morreale B. Novel Materials for Carbon Dioxide Mitigation Technology, Amsterdam: Elsevier, 2015.

[10] 姜宏图,肖志兴,鲁胜,等. 丁苯胶乳水泥浆体系研究及应用[J]. 钻井液与完井液,2004,21(1): 32-35.

[11] 程康康. 防腐防窜环保型胶乳水泥浆体系的研究与开发[J]. 山东化工，2021，50(7)：30 - 32.
[12] 魏浩光，桑来玉，杨红歧，等. 雅达油田高含硫小井眼尾管固井技术[J]. 石油钻采工艺，2014，36(4)：47 - 49.
[13] 李风. 丁苯胶乳(SBRL)的改性和胶乳水泥抗腐蚀性能[J]. 山东化工，2015，44(2)：22 - 26.
[14] 代丹，岳蕾，罗宇维，等. 聚合物对油井水泥石微观结构和抗腐蚀性能的影响[J]. 电子显微学报，2016，35(3)：235 - 239.
[15] 熊生春，何英，徐依吉，等. 丁苯胶乳对固井水泥石性能的影响[J]. 西南石油大学学报(自然科学版)，2008，30(2)：116 - 118.
[16] 陈大钧，焦利宾，张瑞，等. 用于油井水泥的 JAS 型无皂胶乳的合成及性能[J]. 精细化工，2015，32(2)：190 - 194.
[17] 赵张平，庄稼，兰悦，等. 低密度胶乳水泥石抗 $CO_2$ 腐蚀性能研究[J]. 钻井液与完井液，2010，27(1)：50 - 54.
[18] 李早元. 有助于改善层间封隔能力的聚合物多元水泥体系材料特性研究[D]. 成都：西南石油大学，2006.
[19] 杨衍云. 聚合物柔性水泥浆体系的研究[D]. 青岛：中国石油大学(华东)，2007.
[20] 徐迅，卢忠远. 纳米二氧化硅对硅酸盐水泥水化硬化的影响[J]. 硅酸盐学报，2007，35(4)：478 - 484.
[21] 王宝民. 纳米 $SiO_2$ 高性能混凝土性能及机理研究[D]. 大连：大连理工大学，2009.
[22] 徐庆磊. 纳米二氧化硅对水泥基材料性能的影响及作用机理研究[D]. 杭州：浙江大学，2013.
[23] 孔德玉，杜祥飞，杨杨，等. 纳米二氧化硅团聚特性对水泥水化硬化性能的影响[J]. 硅酸盐学报，2012，40(11)：1599 - 1606.
[24] 赵金东. 盐渍土地区耐腐蚀性的半埋混凝土研究[D]. 西安：长安大学，2013.
[25] 徐晶，王先志. 纳米二氧化硅对混凝土界面过渡区的改性机制及其多尺度模型[J]. 硅酸盐学报，2018，46(8)：1053 - 1058.
[26] 李振东，孟丹，王智鹏，等. 纳米二氧化硅改性混凝土宏观性能及微观调控机理分析[J]. 硅酸盐通报，2020，39(7)：2145 - 2153.
[27] 徐迅，卢忠远. 纳米 $SiO_2$ 对水泥基材料密实填充性能的影响[J]. 中国粉体技术，2010，16(5)：55 - 58.
[28] 刘嘉源，张宏亮，左晓宝，等. 纳米聚多巴胺六方氮化硼-二氧化硅/环氧树脂涂层对水泥砂浆抗碳化能力的影响[J]. 复合材料学报，2023，40(9)：5046 - 5056.
[29] Lim S M, Lee H S, Kawashima S. Pore structure refinement of cement paste incorporating nanosilica: Study with dual beam scanning electron microscopy/focused ion beam(SEM/FIB)[J]. Materials Characterization, 2018, 145: 323 - 328.
[30] 樊晓霞. 纳米二氧化硅对常规密度油井水泥浆性能影响研究[D]. 成都：西南石油大学，2018.

# 第 6 章

# 腐蚀监测与控制技术在 $CO_2$ 地质利用与封存工程中的应用

$CO_2$ 地质利用与封存工程中的 $CO_2$ 腐蚀问题由来已久，主要是由于 $CO_2$ 与水反应形成碳酸，使得 $CO_2$ 水溶液具有强烈的腐蚀性。相同 pH 下，$CO_2$ 水溶液的腐蚀性甚至比盐酸更强。直到 20 世纪 70 年代，$CO_2$ 强化驱油（$CO_2$-EOR）技术的大规模应用使 $CO_2$ 的腐蚀问题逐渐为工业领域所关注。在 $CO_2$ 强化驱油项目中，$CO_2$ 的腐蚀会引发地面系统、输送系统、注入系统和采出系统等一系列生产问题。如果不进行有效的腐蚀监测并实施相应的防腐措施，将会导致巨大的经济损失，甚至可能引发严重的安全事故。本章主要介绍 $CO_2$ 地质利用与封存工程中的 $CO_2$ 腐蚀监测技术及封存过程中 $CO_2$ 腐蚀控制技术的工程应用案例。

## 6.1 全球 $CO_2$ 地质利用与封存工程现状

随着大气中 $CO_2$ 浓度的快速增加，公众日益感受到应对气候变化的紧迫性，越来越多的人意识到 CCS 是实现《巴黎协定》将全球气温上升幅度限制在 1.5℃的目标所需要的关键技术，这也加速了全球许多地区的 $CO_2$ 地质利用与封存项目的部署。根据全球碳捕集与封存研究院（Global CCS Institute，GCCSI）在 2023 年发布的《全球碳捕集与封存现状 2023》报告[1]，在全球大多数地区，CCS 项目的开发速度得到前所未有的加快，CCS 项目已达到前所未有的容量。截至 2023 年 7 月 31 日，全球碳捕集与封存研究院追踪到全球有 41

个正在运行的和 351 个正在开发的 CCS 项目，有 101 个运输和储存项目正在部署、建设或运营中。开发、建设和运营中的 CCS 项目的总 $CO_2$ 捕集能力达到 3.61 亿吨/年，与 2022 年相比增长了近 50%。2023 年，开发中的 CCS 设施数量大幅增加，其中 11 个新设施开始运营，15 个新项目正在建设。截至 2023 年 7 月，有 392 个项目正在筹备中，同比增长 102%。在设施数量和产能方面，项目管道运输量处于历史最高水平。自 2017 年以来，$CO_2$ 捕集能力以每年超过 35%的复合增长率增长，2023 年的 $CO_2$ 捕集能力比 2022 年增长了 50%，这是自 2018 年以来的最大增幅。此外，网络集群部署 CCS 项目（即将多个 $CO_2$ 排放源连接到 $CO_2$ 运输和封存网络中）成为主要的 CCS 项目规划方式，这种方式具有规模经济性，可以降低成本，形成商业合力，从而降低投资风险。目前，在全球范围内大约存在 115 个 CCS 网络集群。以上数据均表明，当前的 CCS 项目得到了快速发展，因此，对封存场地的 $CO_2$ 腐蚀监测与控制技术的研发提出了更高的要求。

## 6.2　$CO_2$ 地质利用与封存项目腐蚀监测技术应用案例

$CO_2$ 地质利用与封存项目中的腐蚀监测技术应用广泛，监测区域主要包括地上管路、地面储运、注入设备、注入井及采出井等。有效的 $CO_2$ 腐蚀监测将有助于及时发现并处理潜在的 $CO_2$ 腐蚀问题，确保项目的安全运行。

### 6.2.1　地上管路腐蚀监测技术应用

位于吉林省松原市乾安县的吉林油田 $CO_2$－EOR 项目是我国在 CCUS 领域的一项重要技术应用示范项目，也是亚洲最大的 CCUS 项目之一。吉林油田建成了国内首个 CCUS－EOR 全流程示范工程，该项目包括 5 个 $CO_2$ 驱油示范区，共拥有 142 口注入井，年注入能力达到 80 万吨。目前，吉林油田的 $CO_2$ 年注入量已突破 50 万吨，年驱油量已超过 20 万吨，形成了成熟的 CCUS 全链条技术并进入商业化推广阶段。截至 2024 年 6 月，吉林油田的 $CO_2$ 累计注入量已突破 330 万吨，相当于植树 2 790 万棵。这一成果标志着吉林油田在

CCUS技术领域取得了重大突破。吉林油田的$CO_2$强化驱油项目中，腐蚀监测是一个重要的环节。该项目为了有效监测$CO_2$腐蚀情况，采用了以挂片法、电阻探针法等为主的腐蚀监测手段[2]。这些方法被广泛应用于油田的腐蚀监测中，为油田的安全生产提供了有力保障。

中原油田是我国另一个开展$CO_2$强化驱油取得成效的油田。根据油藏实际的生产情况及腐蚀监测需求，中原油田沙一下油藏的$CO_2$驱油生产中选用了失重挂片及失重挂环的监测技术。通过布置失重挂片监测点，对铁离子含量进行跟踪监测。这种监测方法能够及时、准确地反映油藏的腐蚀情况，为沙一下油藏的$CO_2$驱油生产的$CO_2$防腐效果及防腐技术优化提供了数据支撑[3]。上述腐蚀监测技术的应用，不仅有助于提高油田的生产效率，还能保障生产过程中的安全性，为类似的$CO_2$驱油项目的腐蚀监测提供了有益参考。

### 6.2.2 地面储运、注入设备腐蚀监测技术应用

地面集输系统的腐蚀监测是一个关键环节，它与缓蚀剂的类型和加注方式密切相关，目的是监测缓蚀剂的保护效果。通过定期监测缓蚀剂的保护效果，可以确保地面集输系统的正常运行和安全性。缓蚀剂的种类繁多，其性能和适用范围各不相同。因此，在选择缓蚀剂时，需要根据地面集输系统的具体情况和腐蚀环境来决定。同时，加注方式也直接影响缓蚀剂的保护效果。正确的加注方式可以确保缓蚀剂均匀分布在系统中，从而最大限度发挥其保护作用。为了监测缓蚀剂的保护效果，可以采取定期检查集输管道的内壁腐蚀情况、测量腐蚀速率等方式。此外，还可以利用化学分析、电化学测试等方法来进一步了解$CO_2$的腐蚀机理和缓蚀剂的作用机制。

在陕北地区，油气资源和煤化工企业紧密相邻，碳排放源集中，这为CCUS项目的实施提供了得天独厚的源汇匹配优势。延长石油在该地区拥有4个煤化工企业和13个低渗致密油田，为独立开展全流程一体化的CCUS项目提供了坚实的基础。延长石油已成功打造了15万吨/年的$CO_2$驱油与封存示范项目，实现了从煤化工$CO_2$捕集到低渗油藏$CO_2$驱油与封存的全流程一体化CCUS示范项目。目前，累计已在油田封存23万吨$CO_2$，示范区油井单产提高了50%以上，油田采收率预计可提高8%～12%。延长石油下属油田的$CO_2$驱油提高采收率示范工程中，地面集输系统中的腐蚀监测系统的主要

工作流程为：① 使用电阻探针和失重挂片对水套加热炉后的集输管道、分离器前的集输管道及分离器的排污管道进行腐蚀监测，以评估单井管线的腐蚀状况和缓蚀剂的保护效果；② 在集输干线管道设置监测段，采用高灵敏电阻探针和失重挂片监测集输干线管道的腐蚀情况及缓蚀剂的保护效果；③ 定期在分离器的取样口取样，对集输站内缓蚀剂的残余浓度进行监测，根据分析结果判断单井管线缓蚀剂的作用时间与效果；④ 采用超声波测厚仪，定期、定点对集输管线进行腐蚀检测。对于新建管线，最初的 6 个月每月测量一次，后期每隔 6 个月测量一次[4]。

中国石油吉林油田根据 $CO_2$ 驱油封存现场条件确定利用挂片法和电阻探针法进行 $CO_2$ 腐蚀监测[5]。在黑 59 区块的液化注入站、集油管汇等不同系统安装了包括 3 个挂片和 4 个探针的 7 个腐蚀监测点，监测结果表明，进入集气系统的管线与各系统均没有发生腐蚀。在钻采系统的 $CO_2$ 腐蚀监测方面，主要是在注采井内放入腐蚀挂片，定期监测井内的 $CO_2$ 腐蚀情况。

位于塔里木的轮南油田从 2018 年开始探索利用 $CO_2$ 驱油技术提高采收率。为了实现“双碳”目标，结合碳源条件和混相条件，油田选择在轮南油田 2 井区开展 $CO_2$ 驱油与封存先导试验。目前，该试验已经取得一些初步成果，其中一个井组已经投注，每日注入的 $CO_2$ 量达到了 120 t。在 2022 年，油田又进一步实施了三个井组的 $CO_2$ 试注，注入 $CO_2$ 总计 2.29 万吨，实现了 2 万吨的“负碳”目标。在前期的 $CO_2$ 封存驱油实践中，轮南油田通过对油田腐蚀现状进行调查[4]，发现由于油田地处沙漠，土壤比较干燥，管线、设备基本不存在外腐蚀的问题。原油不含水或含水量较低时，无论是油井、集输管线还是储罐内的腐蚀均较轻。当产液中含水量较高时，系统则被 $CO_2$ 严重腐蚀，尤其是污水处理系统。遵循“系统性、典型性、区域性”的腐蚀监测网建立原则，同时结合油田生产实际情况，轮南油田在腐蚀严重的区块和系统按照“采油单井→计量站集输管线→联合站汇管→油水分离器→污水处理器→注水泵房→注水井”的生产流程建立腐蚀监测网，前期设立了 10 个腐蚀监测点对 $CO_2$ 的腐蚀情况进行监测。

### 6.2.3　腐蚀环境下的井筒密封性监测技术应用

对井下井筒环境进行 $CO_2$ 腐蚀监测是一项重要的工作，它不仅可以为针对性地加注缓蚀剂提供依据，还可以帮助分析腐蚀过程和各参数之间的相互联系。通过监测井下管柱的腐蚀情况，可以及时发现并解决潜在的问题，减少井筒维护费用，从而延长井下管柱的寿命。目前常用的井下腐蚀监测技术包括挂环技术、电阻探针技术及电化学腐蚀在线监测技术等[6,7]。这些技术各有优缺点，适用于不同的环境和应用场景。此外，还可以选择使用非侵入式无线传感器监测 $CO_2$ 的腐蚀风险，该技术具有较高的成本效益，可实时更新管壁厚度和腐蚀速率[8]。通过实时监测和数据分析，可及时发现并解决潜在的 $CO_2$ 腐蚀问题，确保井筒的安全运行。

井下电阻探针技术是一种可以在各类介质中使用的技术，但在恶劣的井下环境中要实时监测腐蚀速率和温度数据，需要采用耐高温耐腐蚀的电子器件。美国 Rohrback Cosasco Systems(RCS)公司已经开发出适于井下腐蚀监测的 DCMS™ 系统。DCMS™ 系统可以附着在各种各样的钢质电缆线上，便于在测井开始时把运行工具装入生产井，在测井结束后再从井下回收，从而实现对不同井深处的腐蚀状态及缓蚀剂成膜进行评估。当前 DCMS™ 系统腐蚀速率测量的分辨率很低，难以满足井下快速腐蚀监测的需求。因此，需要进一步改进和完善该技术，以提高其测量分辨率和满足井下快速腐蚀监测的需求。

在高温高压的深井条件下，$CO_2$ 地质利用与封存工程的井筒腐蚀监测技术受到诸多条件的限制。一般而言，现场油管的腐蚀情况可通过挂片装置来监测。在井筒油管内外壁适当的位置安装挂片装置，待作业时取出挂片并做处理，以得到腐蚀速率并观察腐蚀形貌。延长油田 $CO_2$ 试验区采用了油管内部及外部挂片两种监测方式，挂片安装在不同深度，其中油管内部挂片装置反映的是油管内部和抽油杆的腐蚀速率，油管外部挂片装置反映的是油管外部和套管内部的腐蚀速率。中原油田在 $CO_2$ 驱油先导试验区注入井和采油井采用井下挂环器进行腐蚀监测，挂环器的外钢环和内钢环与服役油管材质相同，使其与油管处于同一腐蚀状态。

神华 CCS 项目是全球首个陆相低渗（mD 级）的咸水层封存示范项目，是中国 $CO_2$ 捕集与地质封存的首次规模化探索，同时也是我国首个全流程咸水层 CCS 示范工程[9]。项目从 2011 年开始注入至 2015 年封井，注入了约 30 万吨 $CO_2$，该项目位于内蒙古自治区鄂尔多斯市东南部，场地内布置了一口注入井和两口监测井，监测井 1 主要负责监测不同层位的压力和储层温度，监测井

2 主要用于从盖层以上的含水层中取水样以及进行时移垂直地震剖面（VSP）测井[10]。根据神华 CCS 项目的地层结构特点，地下监测的主要监测内容是 $CO_2$ 的地下运移情况、储层和盖层的温度/压力等，主要采用的监测技术包括时移 VSP 地震监测、地下水水质监测、$CO_2$ 通量监测以及地层的温度和压力监测等，监测结果用于分析潜在的 $CO_2$ 与储层岩石发生的化学反应及压力变化[11]。随着 $CO_2$ 流量的变化，井下的温度和压力均会发生变化，因此，井下地层温度和压力的变化可以真实反映注入过程中的 $CO_2$ 运移情况，可以根据温度和压力的变化初步判断 $CO_2$ 是否发生了泄漏，如果 $CO_2$ 发生了泄漏，则井筒的密封性将受到严重威胁。根据实际需要，神华 CCS 项目在注入 $CO_2$ 的过程中开发了包括地下原位取样装置、地下原位 $CO_2$ 通量监测装置及自校正的压力温度监测装置等，并在注入井和监测井的 6 个位置（包括注入井的 2 个点和监测井的 4 个点）安装了温度和压力传感器，以监测井下的温度和压力随 $CO_2$ 注入的变化情况[11]。注入井和监测井需监测的地层井深为 2 500～3 000 m，地层温度为 72～91.6℃，主要监测 $CO_2$ 腐蚀，考虑到注入井中不含水或含水量较少，设计采用了加拿大先锋石油技术公司的永久井下压力监测及数据传输处理系统。该系统主要用于油气井长期实时的油层温度和压力监测，由井下和地面两部分组成，井下部分主要由电子压力计、特种钢管电缆及电缆保护器等组成，随生产管柱一起下入生产井中且可长期连续工作，并将监测得到的压力和温度数据通过电缆实时传输到地面。地面部分主要由电缆穿越器、接口箱及电源组成，主要功能是向井下电子压力计供电，以及接收和处理从井下传送返回的监测数据。通过分析井底温度和压力的变化，可掌握井下 $CO_2$ 的真实封存情况，从而评估 $CO_2$ 泄漏的可能性，推测由于 $CO_2$ 注入及泄漏过程导致的井筒腐蚀和密闭性变化情况。监测结果表明，井下地层没有 $CO_2$ 泄漏的迹象，井筒密闭性良好。

为确保项目的顺利运行，国外几个大型的 $CO_2$ 地质利用与封存项目均对 $CO_2$ 的腐蚀情况进行了监测。如 Weyburn 油田 $CO_2$ 地质封存项目（简称 Weyburn 项目）采用了多种类型的监测方法[12,13]，其中大多数遵循的标准是加拿大标准协会（CSA）给出的标准，主要包括水泥胶结测井、井筒机械完整性压力测试（油管和套管）、超声成像工具、井下压力和温度传感器、分布式温度传感器、微地震监测阵列、封隔器隔离测试、地层压力和温度传感器、压力/温度传感器、脉冲中子测井、正向地震模型等。在井筒腐蚀监测方面，主要是定期对套管的排放气体进行监测，井筒则由光纤衍生的温度、压力和地震设备监测，以确保不会发生腐蚀。Weyburn 项目中大多数生产井是新钻的水平井，注入井包含了新井和老井，需对许多早期的废弃井定期监测环空的气体释放，目前并未发现 Weyburn 项目中有任何的 $CO_2$ 泄漏井。阿尔及利亚中部的 In Salah 油田的 CCS 项目是世界上开创性的陆上 CCS 项目[14]，将来自天然气田的 $CO_2$ 在中央处理设施中提取并压缩，然后运输并储存在 Krechba 油田的石炭系砂岩单元中。该项目的监测采用了包括时移地震、微地震、$CO_2$ 气体示踪剂的井口采样、井下测井和岩心分析、地面气体监测、地下水含水层监测和卫星 InSAR 监测等多样化的地球物理和化学方法组合。另外，该项目还部署了多光纤传感器系统，通过获取分布式声学传感器-垂直地震剖面测量来监测 $CO_2$ 羽流的横向和垂直迁移，并通过分析分布式温度/压力/应变传感器数据来监测井筒的完整性。挪威 Sleipner 气田的 CCS 项目是世界上第一个海上 CCS 项目[15]。该项目部署了广泛的地球物理和环境监测方案，主要专注于使用远程地球物理监测方法，具体做法是将地震传感器放在水中、地面、海底或井中，利用高分辨率声学成像和照片拼接技术调查海底 $CO_2$ 泄漏导致的各项指标变化。该项目还对沉积物和水柱进行了化学取样，以寻找可能的 $CO_2$ 泄漏证据。上述监测技术均没有监测数据显示储存单元有任何 $CO_2$ 泄漏。

此外，$CO_2$ 地质利用与封存项目的 $CO_2$ 腐蚀监测手段可以借鉴相关高含 $CO_2$ 气田的 $CO_2$ 腐蚀监测手段[16-19]，如大庆油田的庆深气田[20]含有 $CO_2$ 腐蚀介质，采气分公司自主研发了井下活动式腐蚀监测装置——井下悬挂式挂片腐蚀监测装置，该装置采用常规试井仪器和配套的打捞器在油管任意位置下入和取出，可随时调整监测位置，通过挂片的失重程度反映监测气井管柱在不同深度的腐蚀情况，最终成功地监测了气井的 $CO_2$ 腐蚀情况。长岭气田[21]高含 $CO_2$ 气井的 $CO_2$ 含量最高可达 29.9%，在井口安装腐蚀挂片，在井内下入特定材质的腐蚀探针，通过定期拆装腐蚀挂片及测定探针的腐蚀电流，可有效测定井口和井筒环境下的 $CO_2$ 腐蚀速率。重庆气矿[17]应用包括电化学探针、腐蚀挂片体积氢探针等设备对 $CO_2$ 腐蚀进行监测，主要监测内容为 $CO_2$ 腐蚀速率及监测介质的温度、压力、流速、总矿化度、pH、总铁含量、溶解氧等。龙岗气田[21]的腐蚀监测采用了电化学探针、失重腐蚀挂片、电指纹监测、缓蚀剂的残余浓度检测及超声波壁厚测量等手段。通过使用缓蚀剂及系统、科学的腐蚀监测体系，龙岗气田的腐蚀速率保持在较低水平。王巍[22]通过调研长深气田的 $CO_2$ 腐蚀监测技术，建立了适合长深气田的 $CO_2$ 腐蚀监测工艺，即采用弱极化腐蚀监测及挂片腐蚀监测技术，预测井下管柱的使用寿命，并在长深气田开展弱极化腐蚀监测及挂片监测工作，为气田的安全生产提供了数据支撑。

潘若生[23]基于电化学测量方法的原理，设计了 $CO_2$ 驱注采井在线腐蚀监测仪。该装置的最大承受压力可达 40 MPa，最高工作温度达 200℃。将该监测仪应用于某油田试验区的 $CO_2$ 驱采油井(图 6－1)，主要测试了未加缓蚀剂状态下的 $CO_2$ 腐蚀剖面，监测结果见图 6－2。由图 6－2 可以看出，在 0～1 200 m 井段，腐蚀速率随着深度的增加而增大，该井段属于轻度腐蚀；在 1 200～1 400 m 井段，腐蚀速率随着深度的增加而增大，该井段属于中度腐蚀。此外，可以在井口放置快速腐蚀监测仪[24](图 6－3)，用来监测不同的加注缓蚀剂方式的条件下的 $CO_2$ 防腐效果，但该方法仅适用于高含水油井，因为原油覆盖探头后会导致探头电极间的导通性出现问题，从而影响监测结果。

**图 6－1　$CO_2$ 驱注采井在线腐蚀监测仪在 $CO_2$ 驱采油井的现场应用**

此外，董泽华等[7]设计了一款适用于井下高温高压环境的 $CO_2$ 腐蚀监测器(图 6－4)。该监测器将电阻探针和电化学阻抗谱集成，利用电阻探针监测油套管在一段时间内的总腐蚀量，通过电化学阻抗谱监测 $CO_2$ 的瞬时腐蚀速率，采用 316 L 不锈钢或钛合金耐压金属圆筒作为外壳，腐蚀监测采用三电极

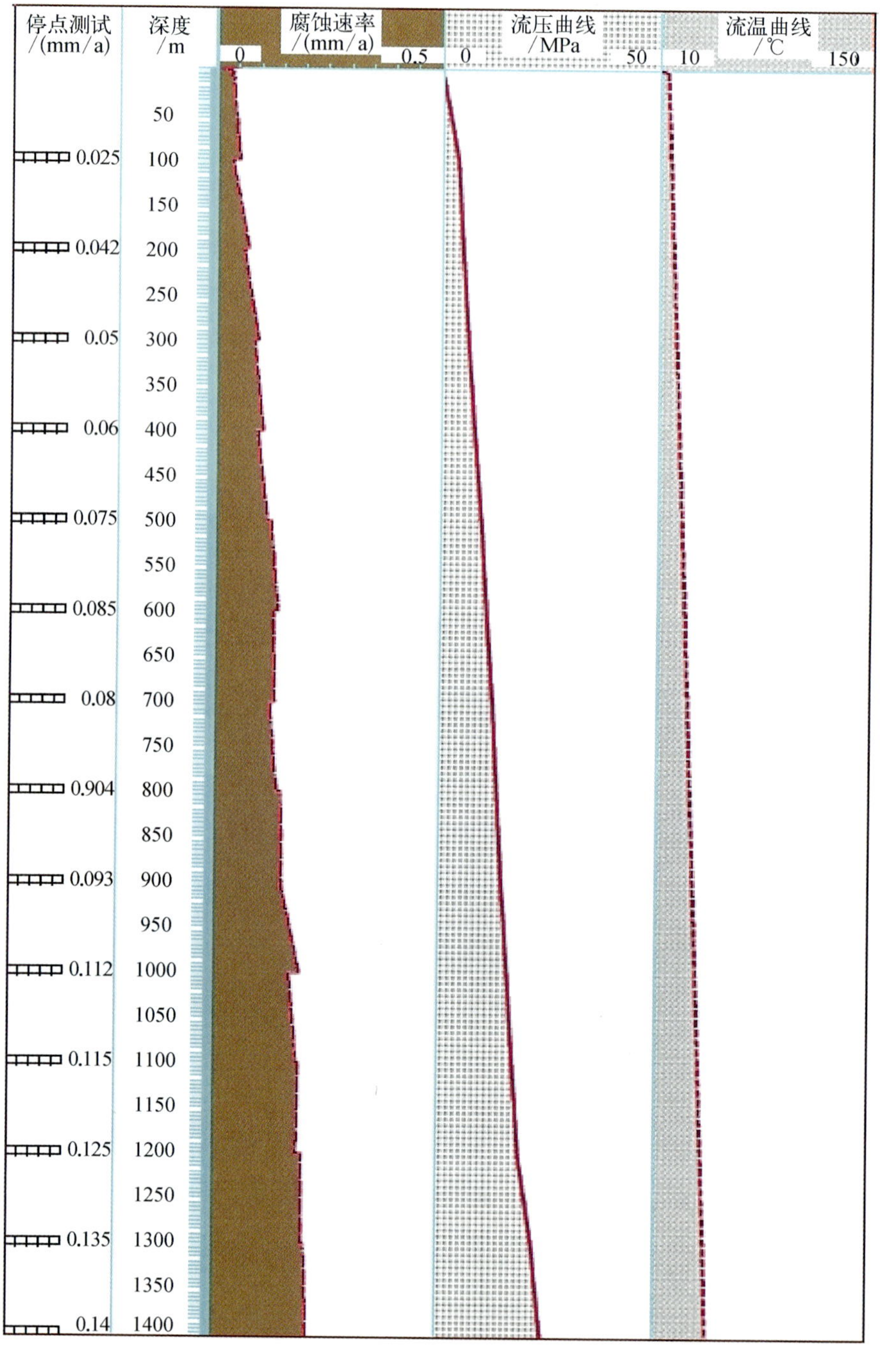


图 6-2 $CO_2$ 腐蚀监测结果

图 6-3　井口快速腐蚀监测仪

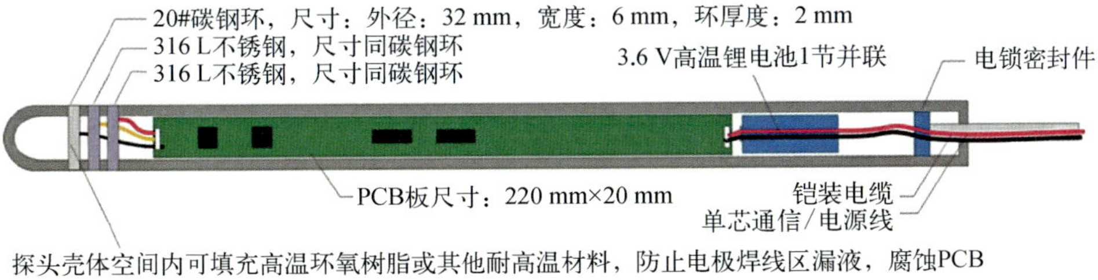


图 6-4　井下腐蚀监测传感器的设计图

法，密封采用玻璃陶瓷，可适用于 60 MPa 的高压井下环境。

总而言之，$CO_2$ 地质利用与封存工程中的 $CO_2$ 腐蚀监测不仅是制订防腐措施的基础，还是评价防腐效果的有效手段。对 $CO_2$ 腐蚀行为进行有效监测，通过采取经济高效的防腐措施，可避免因 $CO_2$ 腐蚀造成的经济损失和安全事故，加快生产进程，从而实现 $CO_2$ 地质利用与封存项目的安全运行。

## 6.3　$CO_2$ 地质利用与封存项目防腐工艺应用案例

一般认为 $CO_2$ 在无水条件下没有腐蚀性，但是 $CO_2$ 溶于水后所生成的

$H_2CO_3$ 会电离形成 $H^+$ 和 $HCO_3^-$，并进一步电离形成 $CO_3^{2-}$，从而形成酸性环境。碳酸的 pH 接近 3，与 HCl 相比是一种弱酸，与金属的反应速率较小，但在相同 pH 条件下，碳酸的总酸度比盐酸更高，因此，$CO_2$ 溶于水后易引起 $CO_2$ 地质利用与封存工程的地上管路、地面集输系统及井筒系统的管材和设备发生腐蚀破坏。

我国油气田中因 $CO_2$ 腐蚀造成破坏的例子并不少见[4]。华北油田留 58 井的伴生气中含有 4.2%的 $CO_2$，N80 油管在不到 18 个月的时间内就被 $CO_2$ 严重侵蚀，并因此导致井喷现象，油井被迫停产。塔里木油田牙哈凝析气田处于含 $CO_2$ 的环境中，生产的 5 年期间在某区块就发生了 45 次因腐蚀导致的穿透泄漏，严重减缓了生产进程。塔里木某气田一气井由于油管被 $CO_2$ 腐蚀，直接造成巨大的经济损失。吉林油田万五井由于油管遭受 $CO_2$ 腐蚀，油管掉落井下，造成严重的生产安全隐患。另外，南海崖 13－1 气田以及胜利油田、中原油田、大庆油田及吉林油田等均发生过因 $CO_2$ 腐蚀而造成设备严重腐蚀的情况。

$CO_2$ 腐蚀也是国外油气田开发过程中普遍面临的难题，美国得克萨斯州油田气井和路易斯安那州油井均在 20 世纪 40 年代出现过 $CO_2$ 腐蚀问题。1961—1962 年，苏联克拉斯诺亚尔斯克边疆区油气田也出现了 $CO_2$ 腐蚀设备的问题，设备内表面遭受了严重的 $CO_2$ 腐蚀。1988 年，英国阿尔法平台因 $CO_2$ 腐蚀破坏发生爆炸，造成 166 人死亡，油田年减产 12%。挪威 Ekofisk 气田Ⅰ号井的 $CO_2$ 分压达 0.62 MPa，井深 1 740 m 处的油管因腐蚀而断裂，测得腐蚀速率高达 10.2 mm/a。美国 Little Creek 油田在实施 $CO_2$ 驱油试验期间，在无任何防腐措施的情况下，采油井管壁在不到 5 个月的时间内就因腐蚀而发生穿孔，腐蚀速率高达 12.7 mm/a。

综上所述，国内外油气田开发过程中的 $CO_2$ 腐蚀是一个不容忽视的问题，已成为 $CO_2$ 强化驱油技术广泛推广应用的重要阻碍因素。随着深层含 $CO_2$ 油气层的开发日益增多，$CO_2$ 强化驱油技术的广泛推广，$CO_2$ 腐蚀问题越发突出，使得关于 $CO_2$ 的腐蚀防护成为重要的研究课题。

### 6.3.1 地上管路防腐工艺应用

在 $CO_2$ 地质利用与封存工程中，由 $CO_2$ 引起的腐蚀问题涉及钻井、完井、地面集输等各个环节。随着 $CO_2$ 封存项目的广泛推进，腐蚀环境不断发生变化，选择有针对性、高效、经济适用的防腐方式变得尤为重要。$CO_2$ 地质利用与封存系统的管材 $CO_2$ 腐蚀问题较为严重，可使 $CO_2$ 管柱的寿命远低于设计寿命，且可能引发钢套管穿孔或管柱掉井事故，从而严重影响项目的正常运行[4,25]。目前，$CO_2$ 地质利用与封存工程中的 $CO_2$ 腐蚀防护方法很多，但常用的方法主要有选用防腐材料、缓蚀剂技术、涂层技术及阴极保护技术[4,26,27]。对于具体的 $CO_2$ 地质利用与封存工程，需要根据 $CO_2$ 的腐蚀环境、防护技术的实施难易程度、经济效益及社会效益等因素综合考虑，采取适宜的防护措施。

延长油田所属油区位于干旱-半干旱地区，水资源相对匮乏，低渗透储层非均质性强、注水效率低，产量小，因此造成巨大的开发压力。同时，延长石油煤化工产业可为 $CO_2$ 驱油提供大量的高纯 $CO_2$ 气源，在驱油的同时可解决煤化工生产过程中大量 $CO_2$ 排放的问题。结合本地实际情况，延长油田决定在靖边开展 $CO_2$ 驱油提高采收率项目[28]。靖边油田乔家洼油区作为 $CO_2$ 驱油先导性试验区，属于低(超低)渗透油田，油层埋深在 1 409.0～1 661.0 m，平均孔隙率为 8.18%，平均渗透率为 1.22 mD。该区块构造简单，区内断层/裂缝不发育，储层发育好，油层连通性好。试验区地面条件较好，便于现场施工，且与气源地距离近，因此具备良好的 $CO_2$ 驱油工程的地面与地下条件。在 $CO_2$ 驱油的试验过程中发现，由 $CO_2$ 引起的腐蚀问题涉及完井、采油、地面集输等各个环节，其中，井筒油套管和地面管线的腐蚀是制约 $CO_2$ 驱油项目长期运行的关键问题之一。为了防止 $CO_2$ 腐蚀，延长油田 $CO_2$ 驱油区块注入站地面管线材质采用抗低温 16Mn 钢，而采出系统地面管线则沿用老输送管线系统，即金属和非金属管线结合的管线系统。国内胜利油田、中原油田等 $CO_2$ 驱油区块与液态 $CO_2$ 接触的注入站地面管线大都采用抗低温 16Mn 钢，草舍油田 $CO_2$ 驱油产出液地面集输管线采用玻璃管线输送到联合站，吉林油田 $CO_2$ 驱油试验区集输系统则采用内涂层管线。

2021 年 8 月，我国首个海上 $CO_2$ 回注封存示范项目——恩平 15 - 1 油田 $CO_2$ 回注封存项目正式启动，恩平 15 - 1 油田位于珠江口盆地，水深 86 m，是南海东部首个 $CO_2$ 气顶油田[29]。恩平 15 - 1 油田共有 15 口井，其中 6 口井的伴生气 $CO_2$ 含量高达 95%，最大产量约 39 万立方米/天，折合 146 万吨 $CO_2$。利用高温高压釜通过室内实验模拟实际工况条件下超临界 $CO_2$ 对碳钢的腐蚀情况，并考虑了实际生产中气体组成中水含量的差异，最终确定采用干气回注方案。为防止管路被 $CO_2$ 腐蚀，脱水前管线和设备均采用不锈钢，脱水后管线和设备均采用碳钢。长庆油田结合其油藏地质特征，采用 CCUS - EOR 技术以提高原油采出率，为了解决地面集输管线的 $CO_2$ 腐蚀问题，项目采用不锈钢内衬金属管、防腐内涂层及非金属聚合物复合管等控制 $CO_2$ 腐蚀，延长了地面集输管线及相关配套设施的寿命[30]。

大庆油田于 20 世纪 60 年代开始探索 $CO_2$ 驱油技术，截至 2022 年年底，累计注气 $2.11\times10^6$ t，工业化试验区连续 6 年产油量保持在 $9\times10^4$ t/a 以上[31]。在早期的驱油现场，试验区主要采用的防腐措施包括[32]：① 与 $CO_2$ 接触的泵、阀门等关键设备采用 316 L 不锈钢，316 L 不锈钢具有优异的耐腐蚀性和耐高压性，能够有效地抵抗 $CO_2$ 的腐蚀和压力影响，确保设备长期稳定运行；② 集输管线、缓冲罐等采用环氧树脂内涂层，环氧树脂具有优良的耐腐蚀性、耐磨损性和耐温性，能够有效地保护设备内壁免受 $CO_2$ 和其他腐蚀介质的侵蚀，延长设备的使用寿命；③ 在生产井井底投放缓蚀剂，缓蚀剂能够在金属表面形成一层保护膜，抑制 $CO_2$ 对金属的腐蚀作用。同时，缓蚀剂还能够减少金属表面的摩擦和磨损，提高设备的运行效率和使用寿命；④ 分离器采用牺牲阳极作为保护设施，即利用一种比主体金属更活泼的金属作为阳极，通过电化学反应将腐蚀介质中的电流引入阳极，从而保护主体金属不受腐蚀。这种保护措施能够有效地延长分离器的使用寿命，并确保其长期稳定运行。大庆油田 $CO_2$ 驱油提高采收率工程的地面采出系统采用了“材质药剂相互结合”的腐蚀防护技术体系，即选用优质的防腐钢材，外加适合的缓蚀剂(CI - 1009)进行防腐，缓蚀率可达 89.8%，极大地降低了 $CO_2$ 的腐蚀速率，确保了地面采出系统的正常运行，运行期间未出现穿孔、渗漏等 $CO_2$ 腐蚀问题，防腐体系应用效果良好。

在国外的地上管路防腐工艺应用方面，1972 年修建完成的 Canyon Reef Carriers 管道是美国第一条大型 $CO_2$ 长距离输送管道，管道长 354 km，管道的主要材质是 X65 钢，由于干燥的 $CO_2$ 不会腐蚀管道，因此，整条管道仅在乙二醇干燥器上游使用耐 $CO_2$ 腐蚀的 304 L 合金钢。其他大型的 $CO_2$ 输送管道还包括于 1984 年开始建造的长达 808 km 的 Cortez 管道，该管道由 API 5LX - 65 碳钢制造，直径为 762 mm，每年可输送 20 Mt $CO_2$。此外，Weyburn

油田的 $CO_2$－EOR 项目的 $CO_2$ 输送管道主要采用 X70 钢材进行防腐。

### 6.3.2　地面储运、注入设备防腐工艺应用

$CO_2$ 地质利用与封存工程的地面储运、注入系统中针对 $CO_2$ 腐蚀的设备包括集输管道及设施、联合站储罐及多相分离器等。在典型的 $CO_2$ 驱油提高采收率工程的集输系统中，由于原油集输管道中高含 $CO_2$，因此易发生腐蚀穿孔或爆管现象，从而导致原油泄漏等事故发生，对生态环境造成重大影响。如尼日利亚的 Okpoho 油田，地面输运管线由于 $CO_2$ 腐蚀在 18 个月内穿孔 5 mm，严重影响了生产进程。

在 $CO_2$ 地质利用与封存工程的地面储运系统中，主要的预防 $CO_2$ 腐蚀的方式包括使用抗 $CO_2$ 腐蚀管材、井口配置 $CO_2$ 分离装置及在注入系统中加注缓蚀剂等。其中，常见的抗 $CO_2$ 腐蚀管材包括玻璃钢管材、不锈钢管材及金属复合管材。一般在井场采用三相分离器对 $CO_2$ 与液体进行分离，以减少 $CO_2$ 对管材的腐蚀。针对井下管柱环境，$CO_2$ 分压大于 0.2 MPa 时，优先选择 13Cr 材质。在井下温度高于 100℃的深度应用普通材质油管，在井下温度低于 100℃的深度应用 13Cr 材质，同时配合缓蚀剂套管加注油管返出，以达到防止 $CO_2$ 腐蚀的目的[33]。

抗 $CO_2$ 腐蚀管材的应用在控制 $CO_2$ 腐蚀速率、延长管线使用寿命上取得了良好成效。国内采用的 13Cr 不锈钢，主要是通过添加 12%～14%的 Cr 到管材中，在管材表面形成钝化膜，以提高其对 $CO_2$ 的耐腐蚀能力。虽然内衬 316 L 不锈钢的双金属复合管材的抗腐蚀性能优异，但其价格昂贵，因此仅适用于局部腐蚀严重的部位。16Mn 渗氮钢和 15CrMo 钢适用于制作高压锻制的直角方墩弯头，而高压玻璃钢复合管材适合在腐蚀严重的集输系统中应用。13Cr 不锈钢的抗腐蚀性能不及 316 L 不锈钢和 22Cr 不锈钢，但优于 16Mn 钢和 L360 钢，因此适合在腐蚀严重的局部管段中使用。相比之下，13Cr 不锈钢的抗腐蚀性能强于 16Mn 渗氮钢和 15CrMo 钢，因此适合在集输弯头上使用。

吉林油田大情字井油田位于松辽盆地南部中央坳陷区长岭凹陷中部，储层岩性以粉砂岩为主，胶结物以灰质和泥质为主，胶结类型为孔隙式和孔隙-再生式胶结[6]。大情字井油田的油气富集区分布零散，油藏埋深 2 350 m，储量丰度低，储层渗透率低，含油饱和度低，油井采用压裂方式投产，单井产能

低。鉴于吉林油田大情字井油田具有开展 $CO_2$ 混相驱油的有利条件，自 2007 年以来，吉林油田在该区块开展了 $CO_2$ 驱油提高采收率的开发试验[34-38]。2008 年开展了黑 59 区块先导试验，2010 年开展了黑 79 南扩大试验，2012 年开展了黑 79 北小井距试验，2014 年在黑 46 区块实施了 $CO_2$ 混相驱油工业化应用。2014 年，吉林油田建立了“局部耐蚀材料＋系统加注缓蚀剂＋智能化管控”的腐蚀防护路线，已建成的生产系统保持了连续 10 年的安全平稳运行。

为了预防 $CO_2$ 腐蚀，吉林油田 $CO_2$ 驱油项目的地面系统分布对 $CO_2$ 捕集系统、输送系统、注入系统、采出流体集输处理系统和产出气循环利用系统等进行了全流程的防护[5,6,39]。对于输送系统及注入系统，主要采用“碳钢＋缓蚀剂”的防腐方式。$CO_2$ 输气管线介质为干气，正常情况下无腐蚀性，因此 $CO_2$ 输气管线主要采用碳钢材质。管道预留缓蚀剂预膜口，并设置腐蚀监测设施。注气管网注入脱水后的 $CO_2$ 基本没有腐蚀性，单井管线及支干线采用耐低温 16Mn 钢。对于采出流体集输处理系统，选择 316 L 不锈钢和 304 不锈钢，可满足预防 $CO_2$ 腐蚀的要求。气液分离前后的工艺管道和处理装置采用“碳钢＋缓蚀剂”的防腐方式，并设置腐蚀监测设施。缓蚀剂在脱水前加注，在脱水及注入系统中做补充加注。对产出气循环利用系统，管液阀门采用 316 L 不锈钢，设备采用内衬 316 L 不锈钢的复合板材。脱水后干气系统采用“碳钢＋缓蚀剂”的防腐方式，同时设置腐蚀监测设施。集油/掺水管线采用芳胺类玻璃钢管材，注入计量站及气液分离装置的站内分离器等设备采用不锈钢内衬，管件采用 316 L 不锈钢。在接转站及联合站采用缓蚀剂防腐，在站内加注缓蚀剂，以防止设备及管线腐蚀。

针对地面集输系统，不同 $CO_2$ 分压条件下的防腐措施存在差异，具体表现为：当 $CO_2$ 分压大于 0.2 MPa 时，优先选择耐蚀材质，可考虑应用普通碳钢内衬 316 L 不锈钢材质，在必要时辅助加注缓蚀剂延缓腐蚀；当 $CO_2$ 分压小于 0.2 MPa 时，采用普通碳钢材质，并根据腐蚀监测结果配合加注缓蚀剂进行防腐。

在缓蚀剂应用方面，中原油田沙一下油藏 $CO_2$ 驱油在油井高含水及 $CO_2$ 的油套管中选择使用 N80 钢和 P110 钢，结果发现钢材腐蚀严重，因此选择投加高效的咪唑啉类缓蚀剂，通过不断优化缓蚀剂的注入方案，$CO_2$ 腐蚀速率明显降低，腐蚀得到有效控制[3]。龙媛媛[40]等根据电磁探针实时在线监测的井

口的 $CO_2$ 腐蚀速率指导井下缓蚀剂的注入方案，给出不同 $CO_2$ 分压条件下缓蚀剂的最佳加注浓度，提出了 $CO_2$ 驱采出井井下设备的 $CO_2$ 腐蚀监测与防护技术，并在胜利油田的三口 $CO_2$ 驱采出井得到应用，为 $CO_2$ 驱油在胜利油田的实施提供了解决方案。长庆姬塬油田[41]长 8 油藏地层水矿化度高，随着 $CO_2$ 分压的增加，注采井筒和地面集输系统的腐蚀结垢加剧，因此，油田研发了“涂/镀层管材(以 Wu－Ni 为主)＋缓蚀阻垢剂”的防腐工艺，有效减缓了 $CO_2$ 的腐蚀。

### 6.3.3　井筒防腐工艺应用

$CO_2$ 强化驱油工程中注采井的 $CO_2$ 腐蚀主要表现为井筒腐蚀。井筒腐蚀会造成井下管柱的穿孔、变形、掉落，严重影响生产进程，造成经济损失。目前，套管 $CO_2$ 腐蚀防护的方法包括选用耐蚀材料、喷涂无机和有机涂层、外镀金属镀层、安装井下封隔器、套管阴极保护、添加缓蚀剂等[42,43]。如图 6－5 所示[34]，吉林油田的 $CO_2$ 驱油提高采收率工程中对井筒的防腐工艺主要集中在碳钢及缓蚀剂的选择上[2,43]，其中，对 $CO_2$ 注入井的防腐措施主要包括[6]：① 为防止 $CO_2$ 对井口的腐蚀影响，注入井口选择 CC 级标准气井井口，并采用金属注脂密封、抗 $CO_2$ 渗透胶筒材料封隔器。② 使用气密封封隔器和气密封油管，避免 $CO_2$ 与套管接触，安装腐蚀监测探针定期监测井口腐蚀情况。③ 加注缓蚀剂防腐，封隔器以上油套环空加缓蚀剂；在注入井的套管-油管环空中注入抑制剂溶液，并将抑制剂溶液以低速率连续泵入生产井的套管-油管环空。气水交替时，油管注入缓蚀剂预膜段塞。④ 安装挂片或腐蚀环，定期监测井内油管腐蚀情况。对采油井的防腐措施主要包括[6]：① 试验区块采油井均采用 CC 级防腐井口，抽油泵、阀球、阀座等使用不锈钢材质。② 利用缓蚀剂防腐，采用平衡罐配合加药车加入缓蚀剂。③ 加强腐蚀监测，安装挂片或腐蚀环，定期监测井内油管腐蚀情况，并检测井下缓蚀剂返出浓度，评价缓蚀效果。井深 2 300 m 以上使用 P110 钢管，井深 2 300 m 以内使用 N80 钢管，根据不同区块的井深设计泵挂和选择油管，柱塞、球座等部件采用不锈钢材料，使用普通平式油管螺纹，并采用内涂层或内衬油管。考虑到 $CO_2$ 驱油开发试验后期可能发生 $CO_2$ 突破，为降低 $CO_2$ 对泵效的影响，采油井使用耐 $CO_2$ 腐蚀的气锚或者气液分离器。

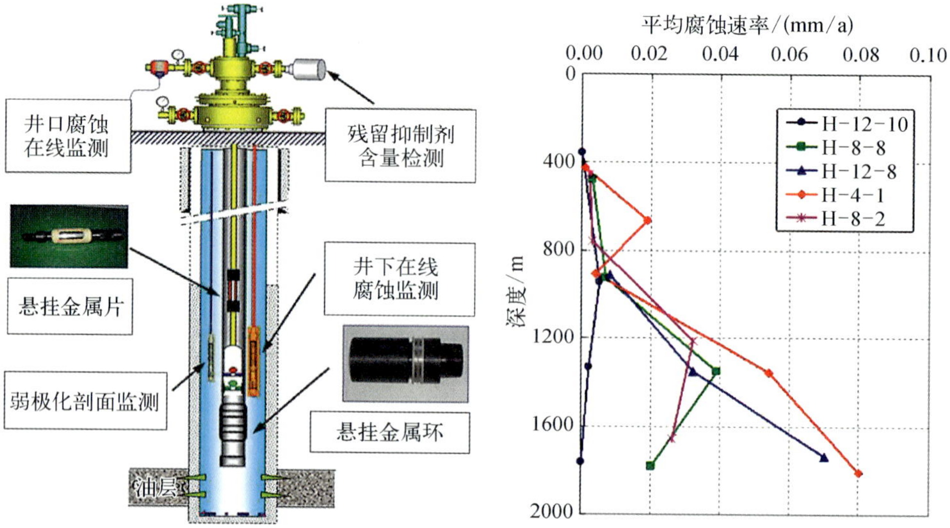


**图 6-5　吉林油田 $CO_2$ 驱油提高采收率工程井中的 $CO_2$ 腐蚀监测技术(左)及实地监测到的不同井筒中平均腐蚀速率随深度的变化(右)**

国内胜利油田、中原油田等开展的 $CO_2$ 驱油项目在管柱选材上有一定经验，如胜利油田高 89 注 $CO_2$ 区块注入井采用宝钢的 $2\frac{7}{8}$in3Cr 油管、螺纹采用 BGT1 气密特殊螺纹；中原油田的注气井采用 N80 钢全新气密封油管，采油井油管、套管均采用 N80 钢，在 $CO_2$ 气水交替区加注缓蚀剂；草舍油田的注气井采用低合金 3Cr 钢油管，采出井采用普通碳钢油套管；大庆油田 $CO_2$ 驱油试验区油井采用 N80 钢油套管并涂覆 TC3000C 防腐涂层或使用 Ni-P 镀处理；吉林油田 $CO_2$ 驱油试验区油井采用 J55、P110 套管及 N80 涂层油管，选用气密封特殊螺纹接头涂料油管。此外，胜利油田、大庆油田 $CO_2$ 驱油区块使用了内衬高密度聚乙烯、防腐耐磨油管。延长油田 $CO_2$ 驱油注入井体系选用 $2\frac{7}{8}$in N80 油管和 $2\frac{7}{8}$in 低合金 3Cr 油管，$CO_2$ 驱油采出井体系选用 $2\frac{7}{8}$ N80 油管，同时加注缓蚀剂协同防腐。神华 CCS 项目现场采用超级 13Cr 套管作为生产套管和注入管柱，利用套管气密封检测技术，确保了管柱连接的完整性。此外，项目还采用 FF 级防腐套管头和 HH 级防腐采油井口，在注入井和监测井均下入了耐腐蚀的封隔器注入管柱，以确保 $CO_2$ 的安全注入和满足长期监测的需求[9]。

在国外 SACROC 的 $CO_2$ 驱油工程中[44]，为了减小 $CO_2$ 腐蚀，在注水井中加入水溶性缓蚀剂及脱氧剂，注入井口为 410 SS Gray - Loc 井口，配备 410 SS WKM 阀门。410 SS Gray - Loc 井口和 410 SS WKM 阀门均有防腐涂层，阀板和底座均使用 SS 316 材质，这些措施有效地解决了注水井产生的点状腐蚀问题，延长了井口的使用寿命。美国密西西比州小溪油田的 $CO_2$ 驱油封存工程在生产井中安装了不锈钢的油管和井口装置，套管选用型号为 2⅞in J55 和 N80 的钢材。注入井的井口除不锈钢的油管外，井口装置选用常规的合金钢，井身选用聚四氟乙烯钢材，同时采用改良的连接耦合法，套管选用型号为 2⅞in N80 的钢管。此外，注入井和生产井均选用无涂层的 2⅞in EUE 套管，同时放入悬挂式封隔器，以实现油套管环空隔绝。在 Denver Unit 的 $CO_2$ 驱油工程中，主要采用了 $CO_2$ 和水交替注入的技术，起初是在注入井中使用内层塑胶涂料或有衬里的管线来预防腐蚀，但是当注入井的注入水断塞后，再注入 $CO_2$ 时，出现了由 $CO_2$ 腐蚀引起的泄漏现象。为了防止 $CO_2$ 腐蚀，最终选择采用玻璃纤维管线，且在井底注入设备与水接触的组件上均涂了一层塑胶涂料，最终成功解决了因 $CO_2$ 腐蚀引起的泄漏问题。

在缓蚀剂应用方面，由于不同缓蚀剂在不同的温度和压力条件下存在浓度极值现象，因此应根据温度、压力和流速调节缓蚀剂浓度，以达到最佳的防腐效果。现场加注缓蚀剂的方法主要包括周期性注入、连续性注入和挤压式注入。其中，连续性注入可以使缓蚀剂在金属表面形成连续的、完整的保护膜，因此防腐效果最佳。对于注入井，加注点应选择在距离泵入口较近的地方；对于采油井，应选择在油井井口向油套环空加注缓蚀剂或者直接加注至油井底部[45]。国内草舍油田从 2005 年 7 月开始 $CO_2$ 驱油试验，试验过程中选用了 HS - 20 型 $CO_2$ 高效缓蚀剂，取得了良好的防腐效果，井下油管腐蚀速率控制在 0.001～0.01 mm/a 之间。吉林油田 $CO_2$ 试验区在注 $CO_2$ 前产出的水对碳钢的腐蚀速率达到 0.5～0.7 mm/a，应用 FRD - 10 型缓蚀剂后，$CO_2$ 腐蚀速率控制在 0.006 7～0.012 5 mm/a。雅克拉凝析气田地面管线中使用 CT/TP2 - 19 缓蚀剂，有效减缓了管线腐蚀。延长油田在 $CO_2$ 驱油试验中采用抗 $CO_2$ 腐蚀的改性季铵盐咪唑啉类和咪唑啉-曼尼希碱类缓蚀剂，取得了很好的防腐效果。

在涂层及阴极保护方面，延长油田调研多款防腐涂层油管的抗 $CO_2$ 腐蚀性能后发现，螺纹部位是涂层的薄弱环节，易发生破坏。胜利油田针对 $CO_2$

驱油过程中地面管线腐蚀严重的问题，将管线更换为泡沫黄夹克保温环氧粉末内防腐钢管。此外，牺牲阳极的阴极保护技术除在站内储罐、站内管线、钢质地面管线可以应用外，也可以在油管、新井套管中应用。例如，埋地钢质管可采用牺牲阳极、外加电流两种方法进行保护，油井套管可采用牺牲阳极保护。对于新打井，可采用环氧冷缠带＋牺牲阳极的方法进行保护。对于旧井，则可采用深井阳极地床外加电流的方法进行保护。

## 6.4 本章小结

为评估 $CO_2$ 地质利用与封存项目的 $CO_2$ 腐蚀及防腐蚀的效果，需要对 $CO_2$ 的腐蚀行为进行监测。$CO_2$ 腐蚀监测是系统地了解腐蚀因素、针对性地制订防腐措施的基础。定期的 $CO_2$ 腐蚀监测并采取适当的防腐技术是消除因 $CO_2$ 腐蚀导致的事故隐患的关键。腐蚀控制与监测对于 $CO_2$ 地质利用与封存项目的正常运行至关重要，通过对 $CO_2$ 的腐蚀情况进行监测，可有效优化防腐工艺、减缓腐蚀，确保 $CO_2$ 地质利用与封存项目的安全运行。不同的监测方法的原理各异，每种监测方法都具有各自的优势和局限性，因此，在 $CO_2$ 封存现场进行腐蚀监测通常会采用多种腐蚀监测技术互相配合，在腐蚀监测技术的筛选过程中，还应综合考虑监测效果及其性价比。

对于具体的腐蚀防护工程，需要根据腐蚀环境、技术难易程度、经济效益、社会效益等进行综合评估，选取合适的防护方法。实际工程运用时单一的腐蚀防护技术通常难以取得很好的效果，往往是多种方法联合使用，但无论采用哪种防护技术或防护技术组合，腐蚀防护的本质是在保证安全的前提下权衡投资成本和维护成本后的结果。

总而言之，$CO_2$ 腐蚀监测技术对于保障 $CO_2$ 地质利用与封存项目的安全运行具有重要意义。在 $CO_2$ 注入过程中，需要对项目的地面储运、输送、注入和采出系统进行实时的 $CO_2$ 腐蚀监测，及时发现并解决由 $CO_2$ 腐蚀导致的生产安全问题。$CO_2$ 防腐技术对于 $CO_2$ 地质利用与封存项目的顺利进行具有重要作用。通过采用有效的 $CO_2$ 防腐技术，可以降低项目各系统的 $CO_2$ 腐蚀速率，降低维护成本，从而为 $CO_2$ 地质利用与封存项目的安全运行提供有力保障。

## 参考文献


[1] Global CCS Institute. Global Status of CCS 2023: Scaling up through 2030 [R]. 2023.

[2] 李士国. $CO_2$ 驱注采井防腐技术研究[D]. 大庆：东北石油大学，2010.

[3] 朱德智，黄雪松，南楠. $CO_2$ 驱生产系统腐蚀与防护技术研究[J]. 油气田地面工程，2017，36(7)：78－81.

[4] 王香增. 低渗透砂岩油藏二氧化碳驱油技术[M]. 北京：石油工业出版社，2017.

[5] 郑慧娟. 吉林油田集输系统 $CO_2$ 腐蚀与防护技术研究[D]. 青岛：中国石油大学(华东)，2013.

[6] 胡永乐，郝明强，陈国利，等. 注二氧化碳提高石油采收率技术[M]. 北京：石油工业出版社，2018.

[7] 董泽华，张德平，王峰，等. $CO_2$ 驱注采工程井下腐蚀在线监测技术[C]. 第十七届全国缓蚀剂学术讨论会，2012.

[8] Fazackerley W. Managing corrosion risk in carbon capture and storage facilities using non-intrusive monitoring technologies [C]. AMPP Annual Conference + Expo, 2023.

[9] 吴秀章. 中国二氧化碳捕集与地质封存首次规模化探索[M]. 北京：科学出版社，2013.

[10] Xie J, Zhang K N, Li C, et al. Preliminary study on the $CO_2$ injectivity and storage capacity of low-permeability saline aquifers at Chenjiacun site in the Ordos Basin[J]. International Journal of Greenhouse Gas Control, 2016, 52: 215－230.

[11] 赵兴雷，李小春，陈茂山. 陆相低渗咸水层 $CO_2$ 封存关键技术与应用[M]. 北京：化学工业出版社，2018.

[12] Zaluski W, El-Kaseeh G, Lee S Y, et al. Monitoring technology ranking methodology for $CO_2$－EOR sites using the Weyburn-Midale Field as a case study[J]. International Journal of Greenhouse Gas Control, 2016, 54: 466－478.

[13] Hitchon B. Best practices for validating $CO_2$ geological storage: Observations and guidance from the IEAGHG Weyburn-Midale $CO_2$ Storage Project [M]. Edmonton: Geoscience Publishing, 2012.

[14] Ringrose P S, Mathieson A S, Wright I W, et al. The in salah $CO_2$ storage project: Lessons learned and knowledge transfer[J]. Energy Procedia, 2013, 37: 6226－6236.

[15] Furre A K, Eiken O, Alnes H, et al. 20 years of monitoring $CO_2$－injection at Sleipner[J]. Energy Procedia, 2017, 114: 3916－3926.

[16] 欧莉，李时杰，苏国丰. 普光气田地面集输系统的内腐蚀控制与监测[J]. 中国工程科学，2010，12(10)：70－75.

[17] 张强，陈文，杨梦薇，等. 高酸性气田腐蚀监测技术研究[J]. 石油与天然气化工，2012，41(1)：62－65，69.

[18] 裴承河，鲜宁，童富良，等. $H_2S/CO_2$ 油气田地面工程的腐蚀监测技术[J]. 腐蚀与防护，2014，35(7)：761－766.

[19] 吴保玉，宋振云，陈平. 气井井筒 $CO_2$ 腐蚀及结垢监测实验研究[J]. 钻采工艺，2021，44(1)：77－81.

[20] 王志田. 大庆庆深气田含 $CO_2$ 气井腐蚀监测技术实现新突破[N],中国石油报,2008-04-25.
[21] 李君. 腐蚀监测技术在长岭气田高含 $CO_2$ 气井中的应用[J]. 腐蚀与防护,2012,33(8): 731-732,671.
[22] 王巍. $CO_2$ 防腐蚀工艺技术研究与应用[D]. 大庆: 东北石油大学,2014.
[23] 潘若生. $CO_2$ 驱采油井腐蚀监测技术研究[D]. 大庆: 东北石油大学,2015.
[24] 刘凤兰. $CO_2$ 驱采油井低成本防腐技术研究与应用[D]. 大庆: 东北石油大学,2016.
[25] 向勇,原玉,周佩,等. 碳捕集利用与封存中的金属腐蚀问题研究: 进展与挑战[J]. 中国工程科学,2023,25(3): 197-208.
[26] 王珂,储开建,马彬,等. $CO_2$ 环境下油管腐蚀与涂层油管应用研究[J]. 表面技术,2016,45(8): 1-6.
[27] 张昆,孙悦,王池嘉,等. 碳捕集、利用与封存中 $CO_2$ 腐蚀与防护研究[J]. 表面技术,2022,51(9): 43-52.
[28] Wang X Z, Zeng F H, Gao R M, et al. Cleaner coal and greener oil production: An integrated CCUS approach in Yanchang petroleum group[J]. International Journal of Greenhouse Gas Control, 2017, 62: 13-22.
[29] 衣华磊,郭欣,贾津耀,等. 恩平 15-1 油田开发 $CO_2$ 回注封存工程方案研究[J]. 中国海上油气,2023,35(1): 163-169.
[30] 刘博. $CO_2$ 驱油田地面管线腐蚀及控制技术研究[D]. 成都: 西南石油大学,2017.
[31] 曹万岩. 大庆油田 $CO_2$ 百万吨级注入规模驱油埋存示范区地面工程规划技术路线[J]. 油气与新能源,2023,35(3): 54-59.
[32] 董喜贵,郑琨,张大伟. 综合防腐措施在注 $CO_2$ 试验中的应用[J]. 油田地面工程,1994,13(4): 49-50.
[33] 范家僖,李敏. 含 $CO_2$ 油气田腐蚀特点分析及防腐对策[J]. 油气田地面工程,2021,40(9): 60-66.
[34] Zhang L, Huang H D, Wang Y Q, et al. $CO_2$ storage safety and leakage monitoring in the CCS demonstration project of Jilin oilfield, China[J]. Greenhouse Gases: Science and Technology, 2014, 4(4): 425-439.
[35] Hu Y L, Hao M Q, Chen G L, et al. Technologies and practice of $CO_2$ flooding and sequestration in China[J]. Petroleum Exploration and Development, 2019, 46(4): 753-766.
[36] Yuan S Y, Ma D S, Li J S, et al. Progress and prospects of carbon dioxide capture, EOR-utilization and storage industrialization[J]. Petroleum Exploration and Development, 2022, 49(4): 955-962.
[37] Wang G F. Carbon dioxide capture, enhanced-oil recovery and storage technology and engineering practice in Jilin Oilfield, NE China[J]. Petroleum Exploration and Development, 2023, 50(1): 245-254.
[38] Song X M, Wang F, Ma D S, et al. Progress and prospect of carbon dioxide capture, utilization and storage in CNPC oilfields[J]. Petroleum Exploration and Development, 2023, 50(1): 229-244.
[39] 孙锐艳,马晓红,王世刚. 吉林油田 $CO_2$ 驱地面工程工艺技术[J]. 石油规划设计,

2013,24(2)：1-6,31.
[40] 龙媛媛,刘晶姝,孙振华,等. $CO_2$ 驱采出井井下腐蚀监测技术与缓蚀剂优化加注技术在胜利油田的应用[C]. 第二十届全国缓蚀剂学术讨论及应用技术经验交流会,2018.
[41] 王石头,谭俊领,雷欣慧,等. 长庆超低渗透砂岩油藏 $CO_2$ 驱油技术研究与进展[C]. 2018 IFEDC 油气田勘探与开发国际会议,2018.
[42] 李彦鹏,朱世东,李金灵,等. 油气管道 $H_2S/CO_2$ 腐蚀与防护技术研究进展[J]. 腐蚀与防护,2022,43(6)：1-6,12.
[43] 杨帆. $CO_2$ 驱注采井防腐技术分析与研究[D]. 大庆：东北石油大学,2017.
[44] 沈平平,廖新维. 二氧化碳地质埋存与提高石油采收率技术[M]. 北京：石油工业出版社,2009.
[45] 胡永乐,郝明强,陈国利,等. 中国 $CO_2$ 驱油与埋存技术及实践[J]. 石油勘探与开发,2019,46(4)：716-727.